W0263798

Praktikum der Warenkunde

Ein Hilfsbuch für die chemisch-physikalische
und mikroskopische Warenprüfung

von

Dr. phil. Edmund Grünsteidl
Assistent am Technologischen Institut der
Hochschule für Welthandel, Wien

Mit 215 Textabbildungen

Springer-Verlag Wien GmbH
1931

ISBN 978-3-662-26848-3   ISBN 978-3-662-28314-1(eBook)
DOI 10.1007/978-3-662-28314-1

Geleitwort.

Im Wirtschaftsleben des Kaufmannes spielt die Ware die größte Rolle, weshalb die Warenkunde an allen gut ausgestatteten Handelshochschulen einen hervorragenden Lehrgegenstand bildet. Nichts aber ist mehr geeignet, die in Vorlesungen und Seminaren erlangten Warenkenntnisse zu vertiefen, als praktische Übungen auf dem großen Gebiete der Warenprüfung im Laboratorium. An die Hochschule für Welthandel berufen, sah ich daher meine erste Aufgabe in der Einrichtung von Hörerlaboratorien und in der Abhaltung von Laboratoriumskursen. Das von mir und meinem damaligen Assistenten Herrn Ing. Hanika ausgearbeitete Programm wurde von meinem jetzigen Assistenten Herrn Dr. Edmund Grünsteidl wesentlich erweitert und sorgfältigst ausgearbeitet. Alle im vorliegenden Buche beschriebenen Verfahren sind im Unterrichte vielfach erprobt worden und haben sich vorzüglich bewährt. Die Tatsache, daß das Buch nicht am grünen Tische, sondern im Laboratorium entstand, ist seine beste Empfehlung.

Wien, im Juni 1931.

Prof. Dr.-Ing. **Ernst Beutel.**
dzt. Rektor der Hochschule für Welthandel.

Vorwort.

Die Erfahrung, die ich in längerer Lehrtätigkeit gesammelt habe und
das Fehlen eines den heutigen Verhältnissen angepaßten Hilfsbuches für
warenkundliche Übungen ließen in mir den Entschluß zur Abfassung
des vorliegenden Buches reifen. Zwei Bedingungen waren dabei zu er-
füllen: erstens die Verwendung teurer und komplizierter Apparaturen
möglichst zu vermeiden und zweitens die Vorschriften einerseits den
Ergebnissen der modernen Forschung anzupassen, andererseits dieselben
auch dem chemisch und physikalisch minder Geschulten leichtverständ-
lich zu machen.

Ziel und Zweck eines Praktikums der Warenkunde erscheint mir nicht
allein in der Vermittlung qualitätserläuternder Prüfmethoden zu liegen,
sondern auch im Aufzeigen der inneren, die Technologie der Stoffe be-
stimmenden Eigenschaften, weshalb auch derartige Proben aufgenommen
wurden.

Obwohl ich mir bewußt war, daß ein derartiges Praktikum auch
die Mikroskopie zu berücksichtigen hätte, erstreckte sich mein ursprüng-
licher Plan nur auf einen chemisch-physikalischen Leitfaden. Ich kam
daher der Aufforderung der Verlagsbuchhandlung, auch einen mikroskopischen Teil zu verfassen, mit um so größerer Freude nach, als ich dadurch in die Lage versetzt wurde, ein einheitliches Ganzes zu schaffen.

Die Erklärung der mikroskopischen Technik wurde möglichst aus-
führlich gehalten, um dem Interessierten an Hand der reichlichen Literatur-
angaben ein leichtes Eindringen in Spezialgebiete zu ermöglichen. Der
Leitgedanke bei der Abfassung der speziellen mikroskopischen Kapitel
war — im gegebenen Rahmen — größtmögliche Vollständigkeit zu erreichen, um so den Studierenden zu exakter und gründlicher mikro-
skopischer Arbeit zu erziehen.

Wenn auch das vorliegende Hilfsbuch vornehmlich für die studierende
Jugend an kaufmännischen Hoch- und Mittelschulen bestimmt ist, so
war ich trotzdem bei seiner Abfassung darauf bedacht, daß es auch vom
Praktiker, sei er nun Kaufmann, Zollbeamter, Techniker usw. mit Erfolg
zu einem Selbststudium herangezogen werden kann.

Sollte dieses Buch die von mir erkannte Lücke im warenkundlichen
Unterrichte auszufüllen imstande sein, so habe ich dies in erster Linie
meinem Chef, Prof. Dr.-Ing. Ernst Beutel, derzeit Rektor der Hoch-
schule für Welthandel in Wien, zu verdanken, der schon vor Jahren in
Würdigung der Bedeutung warenkundlicher Übungen entsprechende
Kurse an der genannten Hochschule einführte, auf deren Grundlage

weiterbauend ich das vorliegende Buch ausarbeiten konnte. Für seine stete Unterstützung und für die tatkräftige Förderung erlaube ich mir, ihm an dieser Stelle meinen ergebensten Dank auszusprechen.

Dem Österreichischen Normenausschuß für Industrie und Gewerbe, Wien, dem Reichsausschuß für Lieferbedingungen, Berlin, dem Deutschen Normenausschuß, Berlin, der „Echtheitskommission" der Fachgruppe für Chemie der Farben- und Textilindustrie im Verein Deutscher Chemiker habe ich für die bereitwillige Überlassung der Prüfungsnormen zu danken, und ebenso allen anderen Stellen und Firmen für die weitgehende Unterstützung bei der Beschaffung der verschiedenen Abbildungen.

Nicht versäumen will ich schließlich Fräulein cand. merc. Ilse Kolban meinen wärmsten Dank für ihre aufopferungsvolle und selbstlose Hilfe bei der Niederschrift und dem Lesen der Korrekturen auszusprechen.

Die verehrten Kollegen bitte ich, mir etwaige Mängel und Anregungen zur späteren Berücksichtigung freundlichst mitteilen zu wollen.

Wien, im Juni 1931.

Edmund Grünsteidl.

Inhaltsverzeichnis.

Einleitung.

Die Arbeiten im warenkundlichen Laboratorium sind vielfach chemischer Natur und erfordern daher eine gewisse Vertrautheit mit verschiedenen Apparaturen und Handgriffen. Um dem Praktikanten in der Folge ein flottes Arbeiten zu ermöglichen und nicht zuletzt, um einem mitunter gefahrvollen, unkundigen Hantieren vorzubeugen, sei die folgende **Arbeitsanleitung** vorangeschickt.

Eine der häufigsten Behandlungen von Substanzen ist die Wärmebehandlung, wozu man verschieden konstruierte Brenner benützt, die heute wohl meistens mit Gas geheizt werden. Zwei Arten von Brennern seien ihrer Häufigkeit wegen erwähnt: der **Bunsenbrenner** und der **Teclubrenner.** Laboratoriumsbrenner müssen so konstruiert sein, daß der zugeführte Brennstoff zur Gänze, also mit nicht leuchtender Flamme verbrennt. Dies wird durch Zuführung von Luft zum Brenngas erreicht. Das Gas tritt beim **Bunsenbrenner** (Abb. 1) durch eine feine Düse in den Schlot aus, der seitliche Löcher besitzt, so daß durch das mit starkem Druck austretende Gas Luft mitgerissen wird, welche sich mit diesem vermischt und durch ihren Sauerstoffgehalt eine vollständige Verbrennung herbeiführt. Die Löcher im Schlot können durch eine drehbare Manschette teilweise oder ganz verschlossen werden, wodurch die Luftzufuhr geregelt werden kann. Wird zuviel Luft zugeführt, so kann der Fall eintreten, daß das Gas bereits an der Düse zu brennen beginnt, was man „Zurückschlagen" der Flamme nennt. In diesem Falle muß man den Brenner ab-

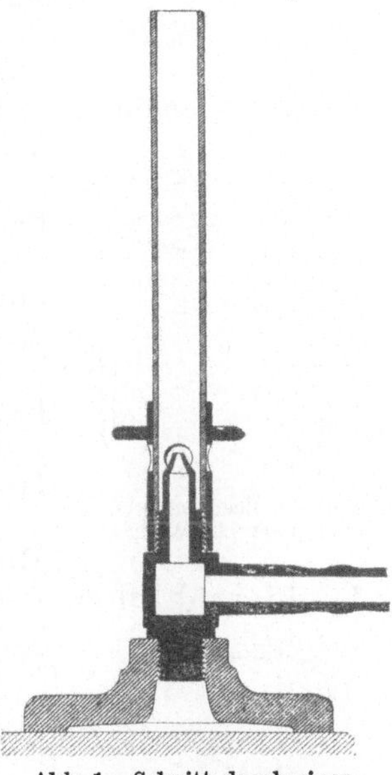

Abb. 1. Schnitt durch einen Bunsenbrenner (Winter).

drehen und nach entsprechender Regelung der Luftzufuhr neu anzünden. Man lasse niemals einen Brenner längere Zeit unbeaufsichtigt brennen, da er zurückschlagen kann; dadurch tritt eine Erhitzung des Brennerfußes ein, was ein Abschmelzen des Schlauches und Entzünden des frei austretenden Gases zur Folge haben kann.

Der Schlot des **Teclubrenners** (Abb. 2) besitzt am unteren Ende eine konische Erweiterung (*a*), in welche die Düse hineinragt. Der konische Teil kann durch eine in einer Schraube auf- und abwärts bewegbare Scheibe (*b*) mehr und weniger verschlossen werden, wodurch ebenfalls die Luftzufuhr geregelt werden kann. Außerdem ist noch eine zweite seitliche Schraube angebracht (*c*), die eine Regulierung der Gaszufuhr gestattet. Die Flamme (Abb. 3) solcher Brenner besteht aus einem inneren hellen Kegel (*a*), der von einem dunkleren (*b*) umsäumt ist; ersterer ist bedeutend kälter als der äußere Teil der Flamme, daran erkennbar, daß darin ein Zündhölzchen erst nach einiger Zeit entflammt. Der Mangel an Sauerstoff dieses Flammenteiles bewirkt eine Reduktion darin befindlicher Körper, ein Vorgang, bei dem einer Substanz Sauerstoff entzogen wird, weshalb man diesen Teil der Flamme „Reduktionsflamme" nennt. Im äußeren Kegel verbrennt das Gas infolge der innigen Berührung mit dem Luftsauerstoff mit großer Hitze. Der Sauerstoffüberschuß dieses Teiles wirkt auf Körper, die man in diese Zone hält, sauerstoffabgebend, also oxydierend; daher der Name „Oxydationsflamme"[1].

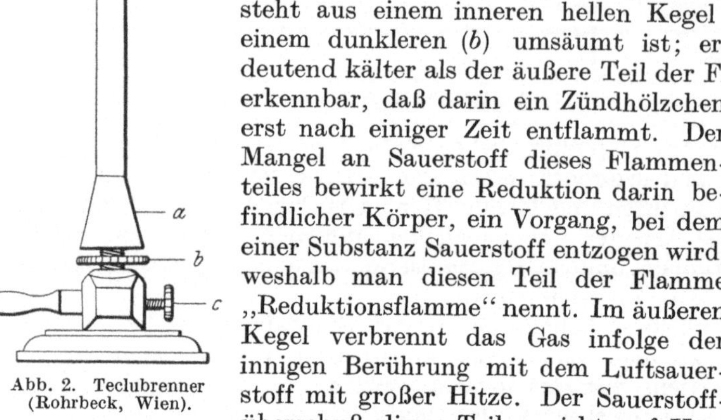

Abb. 2. Teclubrenner (Rohrbeck, Wien).

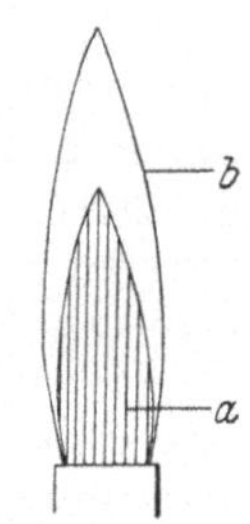

Abb. 3. Teile der Bunsenflamme.

Bei vielen Prüfungen nützt man die Eigenschaften der einzelnen Flammenteile aus, weshalb eine eingehende Beschreibung der Bunsenflamme angebracht erscheint. Platingeräte darf man niemals mit dem Reduktionskegel oder der leuchtenden Flamme in Berührung bringen, da sie durch Aufnahme von Kohlenstoff brüchig werden. Man gewöhne sich von Anfang an, Flammen nicht unbenutzt brennen zu lassen, sondern drehe sie klein.

Das Erhitzen von Flüssigkeiten geschieht in Bechergläsern (Abb. 4), Kolben (Abb. 5) und Probierröhrchen oder Eprouvetten (Abb. 6). Kolben oder Bechergläser erhitzt man niemals auf freier Flamme, sondern auf einem Drahtnetz, das auf einer entsprechenden Unterlage aufliegt. Nasse Glasgeräte wische man vor dem Aufstellen auf die Flamme ab; ein nachheriges Beschlagen mit Wasser ist belanglos. Leicht brennbare Flüssigkeiten erhitzt man nicht unmittelbar auf dem Brenner, sondern auf dem Wasserbade. Hat man Substanzen mit leicht siedender Flüssigkeit längere Zeit hindurch zu kochen, so setzt man, um ein Entweichen der Dämpfe zu verhindern, auf den Kolben entweder einen Kühler oder ein

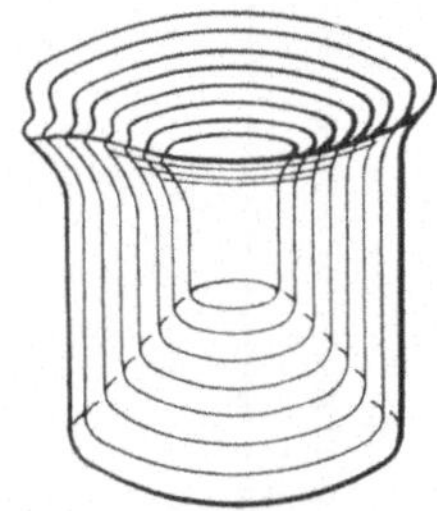

Abb. 4. Bechergläsersatz (Rohrbeck, Wien).

Abb 5. Kochkolben (Rohrbeck, Wien).

Abb. 6. Probierröhrchen.

---

[1] Eigentlich sind an der Bunsenflamme 3 Teile unterscheidbar, doch genügt für den vorliegenden Fall die oben gegebene Darstellung.

langes Glasrohr auf, in dem die Dämpfe sich kondensieren und spricht dann von einer **Rückflußkühlung**. Wir unterscheiden zwei Arten von Kühlern: den „**Liebigkühler**" (Abb. 7), bei dem ein Kühlrohr von einem Kühlmantel umgeben ist, in dem das Kühlwasser auf einer Seite ein- und auf der anderen austritt, und den **Birnenkühler** (Abb. 8), bei dem das Kühlrohr birnenförmige Erweiterungen besitzt, wodurch die Kühlfläche bedeutend vergrößert ist. Wird der Kühler zur Destillation verwendet, so arbeitet man mit dem sogenannten „Gegenstromprinzip", d. h. Wasser fließt in der entgegengesetzten Richtung des strömenden Dampfes (Abb. 9).

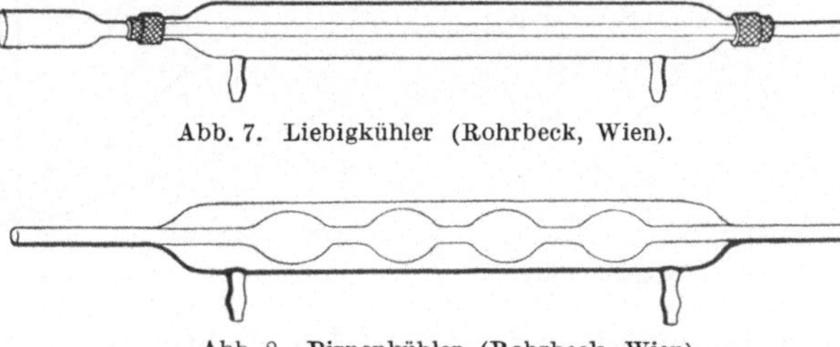

Abb. 7. Liebigkühler (Rohrbeck, Wien).

Abb. 8. Birnenkühler (Rohrbeck, Wien).

Stellt man einen Reagenzglasversuch an, so muß man die Eprouvette beim Erhitzen ständig schütteln, damit der Inhalt durchgemischt wird und keine Siedeverzüge eintreten, die in ihrer Folge ein explosionsartiges Aufkochen und durch die herumspritzenden Flüssigkeitsteilchen Verletzungen hervorrufen können. Man gewöhne sich unbedingt an, die Mündung einer Eprouvette während des Erhitzens nicht gegen

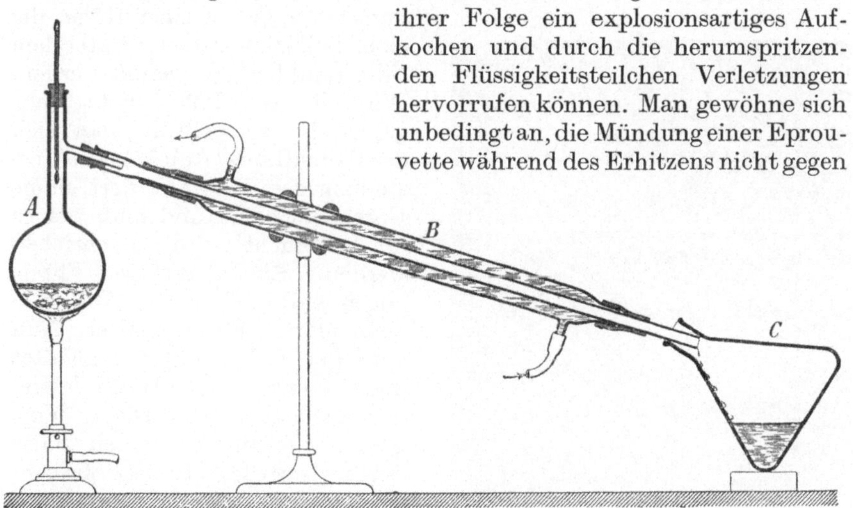

Abb. 9. Anordnung einer Destillation (Winter).
A Destillierkolben, *B* Liebigkühler, *C* Vorlage. In der Richtung der Pfeile fließt das Kühlwasser.

sich oder eine andere Person zu richten, damit bei einem eventuellen Herausspritzen der Flüssigkeit niemand zu Schaden kommt. Versuche, bei welchen übelriechende oder schädliche Gase entstehen, müssen unter dem chemischen Herd ausgeführt werden, wobei man nicht vergessen soll, die „Lockflamme" im Abzugsschacht anzuzünden, welche durch die Erwärmung der Luft daselbst eine stärkere Saugwirkung hervorruft.

Zum Trennen eines Niederschlages von einer Flüssigkeit bedient man sich der Filtration, bei der ein entsprechend gefaltetes, in einen Trichter gelegtes Filterpapier die festen Anteile zurückhält. Man kann das Filter in zwei Arten falten. Soll der Niederschlag weiter verwendet werden, so nimmt man das glatte Filter; es wird hergestellt, indem man einen vierecki-

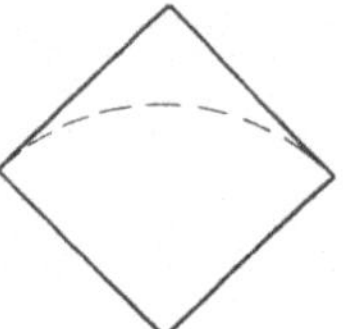

Abb. 10. Glattes Filter.

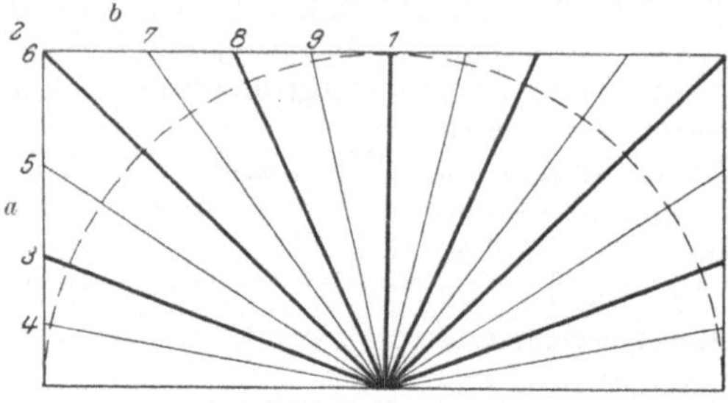

Abb. 11. Faltschema für das Faltenfilter.

gen Filterpapierbogen nach beiden Richtungen in der Mitte zusammenfaltet. Durch Abschneiden entlang der strichlierten Linie (Abb. 10) und Aufschlagen des Filters ist es dann fertig zum Einlegen in den Trichter. Es soll niemals bis zum Rand desselben reichen, und die Flüssigkeit soll immer nur bis zu einer Höhe, die einen halben Zentimeter unter dem Filterrand liegt, aufgefüllt werden. Wird die feste Phase nicht mehr gebraucht, so bedient man sich des Faltenfilters (Abb.11). Die Herstellung desselben erfordert einige Geschicklichkeit und muß, da es oft gebraucht wird, beschrieben werden. Ein viereckiger Filterbogen wird in derselben Weise wie beim glatten Filter gefaltet. Nun wird der Teil a diagonal gefaltet und die entstandene Hälfte b wieder zurückgefaltet. Dieser Vorgang wird mit der dritten Falte nochmals wiederholt. Das abwechselnde Hin- und Herfalten wird über die ganze Filterfläche fortgesetzt und schließlich das Filter

Abb. 12. Aufgießen auf ein Filter.

in der gewünschten Größe abgeschnitten. Nunmehr kann man es aufschlagen und in den Trichter einsetzen. Durch die vielen Falten ist die Filterfläche und dadurch die Filtriergeschwindigkeit bedeutend vergrößert.

Das Aufgießen von Flüssigkeit in das Filter wird immer mit einem Glasstab vorgenommen, um das Auftreffen des Flüssigkeitsstrahles in die Filterspitze zu vermeiden, die sonst leicht durchgerissen werden könnte (Abb. 12).

Ein auf dem Filter gesammelter Niederschlag kann auf zwei Arten heruntergenommen werden. Entweder man trocknet ihn samt dem Filter, worauf er sich leicht ablöst, oder man nimmt das Filter vorsichtig aus dem Trichter, faltet auf und drückt es mit dem Niederschlag in eine Abdampfschale, worauf man das Filterpapier abziehen kann, während der Niederschlag kleben bleibt. Man nennt diesen Vorgang „Abklatschen".

In vielen Fällen muß man die Untersuchung mit einer bestimmten Substanzmenge vornehmen. Das Abwägen geschieht in unseren Fällen mit der empfindlichen chemischen Waage (Abb. 13), welche besondere Vorsichtsmaßregeln und eine richtige Behandlung verlangt. Jede chemische Waage ist zum Schutze gegen Staub in einem Glaskasten eingeschlossen, der auf seiner Vorderseite eine aufschiebbare Türe hat. Sie muß immer mit Vorsicht auf und abgeschoben werden, damit die Waage nicht zu starke Erschütterungen erfährt. Um ihr eine erhöhte Empfindlichkeit zu geben, sind die Schneiden und die Auflagen des Waagebalkens und der Gehänge meistens aus Achat, der infolge seiner Härte eine geringe Abnutzung hat. Um diese aber noch weiter herabzusetzen, wer-

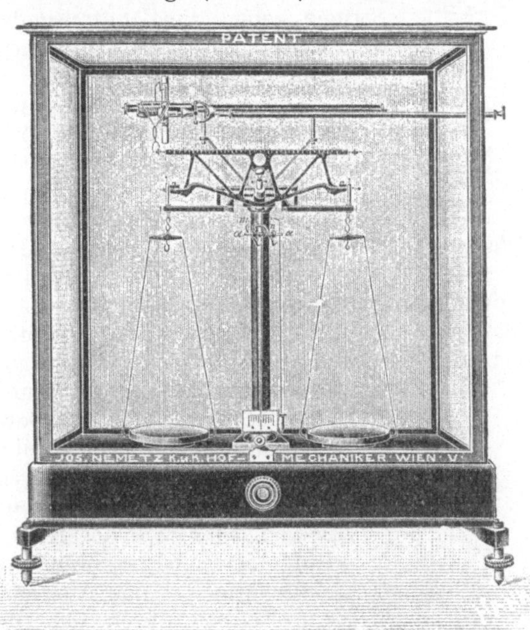

Abb. 13. Chemische Waage (J. Nemetz, Wien).

den die Schneiden nur während der Benutzung der Waage auf die Unterlagen aufgesetzt, die übrige Zeit werden sie durch eine sogenannte Arretiervorrichtung abgehoben. Die Schraube der Arretierung darf man nur ganz langsam betätigen, damit die Schneiden nicht allzu heftig auf die Unterlagen aufstoßen. Das Auflegen der Gewichte und des zu wägenden Gegenstandes darf nur bei arretierter Waage vorgenommen werden. Gewogen wird immer bei geschlossener Waage, damit jeglicher Luftzug abgehalten wird. Die Gewichte für die chemischen Waagen sind immer in einem ganzen Satz in einem Kästchen vereinigt. Sie sind auf ihrer Oberfläche entweder vergoldet oder platiniert, damit sich ihr Gewicht nicht durch Oxydation verändert. Diese Gewichte dürfen nur mit der beigegebenen Pinzette angefaßt werden, da in der menschlichen Hand immer Kochsalzreste vorhanden sind, die dann die schützende Schichte angreifen und in der

Folge eine Veränderung des Gewichtes herbeiführen, würden. Der Ge-
wichtssatz umfaßt meistens die Gewichte von 20 g abwärts bis zu 1 g.
Die Bruchgramme sind Blechplättchen von einem halben, zehntel und
hundertstel Gramm. Um Tausendstel und Zehntausendstel bestimmen
zu können, ist die sogenannte Reiterablesung vorgesehen. Der Waagebalken besitzt an seiner oberen Kante eine Zähnung, in welcher ein reiter-
förmiges Gewicht aufgesetzt werden kann. Jedem Zahn entspricht ein
Teilstrich, von welchen der Mittelstrich mit 0 bezeichnet ist und
jeder zehnte nach links und rechts eine fortlaufende Zahl trägt,
welche die Tausendstel bedeutet. Die dazwischen liegenden
Striche geben die Zehntausendstel an. Durch Verschieben
des Reiters — was von außen bei geschlossener Waage
vorgenommen werden kann — werden die tausendstel und
zehntausendstel Gramm ausgewogen. Die Wägung ist dann
richtig, wenn der Ausschlag der Zunge sowohl links als auch

Abb. 14.
Wägegläschen
(Rohrbeck,
Wien).

rechts der gleiche ist. Die Betätigung der übrigen Schrauben an der Waage, die zur Regulierung der Empfindlichkeit
dienen, überlasse man lieber dem Eingeweihten, da die
Waage sonst nur geschädigt werden könnte.

Soll für eine Untersuchung eine bestimmte Menge einer Substanz
eingewogen werden, so bedient man sich eines Wägegläschens (Abb. 14).
Man arbeitet dabei meistens nach der Differenzmethode, indem
man das Gläschen vor und nach dem Ausgießen eines Teiles der
Probe in das Untersuchungsgefäß wägt, wobei
die Differenz dann das Gewicht der zur Untersuchung genommenen Probe angibt.

Um beim chemischen Arbeiten beliebige Mengen Wassers auf die Probe bringen zu können,
bedient man sich der Spritzflasche (Abb. 15).
Ihr Gebrauch ist ohne weiteres verständlich.
Man vermeide das Ausgießen des Wassers aus
der Flasche durch das Mundstück derselben;
man kann dabei unwillkürlich an die Wandung
des Gefäßes ankommen, an der vielleicht giftige
Substanzen kleben, die beim normalen Gebrauch
der Flasche dann in den Mund gelangen und so

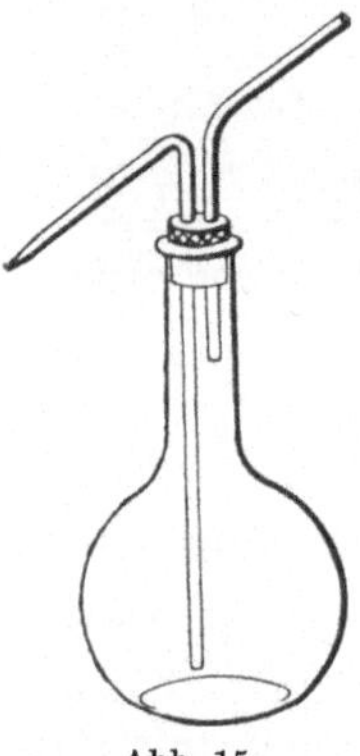

Abb. 15.
Spritzflasche
(Rohrbeck, Wien).

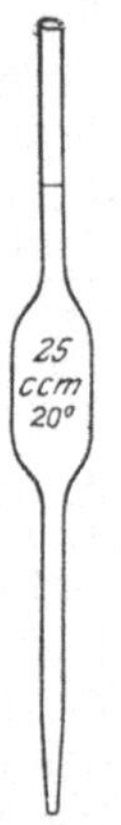

Vergiftungen hervorrufen könnten. Zu chemischen
Arbeiten wird immer nur destilliertes Wasser genommen. Zum Abmessen bestimmter Mengen

Abb. 16.
Pipette
(Stock-
stähler).

einer Flüssigkeit bedient man sich des Meßzylinders, des Meßkol-
bens oder einer Pipette (Abb. 16). Unter einer Pipette versteht man
einen Stechheber, der ein ganz bestimmtes Volumen faßt. Man saugt
die Flüssigkeit bis über die obere Marke auf, verschließt rasch das Ende
mit dem Finger und läßt dann die Flüssigkeit durch vorsichtiges Lüften
des Fingers bis zur unteren Marke oder wenn keine zweite angebracht
ist, ganz ausfließen. In der engen Röhre der Pipette ist die Oberfläche
des Flüssigkeitsspiegels parabolisch gestaltet — es entsteht ein „Menis-

kus". Die Ablesung geschieht so, daß die untere Kante des Meniskus mit der Marke übereinstimmt, eine Art der Ablesung, die in allen derartigen Fällen geübt wird. Um das Flüssigkeitsvolumen richtig abzumessen, muß man auch die Temperatur berücksichtigen, auf welche das Meßgefäß geeicht ist.

Hat man aus einer Standflasche eine Flüssigkeit auszugießen, so darf man den Stoppel nicht auf den Tisch legen; abgesehen davon, daß der Tisch durch Säure beschädigt werden kann, können am Stoppel Verunreinigungen hängen bleiben, die dann in die Reagentien kommen. Man legt ihn entweder auf eine reine Unterlage oder nimmt ihn zwischen Mittel- und Ringfinger, während man mit dem ersten und zweiten die Flasche hält. Am Hals hängenbleibende Tropfen streife man mit dem Stoppel ab.

Die Handhabung spezieller Apparaturen wird in den entsprechenden Abschnitten erläutert werden.

Chemisch-physikalischer Teil.

I. Anorganische Waren.

A. Metalle und Legierungen.

1. Bestimmung des spezifischen Gewichtes von Schwer- und Leichtmetallen.

Unter spezifischem Gewicht versteht man das Gewicht der Volumeneinheit (cm³) in Grammen. Da das Gewicht eines cm³ Wassers mit einem Gramm angenommen werden kann, so ergibt sich als spezifisches Gewicht eine Zahl, die angibt, um wieviel mal ein Körper schwerer oder leichter als die gleiche Einheit Wasser ist.

Die Bestimmung des spezifischen Gewichtes fester Körper kann auf verschiedene Weise vorgenommen werden.

Durch Bestimmung des absoluten Gewichtes und des Volumens des Körpers, woraus das spezifische Gewicht nach der Formel p/v errechnet werden kann, wobei p = absolutes Gewicht und v = Vo-

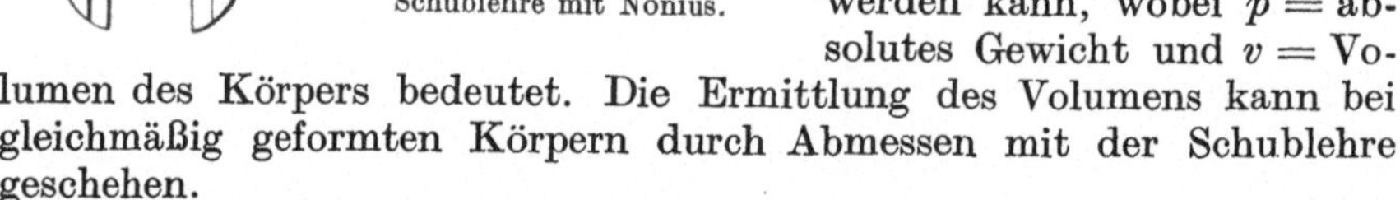

Abb. 17.
Schublehre mit Nonius.

lumen des Körpers bedeutet. Die Ermittlung des Volumens kann bei gleichmäßig geformten Körpern durch Abmessen mit der Schublehre geschehen.

Die Schublehre (Abb. 17) besteht aus einem Maßstab, an dessen einem Ende eine fixe Anschlagleiste angebracht ist, gegen welche eine zweite Leiste verschoben werden kann. Der zu messende Gegenstand wird zwischen den beiden Backen leicht eingeklemmt. Man kann nun auf dem Maßstab die Größe des Körpers ablesen. Um die Messung genauer zu gestalten, ist die Noniusablesung vorgesehen. Der Nonius stellt einen zweiten, kleinen Maßstab neben dem Hauptmaßstab vor, der auf der verschiebbaren Backe angebracht ist; seine Einteilung ist so gehalten, daß auf 9 mm des Hauptmaßstabes 10 Noniusstriche kommen, also ein Noniusstrich 0,1 mm angibt. Man liest die ganzen Millimeter an dem Teilstrich des Hauptmaßstabes ab, an dessen rechter Seite der Nullstrich des Nonius steht, während die Zehntelmillimeter durch den Teilstrich des Nonius angegeben werden, der mit einem Strich des Hauptmaßstabes übereinstimmt. In Abb. 17 liest man z. B. 11,4 mm ab.

Das Volumen ungleichmäßiger Körper kann man in einfacher Weise durch Einlegen in eine mit Wasser gefüllte Mensur aus der Flüssigkeitsverdrängung ermitteln. Bei wasserlöslichen Körpern muß eine entsprechend andere Flüssigkeit genommen werden, z. B. Alkohol, Benzol o. a. In genauerer Weise kann die Bestimmung des Volumens mit der hydrostatischen Waage vorgenommen werden, indem man den Auftrieb des betreffenden Körpers in Wasser bestimmt; da derselbe gleich dem Gewichte des verdrängten Wassers und somit gleich dem verdrängten Wasservolumen ist, gibt der Auftrieb den Rauminhalt des Körpers an. Als hydrostatische Waage kann jede analytische Waage verwendet werden, bei der eine Waagschale durch eine kürzere ersetzbar ist; man kann auch über der gewöhnlichen Waagschale eine kleine Brücke aus Blech anbringen, auf die ein Becherglas gestellt wird, so daß die Waage am Schwingen nicht gehindert ist (Abb. 18). Man wägt den Körper zuerst in Luft, wobei sich das Gewicht a ergibt; dann wird er auf einem dünnen Faden oder Draht (dessen Auftrieb vernachlässigt werden kann) aufgehängt und sein Gewicht nach Einhängen in das mit Wasser gefüllte Becherglas bestimmt, wobei ein scheinbarer Gewichtsverlust eintritt und das Gewicht b ermittelt wird. $a - b =$ Gewichtsverlust $=$ Gewicht des verdrängten Wassers $=$ Volumen des Körpers. Spezifisches Gewicht $= p/v$ ($p =$ absolutes Gewicht des Körpers, $v =$ sein Volumen). Es ist nach einer der angegebenen Methoden das spezifische Gewicht von Aluminium ($s = 2{,}7$) oder von Magnesium ($s = 1{,}7$) als Beispiele für Leichtmetalle und von Eisen ($s = 7{,}25$) oder Nickel ($s = 9$) als Beispiele für Schwermetalle zu bestimmen. Zu den Leichtmetallen rechnet man alle Metalle, deren spezifisches Gewicht unter 5 liegt.

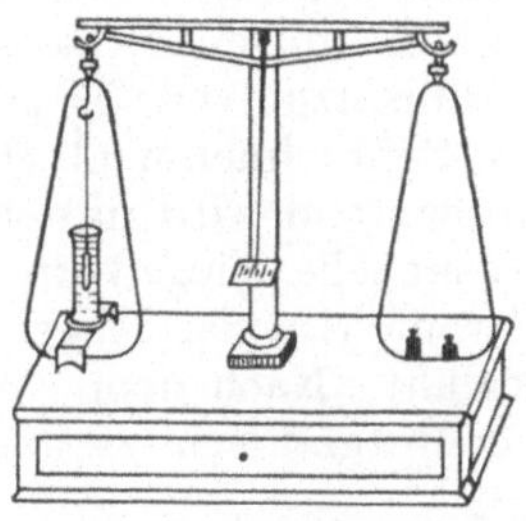

Abb. 18. Hydrostatische Waage (Wölbling).

2. Eisen (Fe).

a) Bestimmung der Härte von Stahl und Weicheisen.

An Hand einer Härteskala[1] sind die verschiedenen Härten von Weicheisen und Stahl zu bestimmen. Um die Minerale der Härteskala zu schonen, ist es angezeigt, bei den Ritzversuchen in der Skala von oben herunter zu beginnen. Die Härte des Probestückes wird zwischen den beiden Graden liegen, bei welchen das Stück zum ersten Male geritzt wurde, und bei dem noch kein Ritz zu erzielen war.

b) Anlassen von Stahl.

Stahl kann durch gelindes Glühen seiner Härte benommen werden, was in der Praxis häufig geübt wird, um Stahlstücke leichter bearbeiten

---

[1] Mohssche Härteskala: Talk = Härte 1, Steinsalz = 2, Kalkspat = 3, Flußspat = 4, Apatit = 5, Feldspat = 6, Quarz = 7, Topas = 8, Korund = 9, Diamant = 10.

zu können. Nach der Fertigstellung wird dann das Stück wieder gehärtet. Zur Übung wird ein Stahlstück auf 300—500° (dunkle Rotglut)[1] erhitzt und nach dem Abkühlen die Härte auf der Härteskala bestimmt, die sich von der ursprünglich ermittelten unterscheiden wird.

c) Einsatzhärtung.

Stahl hat die Eigenschaft, durch starkes Erhitzen und nachfolgendes rasches Abkühlen an Härte zu gewinnen, wobei er aber je nach der Schnelligkeit des Abkühlens mehr oder weniger spröde wird. In der Praxis ist es aber oft notwendig, Maschinenteile herzustellen, die eine äußerst harte Oberfläche, verbunden mit einem zähen Kern, besitzen sollen. So z. B. im Automobilbau, wo gewisse Teile, wie Zahnräder u. dgl. eine harte Oberfläche besitzen müssen, um keinen zu hohen Verschleiß zu erleiden, andererseits einen zähen Kern haben müssen, um Stöße und andere momentane Belastungen aushalten zu können. In solchen Fällen wird die Einsatz- oder Einbrennhärtung angewendet. Es handelt sich um Erhitzen auf 800—900° in kohlenstoffabgebenden Substanzen und nachfolgendes Abkühlen. Dabei bekommt das Stück eine etwa 1 mm dicke, harte Schichte, während der Kern zähe bleibt.

Einsatzpulver: 79% gestoßener Koks, 15—20% Bariumkarbonat und 1% Sojabohnenmehl (FP. 453542 und Zusatz 17512). Der zu härtende Gegenstand wird in einem feuerfesten Tiegel (sehr gut eignen sich dazu Hessesche Tiegel) in dem oben angegebenen Gemenge eingebettet; hierauf wird der Tiegel mit Schamotte verschlossen und etwa 3 Stunden geglüht. Nach dem Abkühlen wird das Stück für sich noch einmal bis zur Rotglut erhitzt und in Wasser gehärtet.

d) Zementieren von Weicheisen.

Wird der Kohlenstoffgehalt von Weicheisen (etwa 0,5%) erhöht, so nimmt die Härte desselben zu, und es wird wie Stahl härtbar. Dieses „Zementieren" erreicht man durch Erhitzen auf 1000°, in kohlenstoffabgebenden Mitteln. Der Versuch wird am sinnfälligsten mit einem Stück Weicheisendraht ausgeführt, den man zu einer Spirale zusammendreht. Er wird wie bei der Einsatzhärtung in einem feuerfestenTiegel in ein Zementierpulver eingebettet und der Tiegel mit Schamotte verschlossen. Als Zementierpulver kann die im vorigen Abschnitt genannte Mischung verwendet werden. Nachdem der Tiegel samt Inhalt $1^1/_2$—2 Stunden in einer Muffel auf etwa 1000° (Weißglut) erhitzt wurde, zeigt der Draht nach dem Erkalten eine bedeutend größere Härte, was an dem Widerstand gegen ein Verbiegen erkannt werden kann. Das Stück wird nun wieder auf etwa 800° (Rotglut) erhitzt und mit Wasser abgekühlt, wodurch es bei vorangegangener richtiger Zementierung so hart wird, daß man Glas ritzen kann. Der Draht hat auch seine Biegsamkeit verloren und ist spröde geworden.

---

[1] Die Temperatur glühender Stahlstücke kann leicht an Hand von Tabellen, wie sie die verschiedenen Stahlfirmen angeben, auf Grund der Farbe bestimmt werden.

e) Bestimmung des Graphites in grauem Roheisen.

Von einem Roheisenstück, dessen Oberfläche vorerst mit einer Feile von anhaftenden Schmutz- und Oxydschichten befreit wurde, nimmt man mit einem Bohrer oder einer Feile Späne ab. Ungefähr 0,3 g werden davon in ein Becherglas eingewogen (siehe Einleitung S. 6) und mit Salzsäure gekocht. Dabei geht nach einiger Zeit das ganze Eisen in Lösung, während der Graphit ungelöst zurückbleibt. Man verdünnt die Lösung mit Wasser und filtriert durch einen gewogenen Goochtiegel mit Sinterplatte, wobei man achtet, von dem Rückstand nichts zu verspritzen. Man bringt den Niederschlag durch Ausspülen und Auswischen des Glases mit einer Gummi-fahne zur Gänze auf das Filter und wäscht den Rück-stand durch öfteres Aufspritzen von Wasser von der Salzsäure aus. Nachher wird der Tiegel samt Nieder-

Abb. 19. Exsikkator (Stock-Stähler).

schlag in einem Trockenschrank etwa $^1/_2$ Stunde ge-trocknet und auf $^1/_4$ Stunde in einen Exsikkator (Abb. 19) zum Abkühlen eingestellt. Man wägt nun den Tiegel samt Niederschlag ab und weiß aus der Differenz zwischen Tiegel-Leergewicht und Tiegel samt Nieder-schlag das Gewicht des Graphites, das in Prozenten der Einwaage an-gegeben wird.

3. Bleche.

Galvanisch verzinktes Eisenblech und Zinkblech, verkupfertes Eisen-blech und Kupferblech und eventuell Weißblech und Aluminiumblech sind dem Augenscheine nach nicht ohne weiteres unterscheidbar. Die Erkennung ist aber leicht mit dem Magnet oder mit einer einfachen chemischen Reaktion möglich.

Unterscheidung mit dem Magnet:

> Verzinktes Eisenblech wird angezogen — Zinkblech nicht.
> Verkupfertes Eisenblech wird angezogen — Kupferblech nicht.
> Weißblech wird angezogen — Aluminiumblech nicht.

Eine Lösung von gelbem Blutlaugensalz gibt mit verschiedenen Metall-salzlösungen charakteristisch gefärbte Fällungen, und zwar

> Mit Eisen . . . . blaue Fällung.
> Mit Zink . . . . weiße Fällung.
> Mit Kupfer . . . . . . braune Fällung.

Zur Prüfung schneidet man von dem betreffenden Blech ein Stückchen ab und löst in Salzsäure oder falls damit keine Lösung eintritt, mit Salpetersäure.

Verzinktes Eisenblech wird den blauen Eisenniederschlag geben, welcher den weißen Zinkniederschlag übertönt. Zinkblech wird einen weißen Niederschlag geben. Bei einem verkupferten Eisenblech wird immer noch die blaue Eisenreaktion die braune des Kupfers übertönen. Kupferblech gibt einen braunen Niederschlag, Weißblech einen blauen. Aluminiumblech gibt keinen Niederschlag.

4. Kupfer (Cu).

a) Ein blanker Kupferblechstreifen zeigt nach schwachem Erhitzen eine dunklere Farbe, die von Kupferoxydul stammt (Cu_2O); wird das Stück stärker erhitzt, so überzieht es sich nach dem Erkalten mit einer schwarzen Schichte von Kupferoxyd (CuO).

b) Lösungsversuche von Kupfer in verschiedenen Säuren (Schwefel-, Salz- und Salpetersäure); es entstehen blau und blaugrün gefärbte Lösungen.

c) Wird zu einer dieser Lösungen eine Lösung von gelbem Blutlaugensalz zugesetzt, so entsteht ein brauner Niederschlag, der für Kupfer charakteristisch ist.

d) Kupfersalze sind blau oder grün gefärbt, solange sie Kristallwasser enthalten; wird ihnen dies durch Erhitzen entzogen, so werden sie weiß, um beim darauffolgenden Befeuchten wieder gefärbt zu werden. Diese Erscheinung ist an pulverisiertem Kupfervitriol durch Erhitzen in einer Porzellanschale und späterem Befeuchten zu beobachten.

e) Kontaktverkupferung.

Wird ein blankes Eisenstück in eine mit Schwefelsäure angesäuerte Kupfervitriollösung[1] gelegt, so überzieht es sich mit einer Kupferschichte, die aber kein besonderes Haftvermögen besitzt. Man kann z. B. die Verkupferung eines Eisenbleches durch einfaches Überstreichen mit einem mit Kupfervitriol getränkten Schwamm erreichen, was praktisch für billige Verkupferungen gemacht wird.

5. Blei (Pb).

a) Unterscheidung zwischen Hart- und Weichblei.

Weichblei kann noch mit dem Fingernagel geritzt werden, was bei Hartblei nicht mehr möglich ist.

b) Lösungsversuche von Blei in

Salzsäure . . . . schlecht löslich.
Salpetersäure . . . . . gut löslich.
Schwefelsäure . . . . . nicht löslich.

c) Verhalten von Bleisalzlösungen gegen Schwefelsäure und Schwefelwasserstoff.

Die salpetersaure Bleilösung oder eine fertige Bleisalzlösung wird mit Schwefelsäure versetzt. Es entsteht ein weißer Niederschlag, der als Malerfarbe verwendet wird (siehe Abschnitt Mineralfarben, S. 40). Wird eine Bleisalzlösung mit Schwefelwasserstoffwasser oder mit einer Lösung von Natriumsulfid versetzt, so entsteht ein schwarzer Niederschlag.

d) Bildung eines Bleibaumes.

In eine ziemlich verdünnte, mit Essigsäure angesäuerte Bleizuckerlösung (Bleiazetatlösung) werden Zinkblechstreifen eingehängt und ein

---

[1] Nach Beutel, E.: Bewährte Arbeitsweisen der Metallfärbung. S. 67.

oder zwei Tage sich selbst überlassen. Der stärkere Lösungsdruck des Zinkes bewirkt ein Auflösen desselben, während das Blei aus der Lösung verdrängt wird und sich an den Zinkblechstreifen in schönen, kleinen Kristallgebilden absetzt.

e) Löslichkeit von Blei in kohlensäurehaltigem Wasser.

In einen mit destilliertem Wasser gefüllten Kolben werden Bleispäne gegeben. Man läßt aus einem Kippapparat mittels eines Glasrohres einen kräftigen CO_2-Strom durch das Wasser gehen. Nach etwa einem Tage kann man im Wasser mit Natriumsulfid Blei nachweisen.

6. Zink (Zn).

a) Schmelzen und Verbrennen von Zink.

Das Schmelzen wird in einer flachen Schale vorgenommen, um die nachfolgende Verbrennung leichter einleiten zu können. Man erhitzt nach dem Schmelzen weiter, bis die Ofentemperatur etwa 800° erreicht hat; bei dieser Temperatur beginnt das Zink mit grüner Flamme zu verbrennen. Um die Verbrennung lebhafter zu gestalten, nimmt man die Schale aus dem Ofen und rührt das geschmolzene Zink mit einer Stange durch, um die gebildete Oxydschichte zu zerstören; bei der raschen Verbrennung, die dabei eintritt, werden feine Zinkoxydteilchen von der warmen Luft in die Höhe gerissen, die dann in Form von zarten Fäden langsam zu Boden sinken (Lana philosophorum).

b) Löslichkeit von Zink in verschiedenen Säuren.

Zink ist in den meisten Säuren leicht löslich, wobei immer eine lebhafte Wasserstoffentwicklung stattfindet.

c) Wird eine der gebildeten Lösungen mit einer Lösung von gelbem Blutlaugensalz versetzt, so entsteht ein weißer Niederschlag, eine Reaktion, die bereits bei der Prüfung der Bleche genannt wurde.

7. Zinn (Sn).

a) Zinn, ein weißes, an frischen Bruchflächen silberglänzendes Metall, hat den sehr niederen Schmelzpunkt von 232° C, was verschiedene seiner Anwendungsmöglichkeiten bedingt.

Es kann daher leicht in der Bunsenflamme in einer feuerfesten Schale geschmolzen werden.

b) Es ist das Verhalten von Zinn gegenüber Salzsäure, Schwefelsäure und Salpetersäure zu beobachten. In konzentrierter Salpetersäure ist keine Lösung zu erzielen, da das Zinn zur unlöslichen Metazinnsäure oxydiert wird.

c) Die leichte Gießbarkeit kann durch Zusatz von 36% Blei noch erhöht werden. Es ist durch Zusammenschmelzen von 64% Zinn mit 36% Blei eine solche „eutektische" Legierung herzustellen (Schmelzpunkt 181°), mit der einfache Gießversuche auszuführen sind[1].

---

[1] Die Herstellung einer Gießform ist sehr umständlich, weshalb es vorteilhafter ist, eine solche — wie man sie zum Selbstgießen von Figuren in Spielwarenhandlungen bekommt — anzuschaffen.

d) Verzinnen von Eisenblech.

Verzinnung von Eisenblech ist nur durch Feuerverzinnung möglich. Galvanische Verzinnung ist nicht gebräuchlich. Es wird ein Stück Eisenblech „dekapiert", worunter man das Abbeizen der Oxydhaut mit verdünnter Schwefelsäure versteht, und dann in geschmolzenes Zinn getaucht. Das Zinn bleibt auf dem Blech haften. Der Überzug ist aber noch matt und unscheinbar. Um ihm ein silberglänzendes Aussehen zu geben und das Zinn über das Blech gleichmäßig zu verteilen, taucht man dasselbe in geschmolzenes und hoch erhitztes Palmfett. Dadurch schmilzt der Zinnüberzug von neuem und kann — da das anhaftende Fett ein rascheres Abkühlen verhindert — durch Schwenken gleichmäßig verteilt werden, wodurch ein schöner, glänzender Überzug erzielt wird.

e) Lötversuche.

Unter Löten versteht man das Verbinden zweier Metallteile mit Hilfe anderer geschmolzener Metalle oder Metallegierungen — den Loten. Das erstarrte Lot hält dann die Metallteile zusammen. Dieses muß einen weitaus geringeren Schmelzpunkt haben als das zu lötende Metall; andererseits darf der Schmelzpunkt nicht zu niedrig sein, damit die gelöteten Teile auch einer gewissen Erhitzung standhalten können. Man unterscheidet mehrere Arten von Loten: 1. Weich- oder Weißlote, 2. Hartlote, auch Streng- oder Schlaglote genannt, 3. Speziallote (z. B. Lote für Edelmetalle).

Während das Löten mit Hartloten große Übung erfordert, ist das Arbeiten mit Weichloten einfach und rasch erlernbar.

Bedingung für eine einwandfreie Lötung ist die richtige Vorbehandlung der Lötstellen. Diese müssen frei von allen Oxydhäuten und Verunreinigungen sein. Zu diesem Zwecke überstreicht man die Lötstellen z. B. mit Lötwasser, das auf folgende Weise leicht selbst hergestellt werden kann:

In Salzsäure wird soviel Zink gelöst, bis keine weitere Lösung mehr eintritt. Die durch Abgießen gewonnene Flüssigkeit wird mit der gleichen Menge einer gesättigten Salmiaksalzlösung gemischt.

Eine Weichlötung wird am besten in folgender Weise ausgeführt: Der Lötkolben wird vor dem Löten an seiner Spitze mit einer Feile von eventuell anhaftenden Oxydschichten befreit. Man erhitzt nun den Kolben, jedoch nicht zu stark, da sonst das Zinn mit dem Kupfer eine Legierung zu Messing eingeht. Inzwischen hat man sich ein mit einer Rinne versehenes Stück Salmiak vorbereitet. In die Rinne wird ein Stückchen Zinn gelegt. Ist der Kolben genügend erhitzt, so streicht man mit ihm einige Male über die Rinne im Salmiak hinweg und überzieht ihn so mit möglichst viel Zinn. Nunmehr kann man mit der Lötung beginnen, indem man längs der Lötnaht hinwegfährt und das Zinn in dieselbe einfließen läßt. Man trachtet, es möglichst gleichmäßig zu verteilen und nicht unnötig viel davon aufzutragen. Reicht das Zinn am Lötkolben nicht aus, so muß in der beschriebenen Weise neues Lot aufgenommen werden.

8. Nickel (Ni).

a) Magnetismus.

Nickel ist neben Eisen das einzige Metall mit magnetischen Eigenschaften. Probe!

b) Widerstandsfähigkeit gegen Säuren.

Nickel ist ein in reinem Zustand gegen die meisten Säuren widerstandsfähiges Material, weshalb es zur Herstellung chemischer Apparaturen viel verwendet wird. Probe!

c) Nickelnachweis.

Die Salze des Nickels sind meistens grün gefärbt und in Wasser löslich. Fügt man zu einer Nickelsalzlösung einige Tropfen Ammoniak, dann 1—2 cm³ einer 1% igen alkoholischen Lösung von Dimethylglyoxim hinzu und kocht, so fallen prächtig rot gefärbte Nadeln aus, eine Reaktion, die zum analytischen Nachweis von Nickel dient.

d) Kontaktvernickelung.

Da Nickel ein äußerst korrosionsfestes Metall ist, benutzt man es als schützenden Überzug für andere, weniger beständige Metalle, auf die es im galvanischen Verfahren niedergeschlagen wird. Handelt es sich um Überzüge, an die keine hohen Ansprüche in bezug auf Polierfähigkeit und lange Haltbarkeit gestellt werden, so kann man folgende Methode[1] anwenden, die unabhängig von komplizierten galvanostegischen Anlagen ist. 20 g Nickelammoniumsulfat und 10 g Chlorzink werden in einem Liter Wasser aufgelöst. Sollte dabei durch Hydrolyse des Chlorzinkes eine Trübung entstehen, so bringt man dieselbe durch tropfenweisen Zusatz von Salzsäure zum Verschwinden, muß aber dabei einen zu großen Säurezusatz vermeiden, damit die Lösung nicht sauer wird, wovon man sich mit Lackmuspapier überzeugen muß. In diesem Bade kocht man kleine Kupfer- oder Messingstücke, wie sie später zu den Metallfärbungen verwendet werden (S. 17) am besten in einem emaillierten Eisentopf oder in einer Porzellanschale durch 15 Minuten unter Zusatz von Zinkgranalien.

Die zu vernickelnden Gegenstände müssen vollkommen von Fett und Oxydhäuten gereinigt sein, da sonst fleckige Überzüge entstehen. Die Reinigung wird in der auf S. 17 beschriebenen Weise vorgenommen.

9. Aluminium (Al).

a) Unbeständigkeit gegen Alkalien.

Aluminium wird mit seinem spezifischen Gewicht 2,7 unter die Leichtmetalle gezählt. Es ist ein gegen den Einfluß von Atomsphärilien widerstandsfähiges Metall, dagegen weniger gegen Alkalien. Wird ein Aluminiumstück mit Sodalösung in der Hitze behandelt, so tritt lebhafte Gasentwicklung (Wasserstoff) ein. Dieselbe Probe mit einem Eisenstück vorgenommen, zeigt keine Reaktion.

---

[1] Nach Pfannhauser, W.: Die elektrolytischen Metallniederschlage. 6. Aufl. S. 404. Berlin: Julius Springer.

b) Thermitschweißung.

Eine Mischung von Eisenoxyd und Aluminiumpulver wird als Thermit bezeichnet. Sie hat die Eigenschaft, nach Entzündung unter Hitzeentwicklung bis über 2000° weiterzubrennen. Dabei entzieht das Aluminiumpulver dem Eisenoxyd unter Bildung von Aluminiumoxyd den Sauerstoff. Bei der hohen Reaktionstemperatur schmilzt das Eisen, das zum Verschweißen von Eisenteilen verwendet werden kann.

Der Versuch einer Thermitschweißung kann im Kleinen sehr gut in folgender Weise nachgeahmt werden: Zwei mit ihren Enden gut zusammenpassende Rund- oder Vierkanteisen werden in einer viereckigen Schachtel aus starker Pappe oder Holz in Gips so eingegossen, daß die beiden zu verschweißenden Enden in einen bis an die Oberfläche reichenden Hohlraum zu liegen kommen. Dies kann man durch Einlegen eines entsprechend geformten, eingefetteten Holzklotzes erreichen, den man nach dem Erstarren des Gipses herauszieht. Man hat auf diese Weise eine Art Gießform bekommen. Die Thermitmischung gibt man in einen Hesseschen Tiegel, in dessen Boden ein kleines Loch gebohrt wurde, das man mit einem Stückchen Papier überdeckt, um das Ausfließen des Thermites zu verhindern. Aus Sicherheitsgründen stellt man die Gipsform in einen größeren mit Sand gefüllten Behälter. Der Hessesche Tiegel wird in einem an einem Dreifuß befestigten Ring über der Gießform so aufgestellt, daß die Ausflußöffnung knapp über den Gießkanal zu liegen kommt.

Da die Entzündungstemperatur von Thermit sehr hoch liegt, muß man zur Einleitung der Reaktion eigene Zündgemische verwenden, die man zu kaufen bekommt, aber auch leicht selbst herstellen kann, indem man z. B. Bariumsuperoxyd mit Magnesiumpulver mischt, wobei letzteres in der Mischung überwiegen soll. Mit dieser Zündmischung wird der Thermit überschichtet und ein längeres Magnesiumband zur Zündung aufrechtstehend hineingesteckt. Beginnt das Magnesium zu brennen, so muß man rasch zur Seite treten, da das Zündgemisch oft mit einer kräftigen Stichflamme und auch der Thermit manchmal unter Funkensprühen abbrennt. **Der Versuch ist daher unter einem Abzug und mit großer Vorsicht auszuführen.** Sobald der Thermit entsprechend weit abgebrannt ist, beginnt das flüssige Eisen abzufließen und verschweißt mit seiner großen Hitze die beiden zusammengepaßten Eisenstücke.

Die Thermitmenge im Schamottetiegel ist dem Volumen nach ungefähr mit der 10—15fachen Menge des Hohlraumes der Gießform zu bemessen.

Metallfärbungen[1].

Metallfärbungen dienen dazu, Metallteilen durch Überziehen mit einem anders gefärbten Metallsalz ein gefälligeres Aussehen zu geben oder sie mitunter vor korrodierenden Einflüssen zu schützen. Eine

---

[1] Nach Beutel, E.: Bewährte Arbeitsweisen der Metallfärbung. 2. Aufl. Wien, Leipzig: W. Braumüller 1925. Mit freundlicher Genehmigung des Verfassers.

Grundbedingung für die praktische Verwertbarkeit eines Metallfärbeverfahrens ist das feste Haften des gebildeten Niederschlages auf dem Grundmetall.

Gute Reinigung des zu färbenden Metalles ist eine unerläßliche Vorbedingung für das Gelingen einer Metallfärbung, da die geringsten Oxyd- oder Fettspuren auf der Metalloberfläche eine fleckige Färbung erzeugen.

Zu den Färbeversuchen verwendet man am besten kleine Prägungen oder Blechstreifen von 3—4 cm Durchmesser aus Kupfer, Messing oder Tombak.

Das Reinigen der Metalle. Stücke aus Kupfer oder Kupferlegierungen werden durch Einlegen in die Vorbeize vorgebeizt und dann in der Gelbbrenne blank gebeizt.

Vorbeize. Neun Teile Wasser werden mit einem Teil Schwefelsäure gemischt. (Die Schwefelsäure muß unter Umrühren in das Wasser eingegossen werden und nicht umgekehrt.) In dieser Beize bleiben die Gegenstände solange, bis der reine, rotbraune Ton entstanden ist.

Gelbbrenne. 5 g Kochsalz und 5 g Glanzruß werden in 1 l konzentrierte Salpetersäure eingetragen und verrührt. In dieser Brenne dürfen die Gegenstände nur ganz kurze Zeit verbleiben. Da beim Beizen starke Stickoxyddämpfe entstehen, muß diese Arbeit unter dem Abzug vorgenommen werden. Die Gegenstände hängt man am besten an einem Draht in die Brenne ein.

Reinigung von Fettüberzügen. Die meisten Gegenstände besitzen durch verschiedene Umstände einen mehr oder weniger starken Fettüberzug, wovon man sich leicht durch Eintauchen in Wasser überzeugen kann. Es wird der Gegenstand nicht an allen Stellen von Wasser benetzt werden.

Am einfachsten gelingt die Reinigung durch Behandlung mit erwärmter Lauge.

Nach allen Beizen ist ein gutes Nachwaschen — ohne den Gegenstand mit den Fingern zu berühren — notwendig.

a) Das Braunbad.

Dieses Bad dient zum Braunfärben von Kupfer, Bronze, Rotguß und Messing. Zink und Eisengegenstände müssen zuerst verkupfert werden.

Zusammensetzung des Bades. 25 g Kupfervitriol, 25 g Nickelsulfat, 12 g chlorsaures Kali (Kaliumchlorat) und 7 g übermangansaures Kalium werden in 1 l Wasser gelöst.

Arbeitsvorschrift. Die gut gereinigten Gegenstände werden in das bis beinahe zum Sieden erhitzte Bad auf eine halbe bis zwei Minuten eingehängt. Es entstehen je nach der Entwicklungsdauer helle bis tiefbraune Töne. Nach beendigter Färbung werden die Gegenstände gut abgespült, getrocknet und eventuell mit einem weichen Lappen gerieben. Schöne Effekte erzielt man auch durch Bürsten mit der Wachsbürste, wozu man eine halbsteife Bürste verwenden kann, die man nach Art der Bodenbürsten mit Bohnerwachs einreibt.

b) Färben mit Schwefellauge.

Schöne Braunfärbungen, die vom hellsten Rotbraun bis zum tiefsten Braunschwarz erzeugt werden können, erreicht man mit Schwefellauge, die auf Messing grünlichbraune, gelbbraune und rötlichbraune Töne erzeugt.

Das Bad besteht aus einer Lösung von 10 g Schwefelleber in 1 l Wasser.

Zur Färbung wird das Bad auf ungefähr 80° erwärmt und die Gegenstände auf einem Draht eingehängt.

Nach einer Minute: Rötlichbraun.
Nach zwei Minuten Schokoladebraun.
Nach vier Minuten: Blauschwarz.

c) Der Lüstersud.

Diese Färbemethode gehört zu den interessantesten, da sie nicht nur alle Metalle zu färben gestattet, sondern auf den einzelnen Metallen auch die verschiedensten Färbungen hervorrufen kann. Man kann Gegenstände aus Messing nicht nur goldartig färben („französische Vergoldung", wie sie bei Gablonzer Waren Anwendung findet), sondern kann ihnen einen schönen blauen oder altsilberartigen Überzug verleihen.

Das Bad wird durch Auflösen von 124 g Fixiersalz und 38 g Bleizucker in 1 l Wasser hergestellt.

Arbeitsweise. Das Bad wird bis zum beginnenden Sieden erhitzt; dann hängt man die Waren an einem Draht ein und hält sie in ständiger Bewegung. Nach wenigen Sekunden ist Messing tief goldgelb. Hat man diesen Ton gewünscht, so nimmt man das Stück rasch heraus und schwemmt es mit Wasser gut ab. Bei länger anhaltendem Sud treten folgende Färbestadien auf: nach einer viertel Minute hellrotviolett; nach weiteren 10 Sekunden tief dunkelblau; eine halbe Minute nach dem Eintauchen hellstahlblau. Nach einer Minute treten graue Töne auf, die rot oder blaustichig sein können.

Sollen die Färbungen längere Haltbarkeit haben, so muß man die Waren mit Zaponlack überziehen.

Beim Erhitzen des Bades scheidet sich nach längerer Zeit ein für die Färbung selbst ganz unschädlicher Bodensatz ab.

Zu bemerken ist noch, daß bei Kupfer das erste Stadium (goldgelb) nicht auftritt.

B. Skulptur- und Bausteine.

1. Marmor ($CaCO_3$).

Marmor zählt man zu den edelsten Skulptursteinen. Chemisch stellt er kohlensaures Kalzium dar, also die gleiche Verbindung wie Kalkstein, von dem er sich durch schöne Färbung und Zeichnung unterscheidet.

a) Übergießt man Marmorstückchen in einer Eprouvette mit verdünnter Salzsäure, so entweicht unter Aufbrausen Kohlendioxyd (CO_2). Verschließt man die Eprouvette mit einem durchbohrten Stoppel, in dem ein umgebogenes Glasrohr eingesetzt ist, so kann man durch Einleiten des entweichenden Gases in eine mit Kalkwasser gefüllte Eprouvette das Kohlendioxyd durch den auftretenden weißen Niederschlag nachweisen.

b) Die Färbung von rotem Marmor stammt von seinem Gehalt an Eisenoxyd. Kocht man zerkleinerte Stückchen mit verdünnter Salzsäure aus und filtriert, so kann man das in Lösung gegangene Eisen mit gelbem Blutlaugensalz nachweisen (Blaufärbung).

c) Vielfach wird unscheinbarer Marmor durch Behandeln mit Farblösungen geschönt. Wenn man z. B. weißen Marmor in eine Lösung einer Anilinfarbe auf einige Stunden oder Tage einlegt, so saugt er infolge seiner Porosität den Farbstoff auf und erscheint nach dem Trocknen schön gefärbt. Da der Farbstoff tief eindringt, kann man das Stück auch schleifen und polieren.

d) Durch Einlegen von Marmor in ein fettes Öl kann man Onyximitationen herstellen. Das Marmorstück wird dabei durchscheinend.

2. Kalkstein ($CaCO_3$).

a) Kohlendioxydnachweis wie bei Marmor.

b) Die Bedeutung des Kalksteines liegt weniger in seiner Verwendung als Baustein, als vielmehr in seiner Eigenschaft, durch hohes Erhitzen Kohlendioxyd abzugeben und in gebrannten Kalk (CaO) überzugehen, der dann durch Wasser gelöscht werden kann. Man erhitzt in einer Muffel Kalkstein so lange auf etwa 1000°, bis er ein erdiges Aussehen bekommen hat; er ist in Ätzkalk übergegangen.

c) Übergießt man die Stücke nach dem Erkalten mit der 4—5fachen Menge Wasser, so brausen sie unter starker Erhitzung auf. Es entsteht eine ziemlich dünnflüssige, breiige Masse.

d) Ein Teil gelöschter Kalk wird mit drei Teilen nicht zu grobem Sand vermengt und die Masse in zwei Teile geteilt. Den einen Teil läßt man an der Luft stehen, den zweiten Teil stellt man unter eine Glasglocke, in die man aus einem Kippapparat Kohlendioxyd einleitet. Der unter der Glasglocke befindliche Mörtel wird viel rascher erhärten als Probe eins. Der gelöschte Kalk geht durch Kohlendioxydaufnahme wieder in harten Kalkstein über.

Um die Glocke sicher mit Kohlendioxyd füllen zu können, verschließt man sie mit einem doppelt durchbohrten Stoppel. Durch die eine Öffnung führt das bis auf den Boden reichende Einleitungsrohr, durch die zweite ein kurzes Rohr, das in eine mit Kalkwasser gefüllte Eprouvette ragt. Man leitet so lange Kohlendioxyd ein, bis das aus dem kurzem Rohre austretende Gas im Kalkwasser einen Niederschlag verursacht.

3. Gips (Kalziumsulfat; $CaSO_4 \cdot 2 H_2O$).

Wie die chemische Formel zeigt, besitzt der in der Natur vorkommende Gips 2 Moleküle Kristallwasser (chemisch gebundenes Wasser). Wird dasselbe durch Erhitzen ausgetrieben, so zerfallen die Gipsstückchen zu einem Pulver, das beim Anrühren mit Wasser die verlorenen Kristallwassermoleküle wieder aufnimmt, um zu einer festen Masse zu erstarren,

ein Prozeß, den man „Abbinden" nennt. Während ungebrannter Gips
in der Mineralfarbenerzeugung als Verschnittmaterial Verwendung findet,
ist gebrannter Gips ein seit altersher wichtiges Baumaterial. Nach den
österreichischen Normen[1] unterscheidet man, entsprechend der Farbe,
Brenntemperatur und Mahlfeinheit folgende Sorten von gebranntem Gips:
**Bau- oder Stukkaturgips, Form- oder Modellgips, Alabaster-
und Estrichgips.**

a) Brennen von Gips.

Man zerkleinert ein Stück Gipsmineral im Mörser und dann in der
Reibschale und „kocht" (wie der technische Ausdruck lautet) das Pulver
in einem weiten Porzellantiegel bei 130—180° so lange, bis die Oberfläche
der Masse zur Ruhe kommt. Um die Temperatur einhalten zu können,
erwärmt man mit ganz kleiner Flamme und benutzt zum Umrühren ein
Thermometer, an dem die Temperatur ständig kontrolliert werden kann.
Einen Teil der Masse erhitzt man bis auf etwa 300° weiter, der dann
nach dem Abkühlen nicht mehr abbindet, da er „totgebrannt" wurde.
Durch Erhitzen auf 1000° entsteht der Estrichgips.

b) Mahlfeinheit[1].

Die Mahlfeinheit ist ein besonderes Qualitätsmerkmal und wird durch
Sieben von 100 g Gips durch ein Sieb von 900 Maschen je cm² und 0,1 mm
Drahtstärke bestimmt. Sobald auf ein untergelegtes schwarzes Glanz-
papier nichts mehr durchfällt, wird der im Sieb verbleibende Rest zurückgewogen. Er darf bei Baugips 50%, bei Formgips 10%, bei Alabastergips
5% und bei Estrichgips 50% nicht überschreiten.

c) Zur Qualitätsbeurteilung werden noch die Bestimmungen der
Einstreumenge, Gießzeit und Streichzeit herangezogen.

Die Einstreumenge bestimmt man, indem man in ein mit 100 cm³
Wasser gefülltes, tariertes Becherglas innerhalb von $1^1/_2$—2 Minuten
gleichmäßig so viel Gips einstreut, bis derselbe nicht mehr untersinkt,
sondern auf der Oberfläche eine dünne, 3—5 Sekunden haltbare Gips-
haut bildet. Die Differenz zwischen der nunmehr vorzunehmenden und
der ersten Wägung ergibt die Einstreumenge, welche für die ersten
3 Gipsarten 190 g nicht überschreiten darf, während sie bei Estrichgips
höchstens 300 g betragen soll, da in diesem Falle ein steifer Brei entstehen muß, bei den anderen Sorten dagegen eine gießfähige Masse. Es
ist klar, daß bei dem Versuch genau darauf zu achten ist, daß der obere
Teil der Glaswand weder benetzt noch mit Gips bestreut werden darf
und ein Bewegen des Becherglases zu vermeiden ist.

Der erhaltene Gipsbrei kann zur Bestimmung der Gießzeit[2] verwendet werden, indem man die eingestreute Gipsmenge unter Zerdrücken
etwaiger Klümpchen gut verrührt und den Brei auf eine Glasplatte zu
einem Kuchen von 10 cm Durchmesser ausfließen läßt, durch den man
von halber zu halber Minute mit einem scharfen Messer einen Schnitt

---

[1] Önorm-Blatt B 3321; Ausgabetag 30. Juni 1926.
[2] In der Praxis muß laut Normvorschrift ein neuer Brei hergestellt werden.

führt. Die vom Beginn des Einstreuens an gerechnete Gießzeit ist beendet, sobald der Schnitt nicht mehr zusammenfließt und beträgt für Raschbinder weniger, für Langsambinder mehr als 4 Minuten.

Setzt man den Versuch in der Weise fort, daß man in Abständen von einer halben Minute etwa 2 mm breite Stücke abschneidet, so gibt der Zeitpunkt, da diese Stücke brüchig werden, die Streichzeit an, wieder vom Beginn des Einstreuens gerechnet. Sie beträgt für Langsambinder mehr als 8 Minuten (15—20 Minuten).

d) Erwärmen von Gips beim Abbinden mit Wasser.

Das Erhärten eines Gipsbreies ist außer von einer Volumen- auch von einer Temperaturzunahme begleitet, die man mit einem Thermometer, das man in den Gipsbrei steckt, verfolgen kann. Sie kann 5—6° und auch mehr betragen. Endel und Hagermann[1] geben sogar eine Erhöhung bis 20° an. Der Versuch wird in offener Schale oder in einem Becherglas vorgenommen.

e) Verzögerung der Abbindezeit

kann man durch Zusatz von Leim- oder Boraxlösung zum Anmachwasser erzielen, wodurch auch die verfestigte Masse härter und dichter wird.

4. Portlandzement.

Nach dem Önorm-Blatt B 3311[2] wird für Portlandzement folgender Begriff festgelegt:

„Portlandzement wird aus natürlichen Kalkmergeln oder künstlichen Mischungen ton- und kalkhältiger Stoffe durch Brennen bis zur Sinterung und darauffolgender Zerkleinerung bis zur Mahlfeinheit gewonnen, wobei die Gesamtmenge an Kalziumoxyd (CaO) mindestens das 1,7fache der Gesamtmenge an Kieselsäure, Tonerde und Eisenoxyd ($SiO_2 + Al_2O_3 + Fe_2O_3$) betragen muß.

Von anderen Bestandteilen dürfen im geglühten Portlandzement an Schwefelsäureanhydrid (SO_3) höchstens 2,5% und an Magnesia (MgO) höchstens 5% vorhanden sein.

Fremde Stoffe können zur Regelung technisch wichtiger Eigenschaften bis höchstens 3% ohne Änderung des Namens Portlandzement zugesetzt werden.“

Je nach der Abbindezeit unterscheidet man[2]: Raschbinder, Abbindebeginn unter 10 Minuten; Mittelbinder, Abbindebeginn zwischen 10 Minuten und einer Stunde; Langsambinder, Abbindebeginn über eine Stunde.

a) Bestimmung der Mahlfeinheit[2].

Eine möglichst weitgehende Vermahlung ist ein wichtiges Qualitätsmerkmal; ihr Grad wird mit der Siebprobe bestimmt. Es wird ein Sieb

---

[1] Dammer, O.: Chem. Technol. der Neuzeit. 2. Aufl. S. 595. 1927.
[2] Normenblatt B 3311 des österr. Normenausschusses für Ind. u. Gew. Wien III. Prot. Nr des Önig: 333/2, Ausgabetag 30. April 1926. Mit freundlicher Genehmigung des Önig.

aus Bronzedrähten von 0,1 mm Drahtstärke und 900 Maschen/cm² verwendet. Am besten eignen sich sogenannte Trommelsiebe, bei welchen auf das Sieb beiderseits mit Tierhäuten bespannte Deckel aufgesetzt werden.

Die Probe wird mit 100 g Portlandzement vorgenommen, wobei der auf dem Sieb verbleibende Rückstand 3% nicht übersteigen darf.

b) Abgekürztes Prüfverfahren für Portlandzement.

Zur Prüfung dieser, wie auch der anderen Qualitätseigenschaften schreiben die Vorschriften des genannten Önormblattes, wie auch die bereits im Jahre 1909 staatlich anerkannten „Normen für die einheitliche Lieferung und Prüfung von Portlandzement[1]" im Deutschen Reiche genau einzuhaltende Bedingungen und bestimmte Apparaturen vor. Man kann aber in der Regel ausreichende Aufschlüsse über die Qualität eines Portlandzementes durch ein abgekürztes Prüfverfahren[2] bekommen:

Die Abbindezeit bestimmt man danach durch die Nagelprobe:

Aus 100 g Zement und etwa 25—30 g Wasser wird durch 3 Minuten währendes Rühren ein steifer Brei hergestellt, den man auf einer Glasplatte durch Stoßen und Rütteln zu einem nach dem Rande hin ausfließenden Kuchen ausbreitet. Durch wiederholtes Aufdrücken mit dem Fingernagel kann man sich vom Eintritt der Erhärtung überzeugen. Der Zement ist als abgebunden zu bezeichnen, wenn die Nagelprobe, mit dem aufgedrückten Daumen ausgeführt, keinen merklichen Eindruck hinterläßt, und man rechnet die Abbindezeit vom Beginne des Wasserzusatzes.

Die Prüfung auf Raumbeständigkeit erfordert längere Zeit, da der Kuchen 24 Stunden nach seinem Abbinden von der Glasplatte abgelöst und während 28 Tagen unter Wasser aufbewahrt wird. Nach dieser Zeit darf die Probe keine Risse zeigen und muß eben und scharfkantig geblieben sein.

Kochprobe. Besitzt ein Zement im ganzen oder stellenweise einen zu hohen Kalkgehalt, so tritt das „Kalktreiben" auf, ein Vorgang, der von Dehnungen und Rißbildungen am erhärteten Stück begleitet ist. Die Kochprobe gibt Aufschluß, ob ein Zement Neigung zum Kalktreiben zeigt. Ein nach der obigen Vorschrift bereiteter Kuchen wird mit kaltem Wasser angesetzt, langsam bis zum Sieden gebracht und 3 Stunden gekocht. Er muß nachher eben, rißfrei und scharfkantig sein.

c) Beeinflussung der Abbindezeit durch verschiedene Chemikalien.

Durch Zusatz von Soda und Gips wird die Abbindezeit herabgesetzt. Schwefelsalze und Chlorkalzium verlängern sie dagegen.

---

[1] Dammer, O.: Chemische Technologie der Neuzeit. 2. Aufl. Bd 3. S. 618. Stuttgart: Enke 1927.

[2] Ullmann, Fr.: Enzyklopädie der technischen Chemie. 1. Aufl. Bd 8. S. 225. Wien-Berlin: Urban & Schwarzenberg 1920.

C. Glas und Wasserglas.

Unter Glas versteht man durchsichtige, amorphe Doppelsilikate (Salze der Kieselsäure), die durch Schmelzen entstanden sind. Man kann zwei große Gruppen unterscheiden: die **Kalkgläser** und die **Bleigläser.** Die Kalkgläser werden wieder in **Natron-** und **Kaligläser** geschieden.

Beim Erhitzen gehen die Gläser in einen teigförmig plastischen Zustand über und werden bei weiterer Steigerung der Temperatur zähflüssig und später dünnflüssig, Eigenschaften, welche die verschiedensten Bearbeitungsarten ermöglichen.

a) Die Kalkgläser haben eine größere Härte als die Bleigläser, wodurch letztere neben ihrem starken Lichtbrechungsvermögen leicht zu erkennen sind. Bleigläser können bereits mit gewöhnlichem Messerstahl geritzt werden. Natrongläser und Kaligläser können durch ihren verschiedenen Schmelzpunkt erkannt werden, da dieser bei ersteren tiefer als bei letzteren liegt, weshalb die Kaligläser als schwer schmelzbare Gläser bezeichnet werden. Natrongläser färben die Flamme bei Erweichen infolge ihres Natriumgehaltes intensiv gelb. Man überzeuge sich von diesen unterschiedlichen Eigenschaften durch Erhitzen von Glasröhren aus Natron- und Kaliglas. Da die Gläser meistens gewisse innere Spannungen besitzen, muß man sie langsam und vorsichtig erhitzen, um ein Zerspringen zu vermeiden.

b) Ätzen von Glas mit Flußsäure.

Mattierte Gläser kann man durch Bearbeitung mit dem Sandstrahlgebläse oder durch Ätzung mit Flußsäure (Fluorwasserstoffsäure HFl) erhalten. Will man Musterungen oder Schriftzeichen einätzen, so muß man einen Ätzgrund aus Wachs oder Asphaltlack auf die Glasfläche auftragen und die gewünschten Zeichen in diesen eingravieren, wodurch dann das Glas stellenweise wieder für die Ätzwirkung freigelegt wird. Verwendet man wässerige Flußsäure, so erhält man die Klarätzung, während gasförmige matte Ätzung ergibt.

Da Flußsäuredämpfe giftig sind und die Schleimhäute bis zum Bluthusten angreifen können, muß der folgende Versuch unter einem gut ziehenden chemischen Herd ausgeführt werden.

Eine Glasplatte wird mit einer gleichmäßigen Schicht von Wachs überzogen, in die mit einem Eisenstift bis auf die Glasfläche reichende Zeichen eingeritzt werden. Die so vorbereitete Tafel wird in einer Klammer an einem Dreifuß in waagrechter Lage knapp über einer mit Flußsäure beschickten Platinschale eingespannt. Diese steht auf einem Wasserbad, das bis zum Kochen erhitzt wird, wodurch die Flußsäure verdampft. Durch Ablösen der Wachsschicht mit Benzin kommt die fertige Ätzung zum Vorschein.

c) Erzeugung eines Glasspiegels.

Während Glasspiegel früher durch Belegen mit Zinnamalgam (Lösung von Zinn in Quecksilber) hergestellt wurden, erzeugt man solche heute nur mehr durch Aufbringen einer hauchdünnen Silberschicht auf chemischem Wege.

Die Versilberungsflüssigkeit. Eine Lösung von Silbernitrat (Höllenstein $AgNO_3$) wird mit Natronlauge versetzt und hierauf so viel Ammoniak vorsichtig zugesetzt, daß sich der Niederschlag gerade wieder löst. Als Reduktionsflüssigkeit dient eine Lösung von 10 g Seignettsalz und 10 g Traubenzucker in 100 cm³ Wasser. Zur Versilberung werden diese Lösungen kurz vor Gebrauch zu gleichen Teilen gemischt. Der zu versilbernde Gegenstand muß vorher peinlichst von jeder Fettspur befreit werden. Zum Versuch verwendet man ein kleines Kölbchen, das man zuerst mit Lauge, dann der Reihe nach mit Wasser, Alkohol und Äther ausspült. Nunmehr gießt man die Versilberungsflüssigkeit in der gewünschten Höhe des Spiegels ein und stellt das Kölbchen in ein kochendes Wasserbad. Nach kurzer Zeit scheidet sich an der Wandung ein festhaftender Silberniederschlag ab. Ein Abblättern desselben deutet auf ungenügende Reinigung hin.

d) Wasserglaskitt.

Fehlt im Glassatz Kalkstein oder Bleisalz, so erhält man einfache Silikate der Alkalien (Natrium und Kalium). Es sind dies wasserlösliche Stoffe, die z. B. zur Imprägnierung von Holz und Stoffen gegen Feuergefährlichkeit, zum Beschweren von Seide und Seife, für Wandmalerei u. a. verwendet werden und den Namen Wasserglas führen.

Wasserglas mit Magnesia oder Zinkoxyd zu einem Brei angerührt, erstarrt zu einer festen, wasserunlöslichen Masse, die zum Verkitten von Porzellan und ähnlichen Gegenständen verwendet wird. Speziell die Zinkoxydmischung gibt einen ungemein festen Kitt.

e) Imprägnieren von Holz und Papier mit Wasserglas.

Ein Holzstück wird mit Wasserglas bestrichen oder in eine solche Lösung eingelegt, wodurch diese in die Holzporen eindringt. Hernach wird das Stück mit einer Lösung von Chlorammon in gleicher Weise behandelt. Dadurch scheidet sich in den Poren Kieselsäure ab. Das getrocknete Stück ist nur äußerst schwer zur Entzündung zu bringen, was durch einen Vergleich mit einem unbehandelten Holzstück besonders demonstriert werden kann. Papier wird durch Bespritzen mit Wasserglas „nicht entflammbar", sondern glimmt bei Entzündung nur ab.

D. Brenn- und Leuchtstoffe.

1. Mineralkohlen[1].

a) Unterscheidung von Stein- und Braunkohle.

Die Kohlen werden bekanntlich in die aus verschiedenen Epochen und aus ganz verschiedenen Pflanzen entstandenen Schwarz- oder

---

[1] Erdmann-König: Grundriß der allgemeinen Warenkunde. 16. Aufl. Leipzig: J. A. Barth 1921. — Remenovsky, E.: Bewertung der Brennstoffe auf Grund

Steinkohlen und Braunkohlen eingeteilt. Die Steinkohlen sind mit einem Heizwert von 6000—7000 Kalorien[1] gegenüber den Braunkohlen mit einem solchen von 3000—6000 das wertvollere Heizmaterial.

Die Unterscheidung auf Grund der Farbe ist nicht immer ohne weiteres möglich, da z. B. die Glanzkohlen ebenfalls ein schwarzes Aussehen besitzen. Zieht man aber mit dem zu prüfenden Stück auf einer Tafel aus unglasiertem Porzellan — einer sogenannten Strichtafel — einen Strich, so wird dieser bei Steinkohle schwarz, bei Braunkohle hingegen mehr oder weniger dunkler oder heller braun gefärbt sein.

Behandelt man Braunkohle in einem Reagenzglas mit Natronlauge, so wird diese braun gefärbt, während sie bei Steinkohle farblos bleibt.

b) Bestimmung des Wassergehaltes.

In einem bedeckten Tiegel werden 5—10 g der fein pulverisierten Probe bei 105—110° in einem Trockenschrank durch zwei Stunden getrocknet. Nach dem Auskühlen im Exsikkator wird der Tiegel gewogen. Man errechnet den Wassergehalt aus der Differenz zwischen Ein- und Auswaage in Prozenten; er schwankt bei Steinkohle zwischen 1 und 12%. Für Ruhrkohle z. B. schwankt er zwischen 1—3% und steigt nur bei gewaschener Feinkohle auf 10%[2].

c) Bestimmung des Aschengehaltes.

Der Aschengehalt einer Kohle ist ein wesentliches Qualitätsmerkmal und schwankt bei Steinkohle je nach Qualität zwischen 4—12%, gute Kohlen geben kaum 1%.

Zur Bestimmung werden 2—5 g in einen Platintiegel eingewogen, den man in diesem Falle nicht mit einem Tondreieck, sondern in einer mit einem entsprechenden Loche versehenen Asbestplatte auf einen Dreifuß stellt. Anfangs erhitzt man nur ganz allmählich mit kleiner Flamme, da sonst durch zu lebhafte Verbrennung der Kohle Teilchen mit den Verbrennungsgasen mitgerissen werden, wodurch natürlich Fehlresultate entstehen. Erst nach einiger Zeit wird die Flamme größer gedreht, und schließlich wird bei mäßiger Rotglut unter häufigem Umrühren mit einem Platindraht oder -spatel, das mitgewogen wurde, so lange geglüht, bis die Asche weiß ist. Nach dem Abkühlen im Exsikkator wird mit dem Draht oder Spatel gewogen und wieder aus Ein- und Auswaage der Aschengehalt in Prozenten errechnet.

d) Koksprobe.

Diese Probe gibt Aufschluß über die Eignung der Kohle für die verschiedenen Verwendungszwecke.

---

moderner Kohlenforschung. Berlin-Wien: Urban & Schwarzenberg 1926. — Lunge-Berl: Chemisch-technische Untersuchungsmethoden. 7. Aufl. Berlin: Julius Springer 1921—1924.

[1] Unter einer „Großen Kalorie" (Kilogrammkalorie = kcal) versteht man jene Wärmemenge, die notwendig ist, um 1 kg Wasser von 14,5° C um einen Grad zu erwärmen.

[2] Nach Ruhrkohlenhandbuch. S. 61. Essen: Rhein.-westfäl. Kohlensyndikat 1929.

Abb. 20 a. Sandkohlen = Anthrazitkohlen.

Abb. 20 b. Gesinterte Sandkohlen = gasarme Eßkohlen.

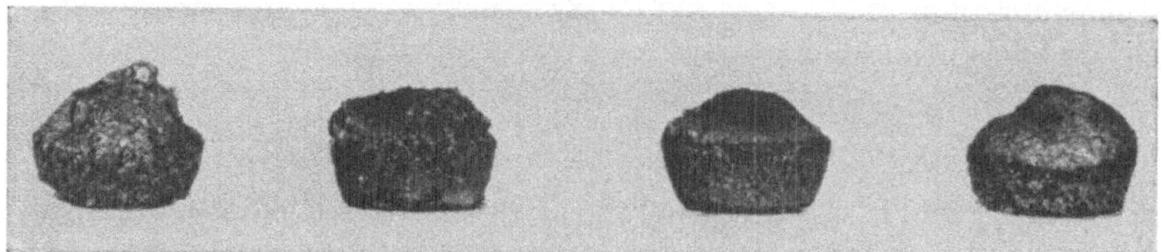

Abb. 20 c. Sinterkohlen = gasreiche Eßkohlen.

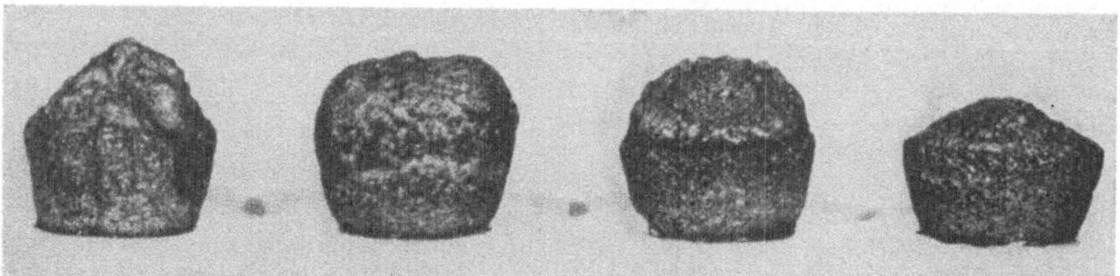

Abb. 20 d. Backende Sinterkohlen = Gaskohlen.

Abb. 20 e. Backkohlen = Fettkohlen.

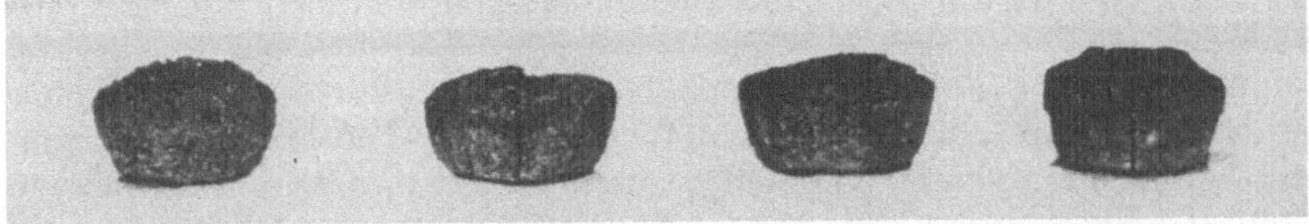

Abb. 20 f. Gesinterte Sandkohlen = ein Teil der Gasflammkohlen.

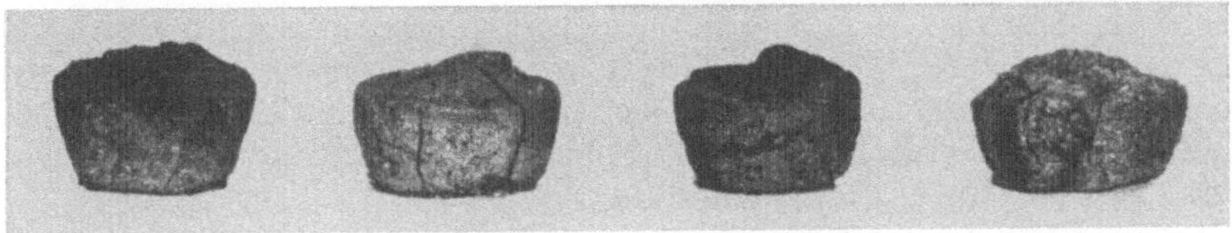

Abb. 20 g. Sinterkohlen = ein Teil der Gasflammkohlen.
Abb. 20 a—g. Koksproben verschiedener Ruhrkohlen.
(Ruhrkohlenhandbuch des Rheinisch-Westfälischen Kohlen-Syndikates.)

1—1,5 g der fein pulverisierten Steinkohle werden in einen Platintiegel
eingewogen und, mit einem Deckel bedeckt, mit starker Flamme, welche
den Tiegel ganz umspült (siehe Einleitung S. 2), so lange erhitzt, bis
unter dem Deckel keine Flamme mehr heraustritt. Es wurde dadurch
die Kohle einer trockenen Destillation unterworfen, die flüchtigen Bestandteile verjagt und ein Koks gebildet, aus dessen charakteristischem
Aussehen ein Schluß auf die Qualität der Kohle gezogen werden kann
(Abb. 20).

Tabelle 1.

Koksaussehen	Koksausbeute %	Verwendung	Name
1) Locker, sandig	82—90	Kessel-Ofenheizung	Anthrazitkohlen, Sandkohlen
2) Gesintert, z. T. in der Mitte locker	74—82	Kessel-Ofenheizung Kokserzeugung	Kokskohle, gesinterte Sandkohle
3) Überall fest gesintert	68—74	Gasreiche Kokskohle, eigentliche Schmiedekohle	Schmiedekohle, Sinterkohle
4) grau, fest in der Mitte zerklüftet	60—68	Gaserzeugung	Gaskohle, backende Sinterkohle
5) Glatt, geschmolzen		Gaserzeugung	Back-Kohle

1—3 sind Kohlen mit kurzer Flamme, 4 und 5 solche mit langer
Flamme. Erstere werden auch Mager- und letztere Fettkohlen genannt.

e) Trockene Destillation von Steinkohle.

Die trockene Destillation (ein Erhitzen unter Luftabschluß) liefert
neben Leuchtgas und Koks die verschiedensten, heute überaus wichtigen
Stoffe.

Der Vorgang kann im Laboratorium folgendermaßen nachgeahmt werden:

Man füllt kleine Steinkohlenstückchen in eine Retorte und verbindet diese mit einer mit Wasser gefüllten Waschflasche. Die Retorte liegt auf einem Drahtnetz und wird vorsichtig — um ein Zerspringen zu vermeiden — erhitzt. Nach einiger Zeit werden in der Waschflasche Gasblasen auftreten, die zuerst von der sich ausdehnenden Luft, später aber von dem entstehenden Leuchtgas stammen. Um sich zu überzeugen, ob aus der ganzen Apparatur die Luft verdrängt ist, fängt man das aus der Waschflasche austretende Gas in einer umgekehrten Eprouvette auf und nähert diese rasch mit ihrer Mündung einer Flamme. Brennt das darin befindliche Gas ruhig ab, so ist die Apparatur luftleer, und man kann das gebildete Gas an einem mit einem Schlauchstück an die Waschflasche angesetzten Glasrohr zur Entzündung bringen.

f) Versuche mit „Carbo medicinalis Merk".

Werden organische Substanzen unter gewissen Bedingungen geglüht, so entstehen hochporöse Kohlen, die zu einem Pulver verrieben eine überaus große innere Oberfläche besitzen. Dadurch erlangen diese Präparate die technischen wichtige Eigenschaft, durch Adsorptionswirkung verschiedene Stoffe (z. B. organische Farbstoffe oder Gase) an ihrer Oberfläche festzuhalten.

Dies kann man auf folgende Art schön demonstrieren: In einen Trichter wird ein glattes Filter gelegt, welches mit gepulverter „Carbo medicinalis Merk" bis über die Hälfte angefüllt wird. Man bereitet sich dann durch Auflösen einer wasserlöslichen Teerfarbe (z. B. Methylviolett) eine Farblösung, die man auf das Filter aufgießt. Wenn die Lösung nicht allzu stark war, so wird in das untergestellte Becherglas farbloses Wasser abrinnen. Der Farbstoff wurde von der Kohle adsorbiert.

2. Mineralöle[1].

Das Ausgangsmaterial für die große Zahl der Mineralölprodukte[2] ist das Erdöl, das zu den Bitumen gerechnet wird. Es stellt chemisch genommen keinen einheitlichen Körper dar, sondern ein Gemisch aus den verschiedensten Kohlenwasserstoffen. Die Trennung der einzelnen Teile wird auf Grund ihres verschiedenen Siedepunktes mit der fraktionierten Destillation vorgenommen. Man versteht darunter eine stufenweise Destillation, bei der die Temperatur sukzessive erhöht wird, und die jeweils übergehenden Destillate — Fraktionen genannt — gesondert aufgefangen werden. Bis 150° geht Rohbenzin über, zwischen 150° und 300° Leuchtöl und Rohpetroleum; aus den über 300° siedenden Anteilen werden die verschiedenen Schmier- und Maschinenöle gewonnen, schließlich bleibt

---

[1] Kissling, R.: Die Mineralöle. Sammlung Göschen Nr 889. Berlin-Leipzig: Walter de Gruyter. — Erdmann-König: Grundriß der allgemeinen Warenkunde l.c. — Ullmann, F.: Enzyklopädie der technischen Chemie. 2. Aufl. Bd 4. Berlin-Wien: Urban & Schwarzenberg 1929.

[2] Man schätzt die aus Erdöl laufend hergestellten Produkte auf etwa 300.

nach Abscheidung von Vaseline, Teer, Goudron, Asphalt (je nach Rohöl-
sorten in verschiedenen Mengen) ein Petrolkoks zurück.

a) Destillationsversuch mit Erdöl.

In der Praxis sind für die laboratoriumsmäßige Bestimmung der ge-
winnbaren Anteile eines Erdöles eigene Apparate konstruiert. Zur De-
monstration des Verhaltens von Rohöl beim Erhitzen genügt aber folgende
einfache Versuchsanordnung:

Ein möglichst weithalsiger Fraktionierkolben wird mit seinem seitlichen Ansatzrohr mit einem Kühler verbunden. Der Hals des Kolbens
wird mit einem durchbohrten Stoppel, durch den ein bis 360° reichendes
Thermometer gesteckt ist, verbunden. Die Kugel des Thermometers soll
im Kolbenhals bei der Öffnung des Ansatzrohres stehen, jedoch die
Wandung nirgends berühren. Der Kolben wird bis zu einem Drittel
seines Volumens mit Rohöl gefüllt, wozu man sich eines Trichters bedient, um die Wandung des Halses nicht zu beschmutzen. Nachdem
der Kolben in der angegebenen Weise verschlossen, der Wasserzufluß des
Kühlers reguliert und dem Kühler eine Vorlage gegeben wurde, beginnt
man mit dem Erhitzen. Dies wird mit der entleuchteten, aber nicht
rauschenden Bunsenflamme vorgenommen, wobei man durch Schwenken
des Brenners den Kolben mit der Flamme ganz umspült, um ihn gleichmäßig zu erhitzen. Sicherer ist die Anordnung eines Ölbades. Man
beobachtet das Thermometer und steigert die Temperatur vorerst nur
so weit, bis die Destillation beginnt. Wird sie langsamer, so erhöht man
die Temperartur, bis man schließlich auf 150° kommt. Wenn bei 150°
nichts mehr übergeht, wird die Vorlage gewechselt und nach und nach
bis auf 300° weiter erhitzt.

b) Bestimmung des spezifischen Gewichtes verschiedener Mineralölprodukte.

Das spezifische Gewicht von Flüssigkeiten kann nach drei
Methoden bestimmt werden: 1. mit dem Pyknometer,
2. mit der Westfalschen Waage und 3. mit der Senkspindel (Aräometer).

Im Prinzip kann man auch mit der hydrostatischen
Waage (S. 9) das spezifische Gewicht von Flüssigkeiten
aus dem verschiedenen Auftrieb eines Körpers in Wasser
und der Versuchsflüssigkeit berechnen; man benutzt jedoch
die nach dem gleichen Prinzipe arbeitende Westfal-Waage.

Pyknometer (Abb. 21) sind kleine Fläschchen von genau
bestimmtem Volumen. Sie dienen nicht nur zur Bestimmung des spezifischen Gewichtes von Flüssigkeiten, sondern
auch von Pulvern. Für gewöhnlich besitzen sie die in
Abb. 21 gezeigte Form, während sie für ölige Flüssigkeiten

Abb. 21.
Pyknometer.

mit einem breiten Hals versehen sein müssen. Die Bestimmung wird
in folgender Weise ausgeführt:

Das Pyknometer wird vor allem peinlichst genau gereinigt (eventuell
mit Schwefelchromsäure und nachher mit Wasser) und getrocknet (mit

Alkohol und Äther). Nunmehr wird es gewogen und das Gewicht a notiert. Hierauf wird es mit destilliertem Wasser von 15° C bis zum Rande des Halses gefüllt und der mit einer Kapillare durchbohrte Glasstoppel aufgesetzt. Es wird das Wasser durch die Kapillare emporsteigen und oben in Form einer Kuppe austreten. Dieses ausgetretene Wasser wird mit einem Filterpapier vorsichtig bis zum Rande der Kapillare abgesaugt und auch das Pyknometer außen vollkommen getrocknet. Die zweite Wägung ergibt das Gewicht b. Aus der Differenz des Gewichtes b und a ergibt sich das Gewicht des Wassers und somit der genaue Rauminhalt des Pyknometers. Man gießt das Wasser aus, trocknet das Fläschchen und füllt es mit der Probeflüssigkeit (Temperatur 15° C) in der oben angegebenen Weise. Man erhält nun bei der dritten Wägung das Gewicht c und kann aus der Differenz $c - a$ das Gewicht der Probeflüssigkeit errechnen. Da nunmehr die Gewichte gleicher Volumenteile von Wasser und Probeflüssigkeit bekannt sind, kann durch einfache Division nach der bekannten Formel für das spezifische Gewicht dieses berechnet werden.

Beispiel:

Gewicht b . . . . 42,234 g
Gewicht a . . . . 10,105 g
Gewicht des Wassers . . . . 32,129 g
Gewicht c . . . . 48,431 g
Gewicht a . . . . 10,105 g
Gew. der Probeflüssigkeit . . 38,326 g

$$\text{Spezifisches Gewicht} = \frac{\text{Gewicht der Probeflüssigkeit}}{\text{Gewicht des Wassers}}$$

$$= \frac{38,326}{32,129} = 1{,}192.$$

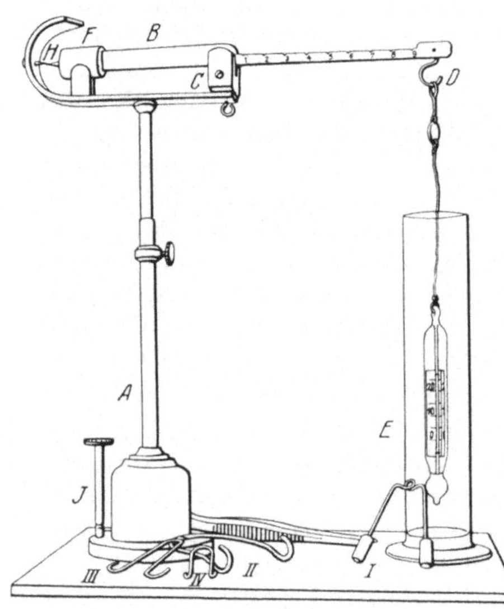

Abb. 22. Westfalsche Waage.

A Waagefuß, *B* Waagebalken, *C* Schneiden, *E* Probenzylinder mit Thermometer-Senkkörper, *J* Stellschraube. *I* Einergewicht, *II* Zehntelgewicht, *III* Hundertstelgewicht, *IV* Tausendstelgewicht.

Westfalsche Waage (Abb. 22). Die Westfalsche Waage ist eine ungleicharmige Waage. Auf den Fuß *A* wird der Waagebalken *B* mit den beiden Schneiden bei *C* aufgesetzt. Auf den Haken *D* wird der mit Thermometer versehene Senkkörper *E* an einem feinen Draht aufgehängt. Die Waage soll nunmehr im Gleichgewicht sein und die Spitze des am Ende des Waagebalkens befindlichen Gewichtes *F* in gleicher Höhe mit der Spitze *H* stehen. Ist das nicht der Fall, so muß die Waage durch Drehen der Stellschraube *J* richtig eingestellt werden. Der Waage sind noch ein Glaszylinder und Reitergewichte beigegeben. Wird der Zylinder mit Wasser (15° C) gefüllt und der Senkkörper darin eingetaucht, so erfährt dieser einen Auftrieb, wodurch die Waage aus dem Gleichgewicht gebracht wird. Durch Aufhängen des Gewichtes *I* an dem Haken *D* wird das Gleichgewicht wieder hergestellt. Es gibt somit dieser Reiter das spezifische Gewicht 1 an. Zur Ausführung der Bestimmung braucht man nicht erst die Wägung vorzunehmen, sondern füllt den Zylinder gleich mit der Probeflüssigkeit. Liegt deren spezifisches Gewicht über 1, so muß man den oben erwähnten Reiter hängen lassen, liegt es unter 1, so wird der Senkkörper untersinken, und der Reiter muß entfernt werden. Außer dem Gewichte I sind noch drei weitere Größen von Gewichten vorhanden. Gewicht II wiegt ein Zehntel von I, III ein Zehntel von II und IV ein Zehntel von III. Der Waagebalken besitzt eine Einteilung von 1—9, in der

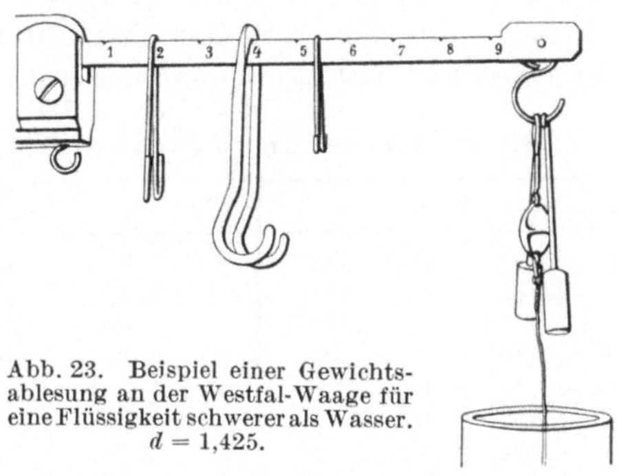

Abb. 23. Beispiel einer Gewichtsablesung an der Westfal-Waage für eine Flüssigkeit schwerer als Wasser. $d = 1,425$.

Richtung von links nach rechts. Jeder Nummer entspricht eine Kerbe, in die ein Reiter eingesetzt werden kann. Die Bestimmung wird so vorgenommen, daß man die Reiter in die Kerben dermaßen verteilt, daß die Waage ins Gleichgewicht kommt, worauf das spezifische Gewicht direkt abgelesen werden kann. Gewicht II gibt Zehntel, III Hundertstel, IV Tausendstel an. In Abb. 23 liest man z. B. 1,425 ab, da das Gewicht I benötigt wird, Gewicht II in der Kerbe 4, III in der Kerbe 2 und IV in der Kerbe 5 aufgehängt ist. Abb. 24 zeigt 0,434 an, da Gewicht I fortgelassen ist, II bei 4, III bei 3 und IV wieder bei 4 durch Einhängen in II angeordnet ist. Es ist selbstverständlich, daß auch die Probeflüssigkeit bei 15° C bestimmt werden soll.

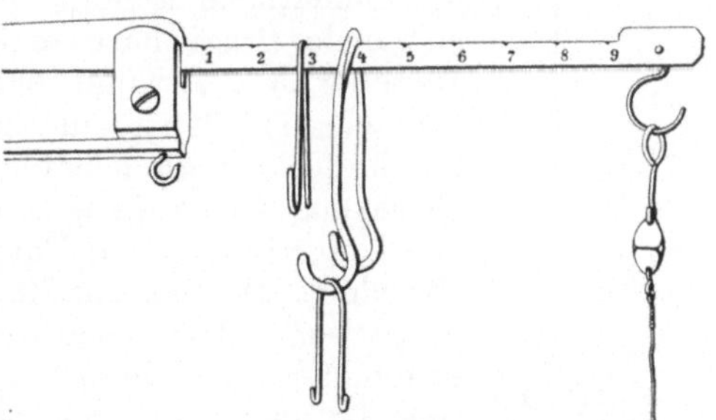

Abb. 24. Beispiel einer Gewichtsablesung an der Westfal-Waage für eine Flüssigkeit leichter als Wasser. $d = 0,434$.

Am raschesten und einfachsten, für die Praxis mit ausreichender Genauigkeit, ist die Bestimmung mit dem Aräometer[1] (Abb. 25). Dasselbe besteht in seinem oberen Teile aus einem engen Glasrohr mit einer Skala; daran schließt sich ein weiterer, länglicher Hohlkörper und an diesen eine mit Quecksilber oder Schrot gefüllte Kugel. Der längliche Hohlkörper bewirkt die Schwimmfähigkeit der Spindel, während diese durch die beschwerte Kugel im stabilen

Abb. 25. Aräometer (Senkwaage) (Rohrbeck, Wien).

---

[1] Genaueres über die Aräometerbestimmung siehe Domke J., u. E. Reimerdes: Handbuch der Aräometrie. Berlin: Julius Springer 1912.

Gleichgewicht erhalten wird. Manche Aräometer haben im Schwimmkörper ein kleines Thermometer eingebaut, um die Temperatur der Probeflüssigkeit kontrollieren zu können. Dies ist von großer Bedeutung für die Genauigkeit der Bestimmung, da ja die Dichte und somit das spezifische Gewicht eines Körpers direkt abhängig ist von seiner Temperatur, indem dasselbe mit zunehmender Erwärmung abnimmt. Eine Ausnahme bildet bekanntlich das Wasser mit seinem Dichtemaximum bei $4°$ C.

Tabelle 2. Umrechnungstabelle von Baumé in Dichtegrade.

Bé	s_{15}	Bé	s_{15}	Bé	s_{15}	Bé	s_{15}	Bé	s_{15}	Bé	s_{15}
1	1,007	11	1,083	21	1,170	31	1,274	41	1,370	51	1,547
2	1,014	12	1,091	22	1,180	32	1,285	42	1,411	52	1,563
3	1,021	13	1,099	23	1,190	33	1,297	43	1,425	53	1,581
4	1,029	14	1,107	24	1,200	34	1,308	44	1,439	54	1,598
5	1,036	15	1,116	25	1,210	35	1,320	45	1,453	55	1,616
6	1,043	16	1,125	26	1,220	36	1,332	46	1,468	56	1,634
7	1,051	17	1,134	27	1,230	37	1,345	47	1,483	57	1,653
8	1,059	18	1,143	28	1,241	38	1,356	48	1,498	58	1,672
9	1,067	19	1,152	29	1,252	39	1,370	49	1,514	59	1,692
10	1,075	20	1,161	30	1,262	40	1,384	50	1,530	60	1,712

Die Skalen der einzelnen Aräometer sind empirisch bei der gesetzlich festgelegten Temperatur von $15°$ C geeicht. Es ist notwendig, die Bestimmungen bei der gleichen Temperatur vorzunehmen oder die Versuchstemperatur genau zu messen und dann das gefundene, scheinbare

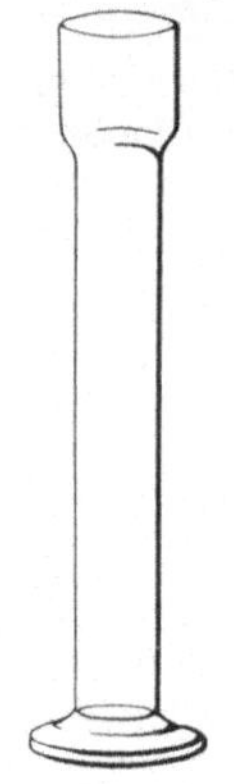

Abb. 26.
Zylinder für
die Aräometerprüfung.

spezifische Gewicht auf die Normaltemperatur umzurechnen (siehe Kapitel Spiritus, S. 80, und Milch, S. 78). Die Aräometer können verschieden geeicht sein. Man strebt wohl die einheitliche Eichung nach Dichtegraden an, doch hält sich in der Praxis hartnäckig eine zweite Skala nach Baumé. Dieselbe ist eine willkürliche Einteilung, die auf zwei Senkspindeln verteilt ist, und zwar für Flüssigkeiten, die schwerer und solche, die leichter als Wasser sind. Zwecks näherer Erklärung wird auf das bereits zitierte Handbuch verwiesen. Die Umrechnung von Baumé- in Dichtegrade erfolgt nach Tabelle 2. Da das spezifische Gewicht einer Lösung direkt proportional dem Gehalte an gelöstem Stoff ist, kann man Aräometer auch derart eichen, daß sie sofort den Gehalt einer Lösung an gelöstem Stoff angeben: z. B. Alkoholometer zur Prüfung von Alkohol, Oleometer zur Prüfung von Ölen, Laktodensimeter für Milch, Azetometer für Essig, Mostwaage zur Prüfung des Zuckergehaltes von Traubenmost usf.

Die Aräometerprüfung wird in einem Glaszylinder (Abb. 26) vorgenommen, wobei die Probeflüssigkeit ungefähr noch ein Drittel des erweiterten Ansatzes ausfüllen soll. Die Senkspindel wird langsam eingetaucht und soll die Glaswandung nirgends berühren. Die Ablesung wird nach einigen Minuten unter Berücksichtigung des Meniskus vorgenommen (siehe Einleitung, S. 7).

Es ist nach den drei besprochenen Methoden das spezifische Gewicht von Petroläther, Leicht- und Schwerbenzin und von Leuchtpetroleum zu bestimmen und zur Kontrolle ein Vergleich der einzelnen Resultate vorzunehmen. Bei den leicht verdampfenden Flüssigkeiten Petroläther und Benzin ist bei der Prüfung mit dem Pyknometer rasches Arbeiten notwendig. Als Aräometer ist ein solches für den Meßbereich 0,600—1,000 zu nehmen.

Spezifisches Gewicht von Petroläther . . . . 0,65—0,66
„   „   „ Leichtbenzin . . . . . . 0,65—0,70
„   „   „ Schwerbenzin . . . . . . 0,73—0,78
„   „   „ Leuchtpetroleum . . . . 0,79—0,825

Für den Motorenbetrieb verliert heute die Unterscheidung nach dem spezifischen Gewicht in Leicht- und Schwerbenzin durch die neuen Produktionsverfahren, welche die Mischung von leichten Erdgas- und schweren Crakbenzinen bedingen, immer mehr an Bedeutung. Statt dessen werden heute nach amerikanischem Muster zur Charakterisierung der Produkte häufig die Siedegrenzen angegeben.

c) Nachweis eines Benzolzusatzes in Benzin.

Während bei Motorenbenzin zur Erhöhung der „Klopffestigkeit"[1] ein Benzolzusatz oft mit Absicht vorgenommen wird, kann ein solcher unter anderen Umständen einer Verfälschung gleichkommen.

Zur Prüfung zerstößt man Asphalt zu einem feinen Pulver, wäscht dieses mit reinem Benzin (Gewicht 0,70—0,71) gut aus, gibt es auf ein kleines Filter und übergießt es mit dem zu prüfenden Benzin. Ein Benzolgehalt ist daran zu erkennen, daß das ablaufende Benzin gelb bis braun gefärbt ist, während reines Benzin farblos bleibt. Man kann mit dieser Probe noch ungefähr 5—10% Benzol nachweisen.

d) Prüfung der Farbe von Petroleumshandelssorten.

Vielfach wird die Qualität eines Leuchtöles nach seiner Farbe beurteilt, doch hat man erkannt, daß die Güte der Ware von den inneren chemischen und physikalischen Eigenschaften abhängt, die durchaus nicht immer parallel mit der Farbe laufen, die hauptsächlichst einen Anhaltspunkt für den Raffinationsgrad gibt.

Man unterscheidet folgende Farbstufen: Wasserhell (water white), Merkantilweiß (standard white), Gelbstichig (strow white) und Gelb (paille).

Zur genauen Prüfung dienen verschieden gebaute Farbmesser (Kolorimeter). Man kann aber die Farbunterschiede einer Probe gegenüber einem verläßlichen Muster so feststellen, daß man die Probe in einen graduierten Zylinder mit flachem Boden gießt und mit den einzelnen Typenmustern in einem gleichen Zylinder bei gleicher Flüssigkeitshöhe gegen eine weiße Unterlage vergleicht. Die Beobachtung wird von oben her in der Durchsicht der ganzen Flüssigkeitssäule vorgenommen.

---

[1] Unter „Klopfen" versteht man das Auftreten verschieden starker Explosionsgeräusche im Automobilzylinder, das in seinen Ursachen jedoch noch nicht vollständig aufgeklart ist und durch Zusatz von Benzol oder verschiedenen anderen organischen Präparaten verhindert werden kann.

e) Bestimmung des Flammpunktes im Abelschen Petroleumprober.

Vor nicht allzu langer Zeit war die Leuchtölerzeugung der wichtigste Produktionszweig der Erdölindustrie. Man war bestrebt, die Ausbeuten an diesem Produkte möglichst hinaufzutreiben, was man mitunter durch Mischen von schwereren Petroleumdestillaten mit den damals fast wertlosen Schwerbenzinen zu erreichen trachtete. Dadurch kamen Leuchtölsorten in den Handel, die infolge ihres Benzingehaltes bei verhältnismäßig niederer Temperatur bereits brennbare Dämpfe entwickelten, was für den Verbraucher mit verschiedenen Gefahren verbunden war. Es wurden daher in den meisten Staaten genaue Bestimmungen über die Eigenschaften der zum Handel zugelassenen Leuchtöle herausgegeben. So wurde der Flammpunkt z. B. in Österreich und im Deutschen Reiche mit 21° C festgesetzt. Es ist darunter jene Temperatur verstanden, bei der ein Petroleum brennbare, mit Luft gemischt, explosive Dämpfe abgibt, ohne selbst bereits in Brand zu geraten. Mit der zunehmenden Motorisierung des Verkehres ist der Verbrauch an Benzin gewaltig gestiegen, andererseits ist die Erzeugung an Leuchtöl durch die überall einsetzende Elektrifizierung auf einen Bruchteil der früheren Produktion zurückgegangen. Aus diesem Grunde kommt heute die oben erwähnte Streckung von Leuchtöl mit niedrigsiedendem, heute viel begehrtem Schwerbenzin gar nicht mehr vor und hat auch die Flammpunktprüfung sehr an Bedeutung verloren.

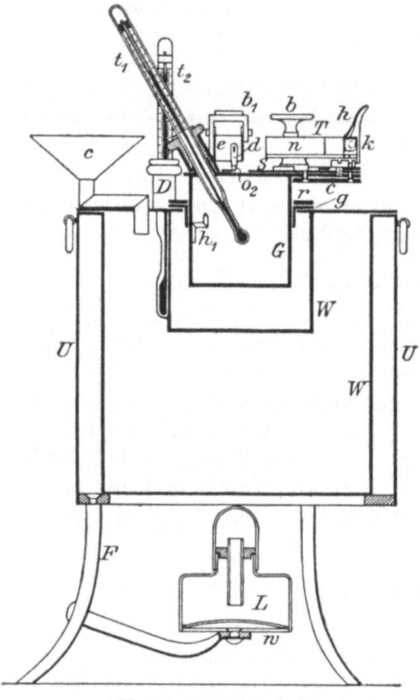

Abb. 27. Petroleumprüfer nach Abel-Pensky (Lange).
W Wasserbad, c Fülltrichter, t_1, t_2 Thermometer, h_1 Füllmarke, G Probegefäß, S Schieber, T Triebwerk, b Schraube zum Aufziehen des Uhrwerkes n, h Auslösehebel, o_2 Zündlämpchen, d Dochthülse, r Dichtungsring, D Thermometerhülse, L Heizlampe, U Hohlmantel.

Die Bestimmung wird mit dem Apparat von Abel-Pensky (Abb. 27) vorgenommen.

Derselbe besteht aus einem großen, als Wasserbad dienenden Kessel W, der zur Erwärmung der Petroleumprobe dient, aus einem kleineren Behälter G zur Aufnahme der Probe und einem mit einer Zündvorrichtung versehenen Deckel. Außerdem sind zwei Thermometer t_1 und t_2 beigegeben, wovon das eine zur Messung der Badtemperatur von 50—60° dient und das zweite zur Messung der Temperatur des Petroleums das Intervall von 10—40° in Zehntelgrade geteilt trägt. Die Zündvorrichtung des

Deckels besteht aus einem Uhrwerk, das mit Hilfe des Griffes b aufgezogen werden kann. Wird es mittels des Hebels h ausgelöst, so schiebt es den das Probegefäß verschließenden Schieber zur Seite und senkt gleichzeitig die kleine Zündflamme für zwei Sekunden in die entstehende Öffnung. Der Docht der Zündflamme steckt in der Hülse d. Die Flamme soll nicht größer als der auf dem Deckel befindliche weiße Beinknopf sein. Ihre Einstellung wird mit einer Nadel durch Verschieben des Dochtes vorgenommen. Zur Probe muß der Apparat vor Zugluft geschützt, aufgestellt werden und außerdem zur Abhaltung der Atemluft des Experimentators die beigegbene Glasplatte aufgestellt werden. Die Ausführung der Probe gestaltet sich folgendermaßen:

Das Wasser für den äußeren Kessel, der etwa 1,5 l faßt, wird auf 55° vorgewärmt. Inzwischen füllt man das Probegefäß bis zur Spitze der Marke h_1, wobei die Bildung von Luftblasen an der Oberfläche zu vermeiden ist. Hierauf wird der Deckel aufgesetzt, das Thermometer mit der Zehntelgradteilung in den vorgesehenen Tubus eingesteckt, der Docht mit einigen Tropfen Petroleum befeuchtet und angezündet. Das vorgewärmte Wasser wird durch den Trichter c eingefüllt und in der dazu bestimmten Öffnung das zweite Thermometer befestigt. Die Temperatur des Wasserbades wird mit einem kleinen Spirituslämpchen auf 55° gehalten. Das Probegefäß wird in das Wasserbad eingesenkt und die Erwärmung des Petroleums an dem Thermometer verfolgt. Der Beginn der Probe richtet sich nach dem jeweiligen Barometerstand:

Tabelle 3.

Barometerstand mm	Probebeginn °C	Barometerstand mm	Probebeginn °C
Bis 695	14,0	Bis 745	16,0
„ 705	14,5	„ 755	16,5
„ 715	15,0	„ 765	17,0
„ 725	15,5	„ 775	17,5
„ 735	16,0	„ 785	18,0

Bei der in Betracht kommenden Temperatur des Petroleums wird das Uhrwerk in Bewegung gesetzt und die Oberfläche des Petroleums beobachtet. Solange nicht über diese hin das Aufblitzen einer blauen Flamme, die meistens das Zündflämmchen zum Verlöschen bringt, zu beobachten ist, werden die Zündversuche von halbem zu halbem Grad der steigenden Petroleumtemperatur wiederholt. Die Nähe des Flammpunktes zeigt das Auftreten eines blauen Saumes um das Zündflämmchen während des Eintauchens an. Beim Auftreten der oben beschriebenen blauen Flamme wird die Temperatur als Flammpunkt abgelesen. Die Probe muß 2—3 mal wiederholt und aus den einzelnen Ergebnissen das endgültige Resultat durch das arithmetische Mittel errechnet werden. Der gefundene Flammpunkt muß dann noch aus den den Apparaten beigegebenen Tabellen auf den Normalbarometerstand von 760 mm umgerechnet werden.

f) Bestimmung des Entzündungspunktes.

Man versteht darunter jene Temperatur, bei welcher das Petroleum in offenem Gefäß ohne Docht, bei kurzer Berührung mit einer Flamme zu brennen beginnt. Ein gutes Leuchtöl soll sich bei dieser Probe nicht unter 38° entzünden. Die Bestimmung kann in folgender vereinfachter Art ausgeführt werden: Die Probe wird in einem großen Porzellantiegel (50 cm³) auf einem Wasserbad erwärmt und zur Überwachung der Temperatur ein genaues Thermometer eingehängt. Bei 20° wird die Oberfläche des Petroleums kurz mit einem brennenden Span berührt. Erfolgt keine Zündung, so wird dies bei 22°, 24°, 26°, usf. wiederholt, bis Entzündung eintritt. Durch Zudecken des Tiegels kann das brennende Petroleum sofort wieder gelöscht werden.

g) Destillationsversuch mit Petroleum.

Genaueren Aufschluß über den Gehalt an niedrigsiedenden Anteilen gibt die Destillationsprobe, die auch den qualitätsvermindernden Anteil der über 300° siedenden Fraktionen ergibt, welche durch Verstopfung des Dochtes die Leuchtkraft herabsetzen. Die Probe wird in der bei „Erdöl", S. 29, beschriebenen Weise vorgenommen.

Der Destillationsbeginn soll nicht unter 110° liegen, der Anteil der unter 150° siedenden Fraktion höchstens 10% und der über 300° höchstens 15% betragen.

h) Säuerungsprobe.

Zur Probe auf gute Raffination wird eine Petroleumprobe mit Schwefelsäure vom spezifischen Gewichte 1,73 geschüttelt. Die Säure darf dabei höchstens ganz schwach gelb gefärbt werden.

Aus den über 300° siedenden Rückständen der Erdöldestillation werden als wichtigste Produkte die mineralischen Schmieröle[1] in großer Zahl für die spezialisiertesten Zwecke hergestellt. Die richtige Einschätzung einer sachgemäßen Schmierung des Maschinenparkes kann im Betriebe durch Energiegewinn zu namhaften Ersparnissen führen. Man teilt die Schmiermittel in solche für Lagerschmierung, Zylinderschmierung und Turbinenschmierung ein. Ihre unterschiedlichen Qualitätsmerkmale liegen außer in ihrem chemischen Verhalten in dem verschiedenen spezifischen Gewicht, der verschiedenen Zähigkeit (Viskosität) und dem verschiedenen Flammpunkt. Man unterscheidet nach diesen Gesichtspunkten:

Leichte Maschinenöle oder Spindelöle (für leichte Achsdrucke und schnelllaufende Maschinen),
Schwere Maschinenöle,
Sattdampfzylinderöle (Flammpunkt zwischen 240—280°),
Heißdampfzylinderöle (Flammpunkt zwischen 270—335°).

---

[1] Ullmann, Dr. F.: Enzyklopädie der technischen Chemie, Bd 4, l. c. — Ehlers, Dr. C.: Schmiermittel und ihre richtige Verwendung. Leipzig: Otto Spamer 1928.

i) Bestimmung des spezifischen Gewichtes der einzelnen Maschinenöle.

Das spezifische Gewicht kann nach einer der auf S. 31 beschriebenen Methoden bestimmt werden. Für die Pyknometerprobe muß ein breithalsiges Fläschchen genommen werden.

k) Bestimmung des Flammpunktes.

Wird nach der in Absatz f) S. 36 beschriebenen Weise vorgenommen, doch wird zur Erzielung höherer Temperaturen auf dem Sandbade erhitzt.

Spezifische Gewichte und Flammpunkte:

	Spezifisches Gewicht:	Flammpunkt:
Spindelöl	0,855—0,925	150—180°
Leichtes Maschinenöl	über 0,965	um 140°
Schweres Maschinenöl . . .	„ 0,940	„ 140°
Heißzylinderdampföl	„ 0,915	270—335°

l) Bestimmung der Viskosität nach Engler.

Die Zähflüssigkeit eines Öles ist ausschlaggebend für die Güte des jeweiligen Schmiereffektes. Man bestimmt die Eigenschaft an der Ausflußgeschwindigkeit von 200 cm³ des Öles durch eine bestimmte Öffnung und setzt die dazu verbrauchte Zeit ins Verhältnis zu der Zeit, welche 200 cm³ Wasser von 20° C zum Ausfluß verbrauchen. Letztere Zeit wird als Einheit angenommen und die Ausflußgeschwindigkeit der anderen Flüssigkeiten in Graden Engler angegeben, welche besagen, wieviel mal länger die Ausflußzeit von 200 cm³ eines Öles bei der Versuchstemperatur als die von 200 cm³ Wasser bei 20° ist.

Der für diese Bestimmung konstruierte Apparat von Engler (Abb. 28) besteht aus einem metallenen Ausflußgefäß A, das in einem zweiten Kessel B sitzt, der wahlweise mit Wasser oder hoch erhitzbarem Mineralöl gefüllt wird. Am Grund des Ausflußgefäßes ist ein Ausflußrohr angebracht, das in der Praxis aus Edelmetall angefertigt ist; es kann durch einen entsprechend geformten Holzstift b, der durch den Deckel des Gefäßes A reicht, verschlossen werden. Außerdem ist in den Deckel noch ein

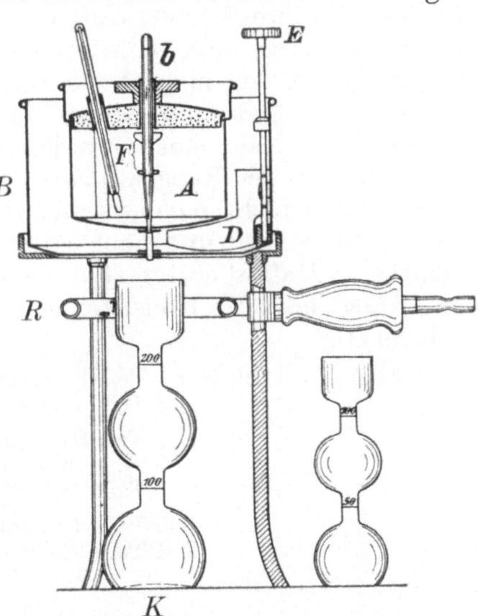

Abb. 28. Viskosimeter nach Engler (Ascher).
A Probegefäß, B Wasserbad, b Holzstift, F Thermometer, E D Rührvorrichtung, R Ringbrenner, K Meßkolben.

Thermometer zum Ablesen der Versuchstemperatur eingesetzt. Der Apparat steht auf einem Dreifuß, an dem zur Erhitzung des Bades ein Ringbrenner R angebracht ist. Das ausfließende Öl wird in dem Meßkolben K aufgefangen, der eine 100 cm³ und eine 200 cm³-Marke besitzt und konzentrisch unter der Ausflußöffnung aufgestellt werden muß.

Bevor die Probe begonnen wird, muß der Apparat peinlichst gereinigt werden. Dann wird das Ausflußgefäß bis zur Marke mit destilliertem Wasser gefüllt, die Versuchstemperatur für Wasser mit 20° genau eingestellt und durch Herausziehen des Stiftes die Ausflußzeit von 200 cm^3 mit einer Stoppuhr auf $^1/_5$ Sekunde genau bestimmt. Aus mehreren Versuchen wird diese Zeit im Mittel errechnet und so der Apparat geeicht. Nunmehr wird das Gefäß getrocknet, mit einem neuen, trockenen Stift verschlossen und das Probeöl bis zur Marke eingefüllt. Sobald die Versuchstemperatur erreicht ist, wird die Bestimmung vorgenommen.

Viskosität verschiedener Öle:

	E/20[1]	E/50[1]
Spindelöle	2,6—12	—
Lagerschmieröl		3—8
Heißdampfzylinderöl		5,5 (bis 100)

m) Bestimmung des Stockpunktes.

Eisenbahnwagen-, Lokomotiv-, Stellwerksöle, dann Schmieröle für Kälte- und Eismaschinen müssen noch bei tiefen Temperaturen flüssig bleiben, um ihre Schmierkraft nicht einzubüßen. Die Kältebeständigkeit eines Öles kann man in folgender einfachen Weise überprüfen:

Man gießt das zu untersuchende Öl einige Zentimeter hoch in ein Reagenzglas und stellt dieses in eine der unten angeführten Kältemischungen. Nach einer Stunde beobachtet man die Konsistenz des Öles durch Neigen des Reagenzglases. Ist es gestockt, so wird es seine Oberfläche dabei nicht mehr verändern. Man kann auch einen Glasstab in das Öl einbringen und nach einer Viertelstunde versuchen, ihn herauszuziehen. Haftet er im Glas so fest, daß dieses mitgehoben wird, so bezeichnet man die Konsistenz als dicksalbenartig, andernfalls als dünnsalbenartig.

Kältemischungen: 1 Teil Kochsalz . . . . bis — 20° C
2 Teile Schnee oder gestoßenes Eis

1 Teil Salmiak . . . . bis — 30° C
2 Teile Kochsalz . . . .
5 Teile Schnee . . . .

5 Teile Kalziumchlorid krist. . . . bis — 50° C
4 Teile Schnee . . . .

n) Voltolöl.

Setzt man dünnflüssige, also billigere Mineralschmieröle, allein oder in Mischung mit fetten Ölen bei Unterdruck der elektrischen Glimmentladung aus, so bekommen sie eine höhere Viskosität und somit bessere Schmiereigenschaften. Solche Öle zeichnen sich durch eine flache Viskositätskurve aus, d. h. sie sind bei hohen Temperaturen noch ziemlich zähflüssig, während sie in der Kälte noch dünnflüssig bleiben. Diese Eigenschaft, verbunden mit ihrem hohen Flammpunkte (um 560°) macht solche Öle besonders zur Automotorenschmierung geeignet.

---

[1] E/20 = Englergrade bei 20° C. E/50 = Englergrade bei 50° C.

In bekannter Weise ist die Viskosität bei verschiedenen Temperaturen und der Stockpunkt eines Voltolöles zu bestimmen.

E. Die Farben.

Die Farben können in zwei große Gruppen eingeteilt werden: 1. in die Oberflächen-, Körper- oder Pigmentfarben, und 2. in die Zeug- oder Tränkfarben. Die Farben der ersten Gruppe werden mit einem flüssigen „Bindemittel", in dem sie unlöslich sind, „angerieben", und auf die zu färbende Fläche aufgetragen. Vermöge ihrer größeren oder geringeren Deckkraft verdecken sie die ursprüngliche Oberfläche mit ihrer eigenen Farbe vollkommen. In diese Klasse gehört auch die große Gruppe der Mineralfarben. Die Tränkfarben sind in einer bestimmten Flüssigkeit zu einer Farblösung löslich, mit der dann der zu färbende Gegenstand getränkt wird, und so in seiner ganzen Struktur eine Färbung erfährt.

Mineralfarben.

1. Weiße Farben.

a) Kalkfarben.

Kreide ($CaCO_3$, kohlensaures Kalzium). Übergießt man eine Probe mit Salzsäure, so entweicht unter starkem Aufbrausen Kohlendioxyd. Unter der Quarzlampe[1] leuchtet eine Probe auf dunkler Unterlage weiß mit einem grauen Stich.

Gebrannter Kalk (CaO, Kalziumoxyd). Gebrannter Kalk braust mit Wasser übergossen auf, wobei starke Erwärmung eintritt. Der Versuch muß mit Vorsicht ausgeführt werden, damit nicht herumspritzende, laugenhafte Flüssigkeitsteilchen Schaden anrichten. Die entstehende Flüssigkeit reagiert alkalisch. Rotes Lackmuspapier wird blau gefärbt.

b) Schwerspat ([Barytweiß, Permanentweiß] $BaSO_4$, schwefelsaures Ba).

Eine Lösung von Bariumnitrat wird mit verdünnter Schwefelsäure versetzt. Der weiße Niederschlag ist Barytweiß. Unter der Quarzlampe erscheint es dunkelbraunviolett.

c) Lithopone.

Unter Lithoponen versteht man Mischfarben, die aus Zinksulfid (ZnS) und Bariumsulfat bestehen. Ihre Herstellung erfolgt meistens auf nassem Wege nach folgendem Prinzip:

Zu einer Lösung von Bariumsulfid (BaS) wird solange Zinksulfat zugesetzt, bis alles Bariumsulfid in Bariumsulfat umgewandelt ist. Um dies zu erkennen, läßt man den gebildeten Niederschlag absetzen und gibt von der klaren, überstehenden Flüssigkeit mit einem Glasstab einen Tropfen auf ein Filtrierpapier. Den entstandenen Fleck betupft man mit einer Eisenchloridlösung. Ist noch BaS zugegen, so färbt sich der gelbe Eisenchloridfleck momentan schwarz, in welchem Falle man noch Zink-

---

[1] Siehe II. Teil, Seite 187, 188.

sulfat zusetzen muß. Die Lithopone des Handels werden nach der Ausfällung und Trocknung zur Erhöhung der Deckkraft noch unter Luftabschluß geglüht und hernach feinst vermahlen.

Unter der Analysenlampe zeigen die Lithopone eine mehr oder minder weiße Farbe, wodurch sie unschwer von anderen weißen Farben zu unterscheiden sind.

d) Zinkweiß (ZnO; Zinkoxyd).

Zinkweiß wird durch Verbrennen von Zink hergestellt. Siehe Abschnitt Zink, S. 13.

Sehr charakteristisch ist das Verhalten von Zinkoxyd unter der Quarzlampe, da es intensiv zitronengelb leuchtet.

e) Bleiweiß (basisches Bleikarbonat).

Der Bleigehalt gibt dieser Farbe eine Giftigkeit, die eine gewisse Vorsicht bei längerem Arbeiten mit ihr erfordert; sie konnte aber für viele Zwecke infolge ihrer hohen Deckkraft noch nicht durch andere ungiftigere Farben ersetzt werden. Die Herstellung kann nach verschiedenen Verfahren erfolgen; die Deckkraft hängt von der Anzahl der vorhandenen Hydroxylgruppen (OH-Gruppen) ab und ist bei dem französischen Verfahren, das eine mehr kristalline Fällung gibt, am geringsten. Da dieses Verfahren im Laboratorium am einfachsten durchführbar ist, sei es hier angeführt.

Als Ausgangsmaterial dient basisches Bleiazetat, das man sich durch Auflösen von Bleiglätte in einer siedenden Lösung von Bleizucker herstellen kann. Man rechnet auf 100 Teile kristallisierten Bleizucker 59 Teile Bleiglätte, die man nach und nach, gemäß dem Fortschreiten des Lösungsvorganges unter ständigem Umrühren in die siedende Bleizuckerlösung einträgt. Die Bleizuckerlösung muß möglichst konzentriert sein, da die zur Ausfällung bestimmte basische Lösung gesättigt sein muß. Die Ausfällung erfolgt durch Einleiten von Kohlendioxyd in die abgekühlte Lösung.

Die Unbeständigkeit von Bleiweiß gegenüber Schwefelwasserstoff im Gegensatz zu Zinkweiß zeigt sinnfällig folgender Versuch:

In zwei Reibschalen reibt man je eine entsprechende Menge von Bleiweiß und Zinkweiß mit Leinölfirnis zu einer streichfertigen Farbe an. Damit bestreicht man ein Brettchen in irgendeiner beliebigen Musterung. Das bestrichene Brettchen legt man unter eine Glasglocke, unter die auch ein mit Schwefelammonium beschicktes Schälchen gestellt wird. Die entweichenden Schwefelwasserstoffdämpfe verwandeln das Bleiweiß unter Schwärzung in Bleisulfid und bringen dadurch das vorerst unsichtbare Muster zum Vorschein.

f) Prüfung eines verfälschten Bleiweißes.

In einer Reibschale wird eine Mischung von Bleiweiß mit Barytweiß (z. B. 30% $BaSO_4$) hergestellt. Kocht man einen Teil davon mit verdünnter Salzsäure aus, so geht das Bleiweiß in Lösung, während das Bariumsulfat ungelöst zurückbleibt. Es wird von der heißen Lösung abfiltriert und mit heißem Wasser am Filter ausgewaschen. Bringt man von dem Niederschlag ein wenig mit dem Platindraht in die entleuchtete Bunsenflamme, so ist das Bariumsalz an der grünen Flammenfärbung zu erkennen.

In gleicher Weise wird eine Vermischung mit Zinkweiß vorgenommen. Unter der Quarzlampe ist die Verfälschung an dem gelben Leuchten des Zinkoxydes, das die Lumineszenz des Bleiweißes übertönt, zu erkennen. Selbst eine Beimischung von 0,1% Zinkoxyd ist auf diese Art noch nachzuweisen. (Siehe II. Teil, Abschnitt Lumineszenzmikroskopie, S. 186.)

2. Gelbe Farben.

a) Gelber Ocker.

Unter gelbem Ocker (auch Goldocker, Satinober, Oxydgelb genannt) versteht man Tone, die durch einen entsprechenden Gehalt von Eisenoxydhydrat (Eisenhydroxyd) eine gelbe Farbe besitzen.

Der Eisengehalt ist durch Auskochen einer Probe mit verdünnter Salzsäure und Versetzen der dabei entstehenden Lösung mit gelbem Blutlaugensalz an der auftretenden Blaufärbung zu erkennen.

Wird eine Probe in einem Tiegel geglüht, so geht das Eisenhydroxyd in rotes Eisenoxyd über, und es entsteht gebrannter Ocker, der als rote Farbe ausgedehnte Verwendung findet.

b) Chromgelb ($PbCrO_4$; chromsaures Blei, Bleichromat).

Die Herstellung erfolgt z. B. durch Fällen einer Bleinitratlösung mit Natriumchromat, wobei sich ein intensiv gelber Niederschlag bildet. Will man ein ganz helles Chromgelb erzielen, so setzt man dem Natriumchromat etwas Schwefelsäure zu. Das bei der Fällung entstehende Bleisulfat verursacht einen helleren Ton des Chromgelbs. Chromgelb ist eine glühbeständige Farbe. Probe!

c) Kadmiumgelb (CdS, Kadmiumsulfid).

Durch Einleiten von Schwefelwasserstoff in eine Lösung von Kadmiumsulfat entsteht ein prächtiger gelber Niederschlag, der Kadmiumgelb darstellt.

Im Gegensatz zu Chromgelb ist Kadmiumgelb gegen Schwefelwasserstoff vollkommen unempfindlich. Man kann dies in der bei Bleiweiß angebenen Art demonstrieren, da sich auch das Chromgelb als Bleifarbe schwärzt.

d) Zinkgelb (chromsaures Zink).

Früher wurde Zinkgelb durch Fällen von Zinksulfatlösung mit Kaliumbichromat hergestellt. Um feurigere Töne zu erzielen, geht man heute vom Zinkoxyd aus.

50 Teile feinst pulverisiertes Zinkoxyd werden in 10facher Menge Wasser aufgeschlämmt und unter ständigem Umrühren 24 Teile konzentrierter Schwefelsäure in dünnem Strahl zugesetzt. Man überläßt dann das Reaktionsgemisch vorteilhafterweise ungefähr eine halbe Stunde sich

selbst und setzt dann eine Lösung von 50 Teilen Kaliumbichromat in 600 Teilen heißem (70—80°) Wasser unter kräftigem Umrühren zu. Die Temperatur der Flüssigkeit soll sich während der ganzen Operation auf etwa 50° halten. Man muß noch längere Zeit das Reaktionsgemisch durch Rühren in Bewegung halten und läßt dann das gebildete Zinkgelb ruhig absetzen.

Zinkgelb unterscheidet sich von Chromgelb durch seine Beständigkeit gegenüber Schwefelwasserstoff.

e) Ultramaringelb ($BaCrO_4$, chromsaures Barium).

Die Farbe kann durch heiße Fällung von Chlorbarium mit Natriumchromat hergestellt werden.

3. Rote Farben.

a) Eisenfarben.

Der überwiegende Teil der roten Mineralfarben besteht aus Verbindungen des Eisens; entweder sind es durch einen größeren Gehalt an Eisenoxyd rot gefärbte Tone (rote Ocker) oder durch Glühen entsprechend aufgearbeitete Eisenerze.

Schon im vorigen Abschnitte wurde gezeigt, wie man durch Glühen gelben Ockers zu roten Farben gelangen kann.

Eine schöne rote Farbe, die aber hauptsächlich zum Polieren von Edelmetallen verwendet wird — das Polierrot — kann man durch Glühen von Eisenoxalat erhalten.

Eine andere, im Handel unter dem Namen Caput mortuum — Totenkopf — oder Colcothar befindliche Eisenfarbe kann man leicht durch Glühen von Eisenvitriol (grünem Vitriol, Eisensulfat $FeSO_4$) erhalten. Der Versuch muß unter einem chemischen Herd durchgeführt werden, da Dämpfe von Schwefeltrioxyd entstehen. Man geht dabei so vor, daß man zuerst ganz schwach erhitzt und nach und nach zu lebhafter Glut steigert.

b) Mennige (Pb_3O_4).

Bleimennige, auch Minium genannt, wird ausschließlich als Rostschutzfarbe verwendet.

Prüfung auf Schönungsmittel. Mennige wird manchmal durch Teerfarbstoffe „geschönt", eine Verfälschung, die man auf folgende Art leicht nachweisen kann. Zur Ausführung der Probe verreibt man Mennige mit einer geringen Menge eines roten Teerfarbstoffes. Etwa 2—3 g Mennige sind mit etwa 10 cm³ Wasser oder besser Äthylalkohol unter schwacher Erwärmung zu schütteln und zu filtrieren. Das Filtrat muß farblos sein.

c) Zinnober (HgS, Quecksilbersulfid).

Als die schönste unter den roten Mineralfarben ist Zinnober anzusprechen. Er wird in natürlichem Zustande als Bergzinnober gewonnen, der aber heute durch den künstlich hergestellten ganz verdrängt worden ist.

Quecksilbersulfid kommt in einer schwarzen und einer roten Modifikation — dem Zinnober — vor.

Prüfung auf freien Schwefel. Der auf trockenem Wege erzeugte Zinnober kann freien Schwefel enthalten, was aber bei einwandfreier Ware nicht vorkommen soll. Die Prüfung auf freien Schwefel wird durch Auskochen einer Probe mit 15%iger Natronlauge vorgenommen. Ist freier Schwefel vorhanden, so entwickelt sich beim Versetzen der filtrierten Lauge mit Säure Schwefelwasserstoff, der am Geruch erkennbar ist. Zur Vornahme der Prüfung vermischt man etwas Zinnober mit Schwefelblumen und macht neben der Prüfung dieser verunreinigten Ware eine Blindprobe mit reinem Zinnober.

Prüfung auf Schönung. Zinnober wird sehr häufig mit Teerfarbenstoffen geschönt, was ohne ausdrückliche Deklarierung als Fälschung gilt.

Die Prüfung kann in der bei Mennige angegebenen Weise vorgenommen werden. Eine andere einfache Prüfung wird folgendermaßen durchgeführt:

Von einer Zinnoberprobe — die man in einer Reibschale mit einem roten Teerfarbstoff verrieben hat — macht man auf einer doppelten Filtrierpapierunterlage ein kleines Häufchen, das man mit einer kraterförmigen Vertiefung versieht. In diese träufelt man etwas Alkohol, der beim Durchsickern den Teerfarbstoff löst und das Filtrierpapier anfärben wird, was auf der zweiten Unterlage leicht konstatiert werden kann.

d) Prüfung durch Sublimation.

Zinnober wird auch oft durch andere, rote Mineralfarben gestreckt. Wird eine derartige Probe in einem Rohr aus schwer schmelzbarem Glas oder auf einem Porzellanscherben erhitzt, so verflüchtigt sich der Zinnober durch Sublimation, während z. B. Ocker, Bleimennige, Ziegelmehl u. ä. zurückbleiben. Bei reiner Ware darf der Rückstand höchstens 0,4% betragen.

e) Prüfung auf freies Quecksilber.

Auf nassem Wege hergestellter Zinnober kann freies Quecksilber enthalten, was seine Lichtechtheit beeinträchtigt. Zur Prüfung versetzt man die Probe mit Salpetersäure ($s = 1.20$) erwärmt und filtriert. Nach Einleiten von Schwefelwasserstoff darf keine Dunkelfärbung eintreten.

4. Braune Farben.

a) Echte Umbra — Kassler Braun.

Als Umbra sind richtigerweise nur ockerähnliche Erdfarben zu bezeichnen, die durch einen hohen Mangangehalt ausgezeichnet sind. Heute werden aber häufig auch verschiedene, entsprechend aufgearbeitete Braunkohlenarten als Umbra in den Handel gebracht, die richtiger mit Kölnisch Umbra, Kassler Braun u. a. bezeichnet werden. Sie besitzen eine geringere Deckkraft als Umbra.

Die Unterscheidung ist sehr einfach durch die Glühprobe zu bewerkstelligen. Wird echte Umbra geglüht, so nimmt der braune Ton höchstens an Tiefe zu, während Kassler Braun als Kohle mit geringem Aschenrückstand verbrennen wird.

Wird echte Umbra mit Salzsäure erwärmt, so tritt Chlorentwicklung auf, was man an dem stechenden Geruche erkennen kann.

b) Bronzebraun.

Durch Vermischen von ungebrannten und gebrannten Ockern mit den verschiedensten Mineralfarben kann man mannigfaltige Mischfarben herstellen. So erzeugt man z. B. durch Mischen von ungebrannter Umbra mit Chromgelben sogenannte Bronzebraune. Kocht man eine Probe dieser Farbe mit Essigsäure aus, so kann in der filtrierten Lösung mit Schwefelsäure das Blei durch die weiße Fällung nachgewiesen werden.

c) Asphaltbraun.

Ein brauner Farbstoff, der hauptsächlich als Radier- und Lithographieätzgrund verwendet wird. Als organische Substanz ist er brennbar und so von den Mineralfarben leicht zu unterscheiden. Von Kassler Braun unterscheidet ihn seine Löslichkeit in Terpentin.

5. Grüne Farben.

Die grünen Mineralfarben stellen vorwiegend Salze des Kupfers dar, und ihr wichtigstes Ausgangsmaterial ist der Kupfervitriol, auch blauer Vitriol genannt.

a) Berggrün.

Fällt man eine Kupfervitriollösung mit einer Mischung von Soda- und Ätznatronlösung, so fällt ein hellgrüner Niederschlag aus. Das echte Berggrün kommt in der Natur vor und wird als Malachit gewonnen. Übergießt man den getrockneten Niederschlag mit Salzsäure, so entweicht unter Aufbrausen CO_2 (Kohlendioxyd).

b) Casselmanns Grün.

Eine schöne, dem Schweinfurter Grün beinahe ebenbürtige Farbe erhält man durch Fällen einer kochenden Kupfervitriollösung mit einer kochenden Natriumazetatlösung.

Alle Kupferfarben kann man durch folgende Probe als solche erkennen:

Die zu untersuchende Farbe wird mit Salpetersäure aufgelöst und die entstandene Lösung im Überschuß mit Ammoniak versetzt, worauf die Farbe der Lösung in tiefes Blau umschlägt.

c) Chromoxyd (Cr_2O_3).

Eine Farbe, die wegen ihrer großen Widerstandskraft gegen thermische und chemische Einflüsse in der keramischen Industrie ausgedehnte Verwendung findet.

Sie kann leicht durch Glühen von Ammoniumbichromat hergestellt werden. Der Versuch ist sehr interessant, da die Masse nach dem Entzünden unter lebhaftem Sprühen und Aufblähen abbrennt. Der Versuch wird zweckmäßig in einer geräumigen Porzellanschale vorgenommen.

d) Chromgrün.

Eine Mischfarbe, bestehend aus Chromgelb und Berliner Blau (siehe blaue Farben).

Im Laboratorium kann man den Farbstoff folgendermaßen herstellen:

Zu einer Lösung von Berlinerblau in Oxalsäure wird eine Mischung von Kaliumbichromat und Bleizuckerlösung zugegossen.

Man bereitet sich eine Mischung einer Eisenchlorid- und Bleizuckerlösung, erstere mit größerem Anteil und fällt dieselbe mit einer zweiten Mischung, bestehend aus einer Lösung von gelbem Blutlaugensalz und Kaliumbichromat, wobei der Anteil des Blutlaugensalzes ebenfalls größer sein muß. Je nach dem Anteil der einzelnen Reagenzien erhält man hellere oder dunklere Farbtöne. Der Niederschlag wird filtriert, gut ausgewaschen und getrocknet.

Übergießt man den Niederschlag mit Lauge oder Kalkmilch, so wird die Farbe durch Zersetzung des Berlinerblaus zerstört.

e) Arsenfarben.

Schweinfurtergrün und Scheeles Grün — die wichtigsten Vertreter dieser Gruppe — sind komplizierte Arsen-Kupferverbindungen, von ganz besonders hoher Giftigkeit, weshalb sie heute, trotzdem sie zu den schönsten Mineralfarben zählen, für die meisten Verwendungszwecke verboten sind.

Der Arsennachweis kann auf folgende Art erbracht werden[1]. Die zu prüfende Farbe wird mit einigen Körnchen granuliertem, arsenfreiem Zink in ein Reagenzglas gebracht und mit verdünnter Salzsäure übergossen. In den oberen Teil der Eprouvette wird ein Wattebausch gesteckt und auf die Mündung ein feuchtes Filtrierpapier gelegt, auf dem sich ein Silbernitratkristall befindet. Ist in der Farbe Arsen enthalten, so färbt sich der Kristall unter der Einwirkung der entweichenden Arsenwasserstoffdämpfe gelb.

6. Blaue Farben.

a) Bergblau.

Entsteht durch Fällung einer Kupfervitriollösung mit Soda- und Ätzkalilösung. Die Farbe hat heute eine viel geringere Bedeutung als

b) Bremerblau.

Eine Kupfervitriollösung wird solange mit Ammoniak versetzt, bis sich der gebildete Niederschlag mit tiefblauer Farbe wieder gelöst hat. Nunmehr wird Natronlauge (etwa 15%) zugesetzt, worauf ein schöner blauer Niederschlag ausfällt, den man bald abfiltrieren muß, da er sonst ein schmutzigbraunes Aussehen annimmt.

Beide Farben sind sehr empfindlich gegen Säure. Probe!

c) Berlinerblau.

Dieser wichtige Farbstoff, der in vielen Arten erzeugt wird, stellt eine komplizierte Eisenzyanverbindung dar. Zu seiner Darstellung fällt man

---

[1] Zur genauen gerichtschemischen Prüfung dient die Marssche Probe.

eine starke Eisenchloridlösung (1 Teil Eisenchlorid auf 4 Teile Wasser) mit einer Ferrozyankaliumlösung vom Verhältnis 1:10. Die Fällung wird bei einer Temperatur von 60—70° unter starkem Umrühren vorgenommen, worauf man den Niederschlag absitzen läßt, dekantiert und einige Male mit heißem Wasser auswäscht. Der getrocknete Niederschlag dient zur Prüfung auf seine Unbeständigkeit gegen Alkalien, wozu man ihn mit Lauge, Soda oder Kalkmilch versetzen kann.

d) Ultramarinblau.

Diese wichtigste blaue Farbe wird durch Brennen einer Mischung von Kaolin, Soda, Glaubersalz, Schwefel, Kohle, Kieselgur oder Quarzsand erhalten.

Die Farbe ist ungiftig und unbeständig gegen Säuren. Versetzt man eine Probe davon mit Säure, so geht die blaue Farbe unter Schwefelwasserstoffentwicklung verloren.

Die Schönung mit Teerfarbstoffen kann in der bereits bekannten Weise nachgewiesen werden.

Eine einfache Reinheitsprüfung kann folgendermaßen vorgenommen werden[1]:

Eine Probe wird mit destilliertem Wasser ausgekocht und das Filtrat in zwei Teile geteilt, wovon der eine mit Chlorbarium, der andere mit Bleiessiglösung versetzt wird. Die Lösungen müssen klar bleiben.

e) Thenardblau.

Eine Kobaltfarbe, die hauptsächlich in der Kunst- und Porzellanmalerei verwendet wird. Sie ist als eine Verbindung von Kobaltoxydul mit Tonerde anzusprechen.

Zur Herstellung mischt man 0,3 Teile Magnesiumsulfat, 2,5 Teile Kobaltnitrat (Sulfat) und 25 Teile Ammoniumalaun. Die Salze werden in ihrem Kristallwasser geschmolzen, die Lösung zur Trockene verdampft und dann geglüht.

II. Organische Waren.

F. Faserstoffe und Textilien[2].

1. Baumwolle.

a) Bestimmung der Stapellänge.

Siehe II. Teil, S. 102.

b) Verhalten gegen Schwefelsäure und Kupferoxydammoniak.

Durch konzentrierte Schwefelsäure wird Baumwolle anfänglich braun gefärbt, jedoch in kürzester Zeit vollständig zerstört.

---

[1] Nach Zerr, G., u. R. Rübencamp: Handbuch der Farbenfabrikation, S. 448.

[2] Literatur für eingehendere Studien: Heermann, Dr. P.: Mechanisch und physikalisch-technische Textiluntersuchung. Berlin: Julius Springer. — Spitschka, W.: Textil-Atlas. Stuttgart: Francksche Verlagsbuchhdlg. — Hammann, O.: Webwarenkunde. Leipzig: Dr. Max Jänecke 1929. — Grafe, V.: Handbuch der organischen Warenkunde, Bd 2, 2. Halbbd. Stuttgart: Pöschl 1928.

Kupferoxydammoniak (siehe II. Teil, S. 104) löst Baumwolle — die abgesehen von der Kutikula aus Zellulose besteht — vollkommen auf. Der Versuch muß mit gut gereinigter Baumwolle vorgenommen werden, weshalb man dieselbe vorher mit Alkohol und dann mit Äther behandelt. Der Kupferoxydammoniaklösung wird soviel Baumwolle zugesetzt als noch in Lösung geht und die tief dunkelblaue zähflüssige Masse für den Versuch 7 a gut verschlossen aufbewahrt.

2. Hanf und Jute.

Während Baumwoll- und Leinenfasern aus reiner Zellulose bestehen, sind die Fasern von Hanf und Jute mehr oder weniger verholzt. Die Verholzung kann man nachweisen, indem man die Fasern auf einem weißen Opalglas ihrer Länge nach mit Salzsäure und Phloroglucin[1] oder mit Anilinsulfat behandelt; dabei färben sie sich im ersten Falle rot, im zweiten gelb.

3. Unterscheidung pflanzlicher und tierischer Fasern.

Zwischen pflanzlichen und tierischen Fasern besteht ein wesentlicher Unterschied in der aufbauenden Substanz. Die pflanzlichen Fasern sind aus Zellulose, die tierischen dagegen aus Eiweißstoffen gebildet. Dadurch ist die Möglichkeit einer raschen und sicheren Unterscheidung mit Hilfe der Verbrennungsprobe gegeben.

Die pflanzlichen Fasern verbrennen ohne merklichen Aschenrückstand, mit dem typischen Geruch nach verbrennendem Papier.

Tierische Fasern hinterlassen einen kugeligen Rückstand, einen sogenannten Koks und verbreiten beim Verbrennen einen Geruch nach verbrannten Haaren. Zur Vornahme der Probe dreht man mehrere Fasern zu einem Strähnchen zusammen.

Über das Verhalten von beschwerter Naturseide und von Azetatseide bei dieser Probe siehe Absatz 7, S. 56.

4. Garne.

Ein Garn ist ein Fadengebilde, das durch Verdrehen von Textilfasern im Spinnprozeß entsteht.

a) Bestimmung der Drehung.

Das Maß der Drehung, auch Draht genannt, richtet sich nach dem Verwendungszweck. Kettengarne (Watergarne) sind schärfer gedreht als Schußgarne (Mulgarne).

Zur Bestimmung des Drahtes dreht man ein Stück Garn von bestimmter Länge (50 cm) so lange auf, bis die Fasern parallel, offen nebeneinanderliegen und zählt die dazu notwendigen Drehungen.

Zur Vornahme der Probe sind eigene Apparate konstruiert, von welchen Abb. 29 eine einfache Ausführung zeigt. Das Garn- oder Zwirnstück wird zwischen den Klemmen A und B in einer Länge von 50 cm (abgelesen am Maßstab C) durch Verschieben des beweglichen Fußes D

---

[1] Siehe Abschnitt Papier S. 60.

eingespannt. Um die Probestücke immer bei gleicher Spannung einlegen zu können, ist ein Einspannungsgewicht vorgesehen. Durch Betätigen des Zahnradantriebes *F* wird die Einspannklemme *B* solange in Drehung versetzt, bis die verdrehten Fasern parallel nebeneinanderliegen. Da-

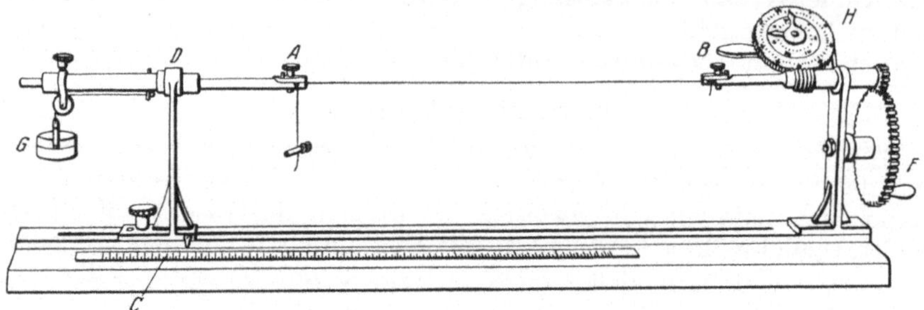

Abb. 29. Drehungsmesser (L. Schopper, Leipzig).
A, *B* Einspannklemmen, *C* Maßstab zur Feststellung der Einspannlänge, *D* Verstellbarer Fuß, *F* Antriebszahnrad, *G* Spanngewicht, *H* Zählscheibe.

durch tritt eine Dehnung des Fadens ein, weshalb das Gewicht *G* zur Aufrechterhaltung der Spannung angebracht ist. Die zum Aufdrehen notwendigen Umdrehungen kann man auf der Zählscheibe *H* ablesen. Vor der endgültigen Ablesung muß man sich auf folgende Art davon überzeugen, ob das Garn vollständig aufgedreht ist. Knapp an der linken Klemme sticht man mit einer Nadel in das Garn und sucht durch Weiterbewegen nach rechts die Fasern zu teilen, was mit einer Lupe zu beobachten ist. Trifft man dabei noch auf sich kreuzende Fasern, so muß man diese durch Drehen des Zahnrades parallel legen.

b) Bestimmung der Garnnummer.

Die Feinheit eines Garnes wird in Nummern ausgedrückt, die angeben, wieviel Längeneinheiten desselben auf ein bestimmtes Gewicht entfallen. Je nach den angewendeten Maß- und Gewichtseinheiten unterscheidet man

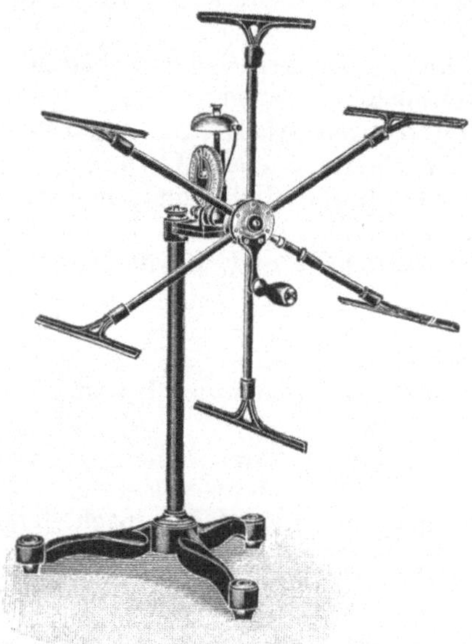

Abb. 30. Weife mit Zähl- und Schlagwerk (Schopper, Leipzig).

heute noch das engliche, französische und daneben das allgemein gültige metrische Numerierungssystem.

Die englische Numerierung, nach der Baumwolle fast ausschließlich numeriert wird, gibt die Zahl der Strähne, Stränge oder Hanks von 840 Yards an, die ein englisches Pfund (lb engl.) wiegen. Die französische

Nummer gibt die Zahl der Strähne von 1000 m auf ein halbes kg an, die metrische Nummer die Zahl der Strähne von 1000 m auf 1 kg. Zur Bestimmung der Garnnummer dienen die Garnsortierwaagen. Die erforderliche Länge des Garnes mißt man mit der Haspel oder Weife ab. Abb. 30 zeigt eine einfache Ausführung mit Zähl- und Schlagwerk. Der Umfang der Krone kann entweder 1 m, 1 oder 1,5 Yard betragen. Die Umdrehungen werden an einem Zählwerk registriert und nach je 100 oder 50 Umdrehungen ertönt ein Glockenschlag. Bei einer metrischen Weife müssen somit nach 10 Glockenschlägen 1000 m abgeweift sein. Vor Beginn des Weifens ist durch Drehen der Weife der Zeiger des Zählwerkes auf 100 zu stellen. Wird das Garn von einem Strähn abgenommen, so legt man diesen über einen Strähnhaspel, wie ihn Abb. 31 zeigt. Durch Einknicken eines Haspelarmes kann man den erhaltenen Strähn leicht abnehmen; man hängt ihn auf den Haken der Garnsortierwaage, welche an ihrer Skala direkt die Nummer an-

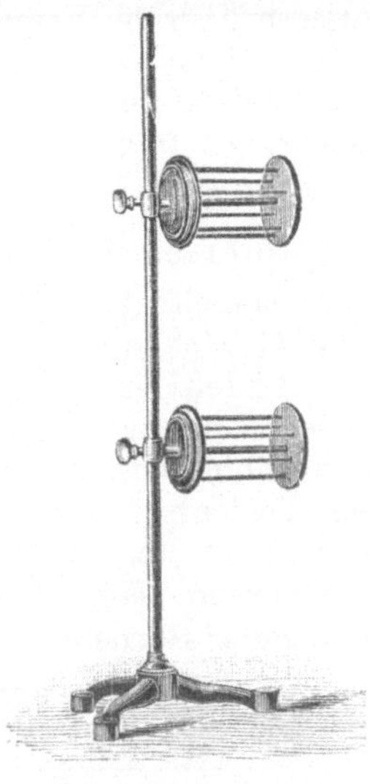

Abb. 31. Strähnhaspel
(L. Schopper, Leipzig).

gibt. Die Wirkungsweise einer derartigen Waage ist aus Abb. 32 klar ersichtlich und bedarf keiner weiteren Erklärung. Es gibt Garnsortierwaagen, welche mehrere Skalen für verschiedene Numerierungssysteme besitzen. Doch kann durch einfache Rechnung die Umnumerierung von einem System ins andere vorgenommen werden.

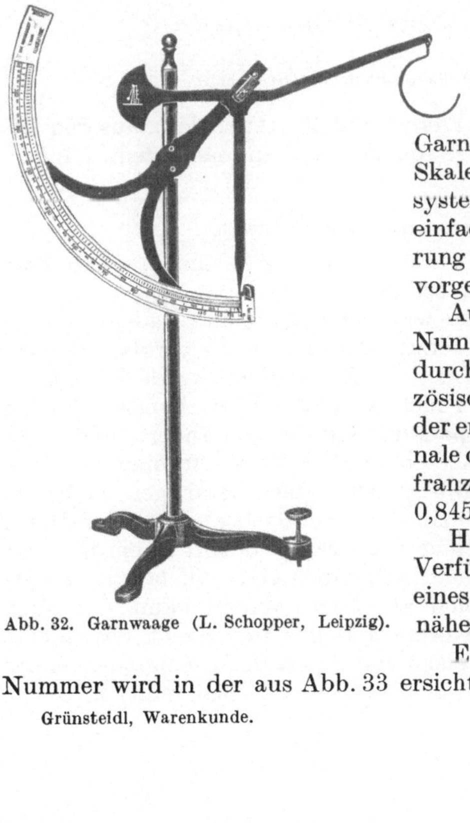

Aus der internationalen metrischen Nummer errechnet man die englische durch Division durch 1,694, die französische durch Division durch 2. Aus der englischen Nummer die internationale durch Multiplikation mit 1,69, die französische durch Multiplikation mit 0,845 (halbe metrische Konstante).

Hat man keine Garnwaage zur Verfügung, so kann man die Nummer eines Garnes auf folgende Art annähernd bestimmen.

Ein Vergleichsgarn von bekannter Nummer wird in der aus Abb. 33 ersichtlichen Weise mit dem Garn un-

Abb. 32. Garnwaage (L. Schopper, Leipzig).

bekannter Nummer verschlungen und verdreht. Fühlt man mit den Fingern über die Verschlingungsstelle der beiden Garne hinweg, so wird man — falls dies nicht schon mit freiem Auge möglich war — Dickenunterschiede konstatieren können. Durch Versuche kann man das Vergleichsgarn finden, welches in seiner Dicke mit dem Probegarn übereinstimmen wird, womit auch annähernd dessen Garnnummer gefunden ist.

c) Numerierung gehaspelter Seiden- und Kunstseidengarne.

Gehaspelte Seiden und die verschiedenen Kunstseiden werden nach dem Gewichtsnumerierungssystem bezeichnet, während alle übrigen Fasern nach der bereits bekannten Längennumerierung eingeteilt werden.

Die Nummer — hier Titer (Titre) genannt — gibt an, wie viele Gewichtseinheiten von 0,05 g 450 m oder wie viele Gramme 9000 m wiegen. Die Gewichtseinheit von 0,05 g wird „Denier" genannt und mit „Den" oder „Drs" abgekürzt.

Während also bei den übrigen Numerierungen die Nummer mit zunehmender Garnstärke fällt, ist dies beim Seidentitre gerade umgekehrt.

Abb. 33. Bestimmung der Garnnummer (Heermann).

Gesponnene Seiden (Schappe-Florett und Bourettseiden), aus den Abfällen der gehaspelten Seiden gewonnen, werden nach dem Längennumerierungssystem numeriert.

d) Bestimmung der Festigkeit.

Unter Festigkeit versteht man die Anzahl der Gramme, deren Zugwirkung den Faden zum Reißen bringt.

Zur Bestimmung dieser Größe wird eine bestimmte Fadenlänge solange einem steigenden Zug ausgesetzt, bis Bruch eintritt, wobei die dazu aufgewendete Kraft gemessen wird. Die Zugwirkung wurde bei älteren Apparaten durch eine gespannte Feder ausgeübt. Diese Apparate hatten den Nachteil, daß sich die Federspannung mit der Zeit änderte und somit auch die grundlegende Versuchsbedingung. Heute läßt man den Zug durch Hebelwirkung ausüben. Abb. 34 zeigt einen derartigen modernen Apparat. Er stellt im Grundprinzip eine Hebelwaage dar. Der Hebel ist stark ungleicharmig und an seinem längeren Ende mit einem Gewicht beschwert. Sein zeigerartiges Ende läuft längs einer Skala, an der die jeweilige Zugwirkung in Grammen abgelesen werden kann. An dem kurzen Hebelarm ist ein halbkreisförmiger Bogen angebracht, dessen eine Hälfte eine Zähnung trägt, in welche eine Sperrklinke eingreifen kann, wodurch der ausgeschwenkte Hebel, sobald der Faden reißt, in seiner

Lage fixiert wird. Außerdem ist an der anderen Hälfte dieses Bogens eine Kette zur Verbindung mit der Einspannklemme angebracht. Der Antrieb ist ein sogenannter Schwerkraftantrieb und wird von einem sinkenden Kolben ausgeführt, der in einem Zylinder eingeschlossen ist, um in seiner Fallgeschwindigkeit durch Öl gebremst zu werden. Auf dem Deckel des Zylinders ist eine aufrechtstehende Schraube angebracht, durch deren Betätigung die Geschwindigkeit des Heruntersinkens auf eine Minute einreguliert werden kann.

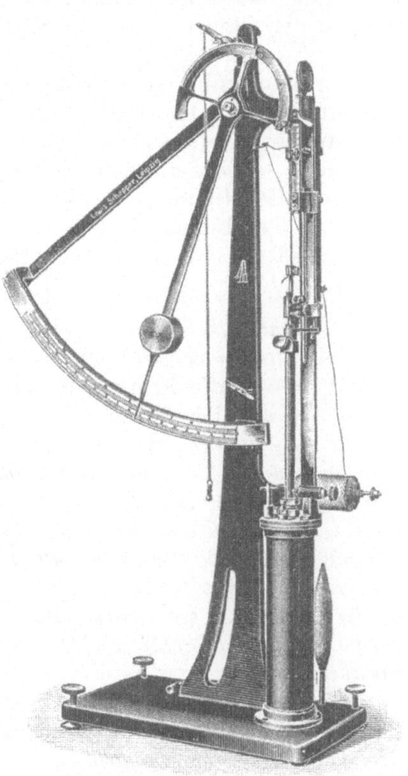

Abb. 34. Festigkeitsprüfer für Garne
(L. Schopper, Leipzig).

An der zum Hebel führenden Kette und an der Kolbenstange ist je eine Klemme angebracht, deren Abstand bei hochgezogenem Kolben und Nullstellung des Hebels 200 mm beträgt und die Einspannlänge darstellt[1]. Die neuen Apparate sind auch meistens mit einem Dehnungsmesser ausgestattet, der die Dehnung des unter Zug gesetzten Fadens in Millimetern und Prozenten abzulesen gestattet.

Die Prüfung wird folgendermaßen ausgeführt: Man überzeugt sich vorerst, ob die Geschwindigkeit der unteren Klemme bei Leerlauf des Apparates genau eine Minute beträgt und reguliert sie eventuell ein. Dann wird mit den vorgesehenen Sperrvorrichtungen, Gewichtshebel, obere Klemme und untere Klemme in aufgezogener Stellung fixiert. Nunmehr wird das Probestück in der oberen Klemme befestigt. Damit die Proben immer unter dem gleichen Zug eingespannt werden, beschwert man den Faden mit dem beigegebenen Gewicht und befestigt ihn frei hängend in der unteren Klemme. Nach Lösung der Fixiervorrichtung von Hebel und Klemme wird das Kolbengewicht ausgelöst, wobei aber die Zugwirkung nicht ruckartig einsetzen darf.

Sobald der Faden reißt, bleibt der Hebel durch das Eingreifen der Klinke stehen, und man kann die Zugfestigkeit an dem Kraftmaßstab ablesen. Das endgültige Prüfungsergebnis wird aus dem Mittel mehrerer (in der Praxis 20) Einzelbestimmungen errechnet.

Es gibt auch einfachere Festigkeitsprüfer, welche mit Handantrieb arbeiten; ihre Betätigung ist äußerst einfach und erfordert nach Er-

---

[1] Für die Prüfung bei Kunstseide ist neuerdings nach Kal-Blatt 380 B eine Einspannlänge von 50 cm vorgeschrieben.

klärung der neuen, feineren Apparate keine weitere Beschreibung. Die Genauigkeit der Prüfungsergebnisse reicht natürlich nicht an die der automatischen Apparaturen heran.

e) Bestimmung der Gleichmäßigkeit von Garnen.

Die Gleichmäßigkeit eines Garnes ist ein wesentliches Qualitätsmerkmal. Genau wird ihr Wert durch Vergleich mehrerer Festigkeitsprüfungen errechnet, indem man das Mittel aus denselben bestimmt. Die Schwankungen der Einzelwerte vom Mittel auf oder ab sollen möglichst gering sein.

Man kann die Gleichmäßigkeit auch durch bloße Schätzung dem Augenmaß nach beurteilen. Zu diesem Zwecke wird das Garn auf ein mit Samt bespanntes Brettchen in gleichmäßigen Abständen aufgewickelt. Der Samt soll bei dunklen Garnen hell und bei hellen dunkel sein, wodurch die Beurteilung sehr erleichtert wird. Man kann das so vorbereitete Garn auf Unreinheit, Glattheit oder Rauheit, Gleichmäßigkeit der Dicke, Knotenfreiheit, Glanz, Gleichmäßigkeit der Färbung usw. beurteilen.

f) Prüfung der Echtheitseigenschaften gefärbter Garne[1].

Die Lichtechtheit wird überprüft, indem man die Probe im Freien unter Glas so der Sonnenbestrahlung aussetzt, daß sie zur Hälfte mit einem Karton bedeckt ist. Ist die Probe nach 6 tägiger Sonnenbestrahlung unverändert, so gilt sie als lichtecht.

Zur Bestimmung der Waschechtheit wird ein Strähn der Probe mit der gleichen Menge eines ausgekochten weißen Baumwollgarnes verflochten. Hernach wird in einer Lösung von 5 g Marseiller-Seife und 3 g kalzinierter Soda in der 50 fachen Menge destillierten Wassers vom Gewichte des Waschsträhnes eine halbe Stunde bei 40° behandelt. Dann wird der Strähn herausgenommen, ausgedrückt, neuerdings in die Waschflotte eingetaucht und wieder zwischen den Handballen ausgedrückt, welcher Vorgang 10 mal wiederholt wird. Schließlich wird in kaltem Wasser ausgespült und getrocknet.

Die Begutachtung wird in 3 Qualitätsstufen vorgenommen:

1. Farbton und Farbtiefe der Probe ist stark verändert. Das weiße Material ist stark angefärbt.

2. Farbtiefe und Farbton nur wenig oder gar nicht verändert; weißes Material etwas angefärbt.

3. Die Probe und das weiße Material sind ganz unverändert.

Nach den Normen unterscheidet man 5 Echtheitsklassen, die gegen Probefärbungen mit genau angegebenem Material bestimmt werden.

---

[1] Teilweise nach: Verfahren, Normen und Typen für Prüfung der Echtheitseigenschaften von Färbungen, auf Baumwolle, Wolle, Seide, Viskosekunstseide und Azetatseide. Herausgegeben von der Echtheitskommission der Fachgruppe für Chemie der Farben- und Textilindustrie im Verein deutscher Chemiker. IV. Ausg., Berlin W 10: Verlag Chemie, G. m. b. H. 1928. — Die den genannten Vorschriften entnommenen Stellen sind durch Kursivdruck gekennzeichnet. Eine einfache Prüfungsvorschrift für Textilwaren findet sich in der Zeitschrift Betriebsführung, Mitteilungen des Forschungsinstitutes für rationelle Betriebsführung im Handwerk E. V., 4. Jahrg., Nr 2, Karlsruhe i. B.

Prüfung auf Schweißechtheit. *Neben der in der Praxis nicht ganz zu entbehrenden „Tragprobe“ kann folgende Prüfung vorgenommen werden:*

Das gefärbte Stück wird zwischen ein ungefärbtes, ausgekochtes Baumwollzeug gelegt und zusammengerollt. Garne werden in der oben angegebenen Weise verflochten. Hierauf wird die Probe durch eine halbe Stunde bei 45° in einer Lösung von 5 g Kochsalz und 6 cm³ 24%igem Ammoniak in einem Liter destilliertem Wasser behandelt. Das Material wird in einem Intervalle von 10 Minuten 10mal ausgedrückt und eingetaucht. Nach einer halben Stunde werden der Lösung pro Liter 7,5 cm³ Eisessig zugesetzt und die Behandlung in der beschriebenen Weise durch eine halbe Stunde fortgesetzt. Nach dieser Zeit wird die Probe herausgenommen, ausgedrückt und ohne Spülen bei gewöhnlicher Temperatur getrocknet.

Die Qualitätsgrade werden in der gleichen Weise wie bei der Prüfung auf „Waschechtheit“ bestimmt.

5. Gewebeprüfung.

Die Prüfung eines Gewebes erstreckt sich auf folgende Punkte: 1. Bestimmung des Rohmateriales, 2. der Bindung, 3. der Fadendichte, 4. der Art, der mit „Appretur“ bezeichneten Nacharbeiten. Zur Bestimmung der Fadendichte dient der Fadenzähler (Abb. 35), der aus einer kleinen Lupe besteht, deren Fuß eine quadratische Öffnung von 1 cm² besitzt. Sie wird auf das Gewebe so aufgelegt, daß die Seiten des Quadrates parallel zu der Fadenrichtung laufen. Durch Auszählen der innerhalb des Quadrates liegenden Fäden mit einer Nadel erhält man die Fadendichte je cm², die eventuell durch Multiplikation auf die ganze Warenbreite umgerechnet werden kann.

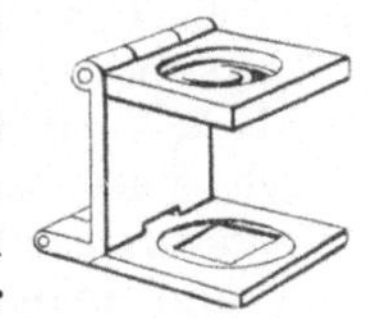

Abb. 35. Fadenzähler (L. Schopper. Leipzig).

Die Prüfung mit dem Fadenzähler kann zu Ungenauigkeiten führen, je nachdem, ob man ihn so aufsetzt, daß der linke Innenrand des Fußes zwischen 2 Fäden oder gerade auf einem Faden liegt. Genauer wird die Bestimmung auf folgende Art vorgenommen: Aus dem Gewebe wird ein länglicher, etwa 1,5 cm breiter Streifen herausgeschnitten. Man zieht dann links und rechts der Längsrichtung so viele Fäden aus, bis das Gewebe genau 1 cm in der Breite mißt und zählt nunmehr die verbleibenden Fäden ab.

Bindungen. Unter „Bindung“ versteht man die Art, in der sich Kett- und Schußfäden in einem Gewebe abwechselnd kreuzen. Die Kreuzungsstellen werden Bindungspunkte genannt.

Man unterscheidet drei Grundbindungen, von denen die übrigen abgeleitet werden können:

1. Die glatte oder Leinwandbindung (auch Tuchbindung und bei Seide Taftbindung genannt).

2. Croisé- oder Köperbindung.

3. Atlasbindung.

1. **Glatte Bindung.** Leinwandbindung stellt die einfachste Webart dar. Ein Schußfaden wird abwechselnd immer von einem Kettfaden über und

unterlaufen. In Abb. 36 geht der Schußfaden Nr. 1 unter dem ersten Kettfaden durch, über den zweiten Kettfaden hinweg, unter dem dritten

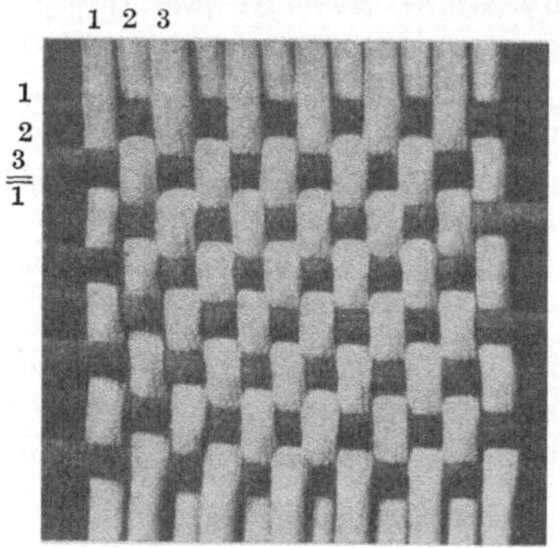

Abb. 36. Leinwandbindung.
Raport: 1=3.

durch usw. Der zweite Schußfaden geht über den ersten Kettfaden hinweg, unter dem zweiten durch, über den dritten hinweg usf. Der dritte Schußfaden verhält sich dann wieder wie der erste; diese Wiederholung wird der Raport genannt, der im Falle der Leinwandbindung also $3 = 1$ heißt.

Es gibt eine große Zahl abgeleiteter Leinenbindungen. Werden z. B. immer zwei oder mehrere Kettfäden durch eine gleiche Anzahl von Schußfäden abgebunden, so entsteht die würfelartige Musterung, der Panama- oder Mattenbindung (Abb. 37).

Werden mehrere Kettfäden von je einem Schußfaden abgebunden, so entsteht ein Gewebe mit Längsrippen, das als Längs- oder Kettenrips bezeichnet wird (Abb. 38). Werden mehrere Schußfäden durch einen Kettfaden abgebunden, so tritt die Ripsbildung in der Querrichtung auf, und man spricht von Quer- oder Schußrips.

Köperbindung. Bei der Croisébindung sind die Bindungspunkte nach bestimmten Gesetzen in schräglaufenden Graten über die

Abb. 37. Panamabindung.

Gewebeoberfläche verteilt, ein besonderes Charakteristikum für solche Stoffe. Abb. 39 zeigt einen vierbindigen Köper. Der erste Schußfaden geht über den ersten Kettfaden hinweg unter zweitem, drittem und viertem hindurch und geht über den fünften Kettfaden hinweg. Derartige Köper, die also jeden vierten Kettfaden abbinden, werden vierbindige Köper genannt.

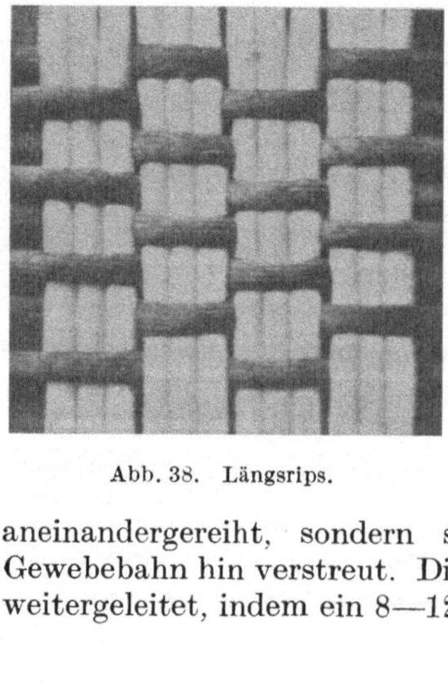

5—7bindige Köper werden Satin genannt und bilden den Übergang zur **Atlasbindung** (Abb. 40). Bei dieser Webart liegen die Bindungspunkte nicht

Abb. 38. Längsrips.

aneinandergereiht, sondern sind nach bestimmten Regeln über die Gewebebahn hin verstreut. Die Bindung selbst ist von der Köperbindung weitergeleitet, indem ein 8—12bindiger Köper vorliegt. Die Bestimmung der Webart wird, sofern nicht das freie Auge ausreicht, mit einer Lupe (Fadenzähler) vorgenommen. Dieselbe wird am offenen Rand des Gewebes aufgesetzt und die Bindung mit einer Präpariernadel durch Auszählen der jeweils abgebundenen Fäden bestimmt[1].

6. Unterscheidung von Leinen-, Halbleinen- und Baumwollgeweben[2].

Ein Gewebe besteht aus zwei sich rechtwinklig kreuzenden Fadensystemen. Aus der seiner ganzen Länge entsprechenden Kette und dem der Breite entsprechenden Schuß. Die Garne der beiden Fadenrichtungen müssen nicht aus demselben Material hergestellt sein, weshalb man bei der Bestimmung des Roh-

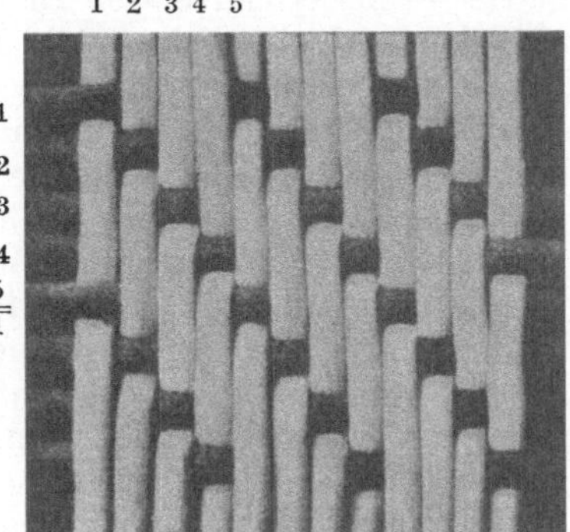

Abb. 39. Vierbindiger Köper.
Raport: 5=1.

materiales eines Gewebes immer Kette und Schuß beurteilen muß. Halbleinengewebe sind sonach Gewebe, bei welchen ein Fadensystem aus Leinen, das andere aus Baumwolle besteht. Die Prüfung kann nach den verschiedensten Methoden vorgenommen werden.

Aus jeder Fadenrichtung wird ein Faden herausgezogen und mit jähem Ruck zerrissen, wobei bei gleichen Garnstärken Flachs bereits einen stärkeren Widerstand entgegensetzt als Baumwolle. In den charakteristischen Rißenden von Baumwoll- und Leinengarnen liegt ein gutes Erkennungsmerkmal.

Während nämlich bei Flachs die Rißenden straff, glatt und ungleich lang sind, erscheinen sie bei Baumwolle gekräuselt und liegen ungefähr in einer Ebene.

Leinen- und Baumwollfasern verhalten sich verschieden gegen fettes Öl. Erstere nehmen solches in größerer Menge auf und werden durchscheinender als Baumwolle. Zur Vornahme der Probe bedient man sich kleiner viereckiger Fleckchen, deren Randfäden in größerer Zahl herausgezogen werden, wodurch auf jeder Seite ein breiter Rand freiliegender Fäden entsteht. Es ist notwendig, das Probestück durch Auskochen mit Wasser oder Sodalösung von der

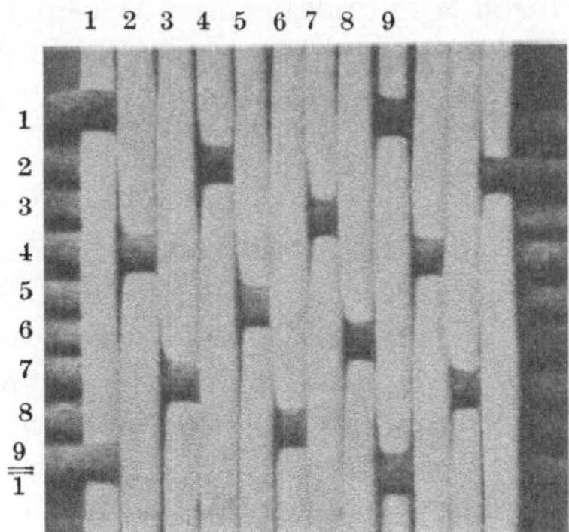

Abb. 40. Achtbindiger Atlas.
Raport: 9=1.

---

[1] Für eingehendere Studien sei auf die zitierten Bücher von Hamann und Spitschka verwiesen.

[2] Genaueres über diese Frage findet man in der kleinen Schrift von A. Herzog: Die Unterscheidung von Baumwolle und Leinen. Berlin: Verl. für Textilind.

Appretur zu befreien. Nach dem Trocknen wird es auf einer Glasplatte mit einem fetten Öl gut getränkt und nach Auflegen einer zweiter Glasplatte — wobei Luftblasen zu vermeiden sind — im durchfallenden und auffallenden Lichte betrachtet. Dabei erscheinen die Leinenfasern in einem Halbleinengewebe im ersteren Falle heller, im zweiten dunkler als die Baumwollfäden. Die Unterschiede sind an den freien Fadenenden ganz besonders deutlich zu erkennen.

Andere Methoden beruhen auf der verschiedenen Aufnahmefähigkeit der beiden Fasern gegenüber Metallsalzen und gewissen Farbstoffen.

Nach Herzog wird ein in der S. 55 angegebenen Weise vorbereitetes Halbleinengewebe auf die Dauer von 10 Minuten in eine etwa 10% ige Kupfervitriollösung eingelegt, hierauf unter dem Strahl der Wasserleitung abgespült. Hernach badet man das Stück in einer 10% igen Lösung von gelbem Blutlaugensalz. Da die Flachsfaser ungefähr doppelt soviel an Kupfersalzen festzuhalten vermag als Baumwolle, werden die Leinenfasern durch das in ihnen entstandene Ferrozyankupfer rotbraun gefärbt erscheinen, die Baumwolle hingegen soll keine Färbung zeigen. Die Unterschiede können besonders deutlich gemacht werden, wenn man die Probe auswäscht, trocknet und dann in ein fettes Öl wie bei der Ölprobe einschließt. Die Lupenbetrachtung[1] erweist bei all den angeführten Proben gute Dienste.

Bei der Böttcherschen Fuchsinprobe wird das Gewebe durch Einlegen in eine alkoholische Fuchsinlösung gefärbt und nachher mit Wasser gut gespült. Legt man nun das gefärbte Gewebe in konzentrierten Ammoniak, so wird der Farbstoff von der Baumwolle fast ganz abgezogen, während die Flachsfasern hellrosa bleiben.

Auch mit warmer Methylenblaulösung kann man die Färbung vornehmen, wobei die Behandlung mit Ammoniak entfällt und lediglich durch lang andauerndes Waschen die Farbe von der Baumwolle abgezogen wird. Betrachtet man die Probe bei gelbem Lichte, so erscheint die Baumwolle heller (mit einem Stich ins Grüne) als die Leinenfäden.

7. Natur- und Kunstseide[2].

Nach der Definition im Ral-Blatt Nr. 380 B[3] versteht man unter Kunstseide ein der Seide ähnliches Gespinst, das auf chemischem Wege aus Zellstoff, Baumwolle oder anderen geeigneten Rohstoffen hergestellt wird. Sie besteht mit Ausnahme der Azetatseide aus reiner Zellulose, während diese eine Verbindung zwischen Zellulose und Essigsäure darstellt. Das Prinzip der Kunstseidenherstellung beruht darauf, Zellulose auf entsprechende Weise in Lösung zu bringen, diese Spinnlösung unter Druck durch ganz feine Düsen zu pressen und den entstehenden Flüssig-

---

[1] Siehe 2. Teil, S. 81.

[2] Süvern, K.: Die künstliche Seide. 1921. — Hottenroth, V.: Die Kunstseide. 2. Aufl. Leipzig: S. Hirzel 1930. — Reinthaler, F.: Die Kunstseide und andere glänzende Fasern. Berlin: Julius Springer 1926.

[3] Prüfung von Kunstseide. Ral-Blatt Nr 380 B, Ausgabe März 1928. Berlin: Beuthverlag.

keitsstrahl zu einem zarten Faden zu verfestigen. Nach der Art, wie man die Zellulose zur Lösung bringt, unterscheidet man heute im Großbetrieb vier verschiedene Arten von Kunstseide: die Nitro- oder Chardonnettseide, Kupfer-, Viskose- und Azetatseide.

a) Verspinnen von Zelluloselösung im Spinntrichter.

Zu diesem Versuch kann die Zelluloselösung aus Versuch b) Absatz 1. verwendet werden. Man kann aber auch eine derartige für diesen Zweck ausreichende Lösung durch Eintragen von Filtrierpapierschnitzeln in eine frische Kupferoxydammoniaklösung erhalten. Einen Spinntrichter kann man leicht selbst herstellen, indem man an einen gewöhnlichen Glastrichter ein 30—35 cm langes Rohr anschmilzt, dessen Ende zu einer nicht allzu feinen Spitze ausgezogen und nach aufwärts umgebogen ist (Abb. 41). Der Trichter wird an einem Dreifuß befestigt und mit seinem Ende in ein mit verdünnter Schwefelsäure gefülltes Becherglas eingetaucht. Wird Zelluloselösung eingefüllt, so tritt diese an der Spitze in die Schwefelsäure aus, welche die Zellulose ausfällt, wodurch ein entsprechender weicher Faden entsteht, den man aus dem Fällbad heraushebt und unter schwachem Zug auf einem Glasstab aufwickelt.

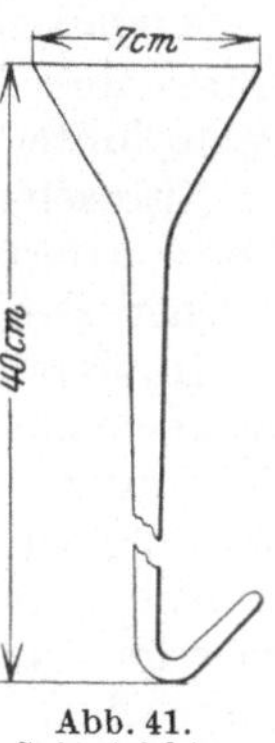

Abb. 41.
Spinntrichter.

b) Unterscheidung von echter Seide und Kunstseide.

Die einfachste Methode ist die Verbrennung, da unbeschwerte Naturseide als ein Eiweißprodukt dabei einen knöllchenförmigen Rückstand hinterläßt, während Kunstseide rasch und ohne merklichen Aschenrückstand verbrennt. Ist jedoch die echte Seide mit Metallsalzen beschwert, so verbleibt nach dem Verbrennen das Aschenskelett der Metalloxyde in der Form des ursprünglichen Fadens.

Kunstseide kann nicht beschwert werden. Die Azetatseide verhält sich bei der Verbrennung abweichend, da sie schmilzt und ebenfalls kleine Kügelchen bildet, die aber leicht von dem Koks der echten Seide zu unterscheiden sind. Führt man den Brennversuch mit Azetatseide so durch, daß man die zusammengedrehten Fäden vorsichtig einer kleinen Flamme nähert, so kann man das Schmelzen und Erhärten zu einer spröden, glasigen Masse schön beobachten und außerdem das Auftreten eines scharfen, stechenden Geruches erkennen. Merzerisierte Baumwolle, die bekanntlich auch durch schönen Glanz ausgezeichnet ist, gibt die gleiche Verbrennungsprobe wie Kunstseide, kann aber von dieser leicht durch Aufdrehen eines Garnes unterschieden werden, da beim Baumwollgarn die kurzen Einzelfasern der Baumwolle dabei zutage treten, während das Kunstseidengarn aus den der Garnlänge entsprechenden Elementar- oder Primärfäden besteht.

Zur Unterscheidung des Naturproduktes vom Kunstprodukt kann man nach Herzog[1] auch die Verbrennungsgase heranziehen. Man gibt von

---

[1] Herzog, A.: Die Unterscheidung der natürlichen und künstlichen Seiden. Dresden: Theodor Steinkopff.

der Garnprobe etwas in ein Proberöhrchen, hängt oben ein angefeuchtetes Lackmuspapier ein und verschließt mit einem an der Seite eingekerbten Stoppel. Erhitzt man, so werden die auftretenden Verbrennungsgase bei echter Seide rotes Lackmuspapier bläuen (alkalische Reaktion) bei Kunstseide dagegen sauer reagieren, also blaues Lackmuspapier röten.

c) Bestimmung der einzelnen Kunstseidenarten[1].

Azetatseide unterscheidet sich von den übrigen Kunstseidenarten durch ihre Löslichkeit in reinem Azeton; verseifte und gefärbte Azetatseide hinterläßt ein dünnes Häutchen.

Nitroseide färbt sich mit einer 1%igen Diphenylaminlösung in reiner konzentrierter Schwefelsäure tiefblau und löst sich darin rasch mit ebensolcher Farbe auf.

Kupferstreckspinnseide und **Viskoseseide** können durch folgende Anfärbeversuche erkannt werden: Man färbt die Probestückchen in einer Mischung von 15 cm³ „Pelikan-Tinte“ Nr. 4001 von Günther-Wagner und 20 cm³ einer 0,5%igen Lösung von Eosin Extra (I. G. Farbenindustrie) und 65 cm³ Wasser durch 5 Minuten unter Hin- und Herbewegen bei Zimmertemperatur an. Hernach wird gründlich ausgewaschen. Kupferstreckspinnseide (Bembergseide) erscheint tiefblau, Viskoseseide rot.

G. Papier[2].

Nach dem verwendeten Rohmaterial unterscheidet man Hadern-, Holzzellulose- und Holzschliffpapier. Obwohl zur genauen Bestimmung der Qualität eines Papieres Präzisionsinstrumente in den einschlägigen Laboratorien in Verwendung stehen, sind seit langem schon einfache Betriebsproben ausgearbeitet worden, die bei ihrer leichten Durchführbarkeit auch dem Laien unabhängig von teuren Apparaturen, die Möglichkeit einer für gewöhnliche Verhältnisse ausreichenden Qualitätsbestimmung an die Hand geben.

a) Bestimmung des Knitterwiderstandes (Waschversuch). DIN.

Die Probe wird mit einem Stück von halber Briefbogengröße (Format A 5, 148:210, DIN 476) vorgenommen, indem man dieselbe zusammenknäult, wieder entfaltet und diesen Vorgang so oft wiederholt, bis das Stück ganz weich geworden ist. Hernach faßt man es an zwei gegenüberliegenden Seiten und reibt zwischen den Handballen ohne zu zerreißen 6mal hin und her, als wollte man es waschen. Darauf wird dieselbe Behandlung in der anderen Richtung ausgeführt und der Vorgang abwechselnd

---

[1] Nach Ral-Blatt Nr 380B, Abschnitt III.

[2] Die dem DIN-Blatt 1831 (April 1925) teilweise entnommenen Prüfungsvorschriften sind durch ein beigefügtes „DIN“ gekennzeichnet. Als weitere Literatur kommt in Betracht: Herzberg: Papierprüfung, 5. Aufl. Berlin: Julius Springer. — Grafe, V.: Handbuch der organischen Warenkunde, 2. Bd, 2. Halbbd. — Hoyer, Ing. F.: Papiersortenlexikon. Verlag Zeitschrift Papier und Pappe. Stuttgart: Francksche Verlagsbuchhandlung 1929.

solange wiederholt, bis in der Probe Löcher entstehen. Im Büro- und Geschäftsbetrieb genügen folgende drei Qualitätsbezeichnungen: sehr gering, ziemlich groß, sehr groß, während im Laboratorium 8 Stufen unterschieden werden.

Die Qualität „sehr gering" wird durch Zeitungspapier charakterisiert, das schon beim Zusammenballen Löcher bekommt, „ziemlich groß" durch bessere Konzept- und Kanzleipapiere und „sehr groß" durch feste Packpapiere oder Urkundenpapiere.

b) Bestimmung der Maschinenrichtung. DIN.

Unter Maschinenrichtung versteht man die Laufrichtung der Papierbahn in der Papiermaschine, die zu kennen mitunter von Wichtigkeit ist. Es müssen z. B. die Blätter eines Buches in gleicher Papierrichtung bedruckt werden, da sonst der Rand des Buches nach dem Binden nicht glatt bleiben würde.

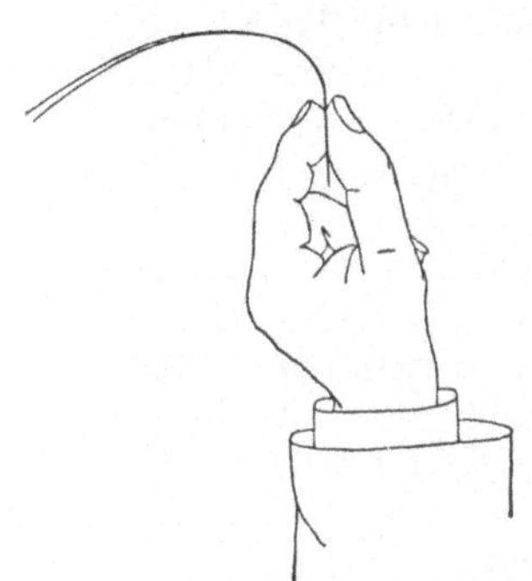

Abb. 42 a.
Bestimmung der Maschinenrichtung (Herzberg).
Untere Streifen aus der Maschinenrichtung.

Abb. 42 b.
Bestimmung der Maschinenrichtung (Herzberg).
Obere Streifen aus der Maschinenrichtung.

Vom Probebogen wird aus Längs- und Querrichtung je ein Streifen von etwa 1,5 cm Breite und 15 cm Länge abgeschnitten und entsprechend gekennzeichnet. Man legt die Probestücke aufeinander und hält sie dann an einem Ende mit Daumen und Zeigefinger, so daß die freien Enden herunterhängen; klaffen diese auseinander (Abb. 42), so ist der obere Streifen aus der Maschinenrichtung, liegen sie aufeinander, der untere. Da in der Längsrichtung mehr Papierfasern parallel liegen als in der Querrichtung, zeigt das Papier in der Maschinenrichtung mehr Festigkeit.

c) Bestimmung der Dicke. DIN.

Die Dicke kann mit einfachen Apparaten bestimmt werden, indem man aus verschiedenen Stellen des Bogens Streifen zur Messung herausschneidet. Die Dicke soll überall möglichst gleich sein.

Annäherungswerte, die vielfach genügen, erhält man auf folgende Weise:

Ein Stoß des zu prüfenden Papieres wird mäßig belastet und dann seine Höhe mit einem Millimeterstab genau abgemessen. Dividiert man den gefundenen Wert durch die Anzahl der den Stoß bildenden Blätter, so erhält man die Dicke des einzelnen Blattes, die in Millimeter angegeben wird.

d) Bestimmung des Quadratmetergewichtes. DIN.

Papier wird vielfach nach Quadratmetergewicht gehandelt. Aus dem Probebogen schneidet man mehrere Stücke im Ausmaß von 10:10 cm heraus. Bei öfterer Vornahme der Probe kann man sich dazu einer Schablone bedienen. Die Stücke werden zusammen auf einer genauen Waage gewogen. Berechnet man das Gewicht eines Stückes und multipliziert man dieses mit 100, so erhält man das Quadratmetergewicht.

e) Bestimmung des Raumgewichtes (DIN)

in Kilogramm erfolgt nach der Formel:

$$\frac{\text{Quadratmetergewicht}}{\text{Dicke (in mm) mal 1000}}.$$

f) Aschengehalt.

Papiere werden mehr oder weniger mit mineralischen Stoffen gefüllt, wobei die Festigkeit mit steigendem Gehalt an diesen herabgesetzt wird.

Zur Bestimmung wägt man ein Stück Papier in einem Tiegel oder einer Schale und verascht es. Am besten eignet sich dazu eine Platinschale, man kann aber genau so gut einen weiten Porzellantiegel nehmen. Anfangs darf man nur schwach erhitzen, damit durch ein allzu lebhaftes Verbrennen der Probe keine Aschenteilchen fortgerissen werden. Erst später steigert man bis zur vollen Flamme und glüht die Probe solange, bis sie vollkommen weiß geworden ist. Nach dem Erkalten im Exsikkator wird zurückgewogen und aus der Differenz zwischen Anfangs- und Endgewicht die Asche in Prozenten errechnet. Ungefüllte Papiere dürfen einen Aschengehalt bis zu 3%, beschwerte einen solchen bis über 20% aufweisen.

g) Nachweis von Holzschliff. DIN.

Im Holzschliff sind alle Bestandteile des Holzes noch enthalten, also auch das Lignin. Ligninhaltiges Papier zeigt bei längerem Liegen die unangenehme Eigenschaft des Vergilbens und Brüchigwerdens.

Die Prüfung auf Holzschliffgehalt ermöglichen uns zwei Reagenzien, die charakteristische Farbreaktion geben: Anilinsulfat und Phlorogluzin. Die Anilinsulfatlösung stellt man sich durch Auflösen von 5 g Anilinsulfat in 50 cm³ destilliertem Wasser und Zufügen von einem Tropfen konzentrierter Schwefelsäure her.

Betupft man mit dieser Lösung ein holzschliffhältiges Papier (Zeitungspapier), so färben sich die betreffenden Stellen je nach dem Gehalt an Holzstoff mehr oder weniger stark gelb.

Die Phlorogluzinlösung erhält man durch Auflösen von 1 g Phlorogluzin in 50 cm³ Alkohol.

Behandelt man mit dieser Lösung Holzschliffpapier, so färbt sich dieses, nachdem man die Stelle noch mit konzentrierter Salzsäure betupft hat, schön kirschrot. Man kann aber auch der Phlorogluzinlösung direkt 25 cm³ konzentrierte Salzsäure zusetzen.

h) Bestimmung der Leimfestigkeit; Unterscheidung zwischen tierischer und Harzleimung. DIN.

Die Leimfestigkeit, die man besonders von Schreibpapier verlangt, wird geprüft, indem man mit einer Reißfeder 0,75 mm breite Striche mit einer Eisengallustinte (z. B. Pelikantinte von Günther-Wagner) zieht. Liegt sehr dünnes Papier vor, so zieht man 0,5 mm breit Striche. Ist das Papier gut geleimt, so darf die Tinte weder auslaufen noch durchschlagen.

Tierische Leimung (Bahn- oder Bogenleimung) kann man mitunter mechanisch nachweisen, indem man den halben Probebogen nach Art des Waschverfahrens behandelt, ohne aber Löcher zu reiben. Dadurch wird die hauptsächlich oberflächlich aufgetragene Leimung teilweise durchbrochen, so daß Tintenstriche durchschlagen können, während das bei der durch den ganzen Querschnitt des Bogens gleichmäßig verteilten Harzleimung nicht eintreten kann. Liegt jedoch gemischte Leimung vor, so kann man den tierischen Leim nur chemisch nachweisen[1].

Durchdringt ein Stearinkerzentropfen das Papier, und bleibt die Stelle nach dem Entfernen des erkalteten Stearins durchscheinend, so liegt

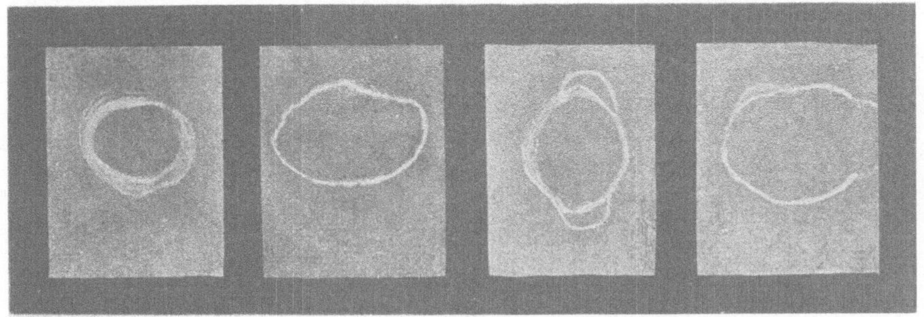

Abb. 43. Ätherprobe auf Harzleimung (Herzberg).

Harzleimung vor. Bei tierischer Leimung schlägt der Tropfen nicht durch und hinterläßt nach dem Entfernen einen kaum sichtbaren Fleck.

Auf **Harzleimung** prüft man in folgender einfacher Weise: Man legt ein etwa 8 cm² großes Probestück auf eine hohle Unterlage (Uhrglas, Becherglas o. ä.) und tropft etwas Äther darauf (4—6 Tropfen). Nach dem Verdunsten des Äthers bleibt ein deutlich sichtbarer Harzrand zurück. Sollte er nach der ersten Probe noch nicht auftreten, so wiederholt man den Versuch zweckmäßig durch neuerliches Aufträufeln von Äther (Abb. 43).

i) **Prüfung von fettundurchlässigem Papier** (Pergamentersatz, Pergamin, Pergamentpapier). DIN.

Eine einfache Schnellmethode führt meistens zum Ziel. Der Probebogen wird auf ein Schreibpapier gelegt, und es werden 2—3 Tropfen Terpentinöl auf eine 1 dm² große Fläche mit dem Finger verrieben. Liegt gut fettdichtes Papier vor, so darf das Schreibpapier nach 30 Sekunden dauerndem Verreiben keine Fettflecke ziehen.

---

[1] Zwecks näherer Einzelheiten muß auf die einschlagige Fachliteratur verwiesen werden.

k) Herstellung von künstlichem Pergamentpapier.

Ein Filterpapierstreifen wird 5—12 Sekunden in eine konzentrierte Schwefelsäure von ungefähr 60° Baumé getaucht. Hernach wird möglichst rasch gut mit reinem Wasser abgespült, dann in einem mit Ammoniak alkalisch gemachten Bad zur Vernichtung der letzten Säurereste gebadet und nach neuerlichem Auswaschen getrocknet. Das ursprünglich wenig feste und sehr poröse Filterpapier ist durch diese Behandlung sehr reißfest und fettdicht geworden.

H. Leder[1].

a) Wasserbestimmung.

Mit einer Holzraspel werden von dem Prüfstück einige Gramme Pulver erzeugt und eine bestimmte Menge davon in einen tarierten Porzellantiegel eingewogen. Derselbe wird auf etwa eine halbe Stunde in einen Trockenschrank bei 100—105° eingestellt und nach dem Erkalten im Exsikkator gewogen, um hierauf nochmals eine halbe Stunde im Trockenschranke zu trocknen. Ergibt die neuerliche Wägung eine Differenz gegen die erste, so muß das Trocknen so oft wiederholt werden, bis Gewichtskonstanz eintritt, d. h. bis das Gewicht nur mehr ganz gering differiert. Aus der Differenz zwischen Ein- und letzter Auswaage kann man den Wassergehalt in Prozenten errechnen.

b) Aschenbestimmung.

Der Versuch a) kann durch die Veraschung fortgesetzt werden. Man verbrennt das Leder langsam und glüht die entstandene Kohle so lange, bis die Asche möglichst weiß geworden ist. Nach dem Abkühlen wird gewogen, worauf man aus der Einwaage im Versuch a) und der Aschenwägung den Aschengehalt des Leders in Prozenten angeben kann. Man bekommt dadurch Aufschluß über den Mineralstoffgehalt, der bei lohgarem Leder 1% beträgt und bei einem Betrag von über 1,6% auf Beschwerung schließen läßt.

c) Prüfung auf Wasseraufnahme.

Gutes Sohlenleder soll eine möglichst geringe Aufnahmefähigkeit gegenüber Wasser haben. Die Prüfung darauf erfolgt durch Einlegen einer etwa 20 g schweren Probe in Wasser. Nach einer Stunde wird das Stück herausgenommen, mit Filterpapier vom anhaftenden Wasser befreit und gewogen. Hierauf wird der ganze Vorgang so lange wiederholt, bis keine Gewichtsaufnahme mehr konstatiert werden kann. Die Angaben in Prozenten sind auf die lufttrockene Probe zu beziehen, weshalb die Prüfung immer mit einer Wasserbestimmung zu kombinieren ist.

d) Gerbung[2].

Das Leder soll gleichmäßig durchgegerbt sein. Wird senkrecht zur

---

[1] Jablonski, L.: Das Leder, seine Herstellung und Beurteilung. Berlin: Atlasverlag.

[2] Nach Deutsche Normen, Einfache Werkstoffprüfung: Leder DIN-Blatt 1822 April 1925.

Oberfläche ein „Schnitt‘ gemacht, so soll die entstehende Schnittfläche keinen weißen, oder speckig hellen Streifen zeigen.

Auf die Durchgerbung prüft man in folgender Weise: Man stellt durch zwei dicht nebeneinanderliegende Schnitte mit einem scharfen Messer einen blattdünnen Streifen her, der in 20—30%ige Essigsäure für eine halbe Stunde eingelegt wird. Hält man ihn nach dieser Zeit gegen das Licht, so sind ungegerbte Fasern deutlich zu erkennen, da sie aufgequollen und wie Pergament mehr oder weniger durchscheinend sind, während sattgegerbte Fasern das Licht nicht, oder nur sehr schwach durchlassen.

Chromgare Leder sind durch die bläuliche oder grünliche Farbe des Schnittes zu erkennen, die aber durch gemischte Gerbung verdeckt werden kann. Verbrennt man aber in diesem Falle einen dünnen Streifen und zerdrückt den Rückstand auf einer weißen Unterlage, so wird bei chromgarem Leder die Asche deutliche Grünfärbung zeigen.

J. Öle, Fette und Wachse.

a) Bestimmung des spezifischen Gewichtes verschiedener fetter Öle.

Die Methoden zur Bestimmung des spezifischen Gewichtes von Flüssigkeiten sind bereits im Abschnitt „Mineralöle“ genau besprochen worden. Das spezifische Gewicht fetter Öle liegt unter 1, jedoch über 0,91. Verfälschungen mit Mineralöl kann man an der Herabsetzung dieses Wertes erkennen. Zur Vornahme dieser Probe ist vorerst das spezifische Gewicht eines reinen Öles zu bestimmen; hernach bereitet man Vermischungen mit 2% und 5% Mineralöl. Beispiel: Reines Baumwollsamenöl zeigte ein spezifisches Gewicht von 0,93, welches nach Zusatz von 2% Mineralöl auf 0,92 und von 5% auf 0,91 sank.

b) Nachweis von Mineralölzusatz unter der Quarzlampe.

Fette Öle zeigen im filtrierten Lichte der Quarzlampe ein milchig grauviolettes Aussehen, Mineralöle dagegen im auffallenden Lichte betrachtet starke blaue und im durchfallenden grüne Opaleszenz, die sie auch einem fetten Öl je nach der zugesetzten Menge mehr oder weniger erteilen.

c) Charakteristische Farbreaktionen einiger Öle.

Die wertvolleren Speiseöle werden bisweilen mit wohlfeileren Ölen verfälscht, so z. B. mit Sesam- und Baumwollsamenöl.

Sesamöl kann mit zuckerhaltiger Salzsäure nachgewiesen werden. Zu diesem Zwecke löst man etwas Zucker unter Kochen in konzentrierter Salzsäure auf und versetzt damit die Ölprobe; nach einigem Schütteln tritt eine kirschrote Färbung auf.

Baumwollsamenöl wird mit der Halphenschen Reaktion nachgewiesen. Gleiche Volumenteile (2—3 cm³) des Öles und von Amylalkohol und einer 1%igon Schwefellösung in Schwefelkohlenstoff werden in einem Proberöhrchen für eine viertel bis eine halbe Stunde in ein kochendes Kochsalzbad gelegt, wobei sich Baumwollsamenöl durch eine orangerote Färbung zu erkennen gibt.

d) Unterscheidung von fetten und ätherischen Ölen.

Fette und ätherische Öle sind ihrer chemischen Natur nach grundverschiedene Verbindungen. Die teueren ätherischen Öle werden aber vielfach mit fetten Ölen verfälscht, was man leicht auf folgende Art nachweisen kann: Macht man mit dem zu prüfenden Öl einen Fleck auf ein Papier, so wird dieser bei reinem ätherischen Öl nach einiger Zeit wieder verschwinden, da diese Öle flüchtig sind. Handelt es sich aber um ein fettes Öl oder um ein damit verschnittenes ätherisches Öl, so bleibt der Fleck bestehen.

e) Wasserbestimmung in Fetten.

Ein unerlaubt hoher Wassergehalt in Fetten ist leicht durch folgende Probe zu erkennen: Man erhitzt die Fettprobe in einer Eprouvette, wobei sich ein Wassergehalt durch Stoßen und Schäumen anzeigt.

f) Prüfung auf Zusatz von Paraffin, Zeresin u. ä.

Derartige Zusätze zu festen Fetten kann man u. a. auch mit Hilfe des Schmelzpunktes nachweisen, wozu eigene Apparate konstruiert wurden. Folgende einfache Methode gibt unabhängig von derartigen Apparaten als Vorprobe genügend genaue Werte. Man schmilzt die zu untersuchende Probe und überzieht durch Eintauchen die Kugel eines Thermometers mit einer Fettschicht. Das erstarrte Fett wird dann das Quecksilber nur durchscheinen lassen. Das Thermometer wird mit einem durchbohrten Kork in ein Reagenzglas eingesetzt. So adjustiert, hält man es in ein mit Wasser gefülltes Becherglas, das langsam erwärmt wird, und beobachtet, bei welcher Temperatur das Quecksilber wieder klar erscheint; dieselbe kann als Schmelztemperatur des Fettes angenommen werden. Der Versuch ist zuerst mit reinem, dann mit vermischtem Fett vorzunehmen.

g) Bestimmung des Schmelz- und Tropfpunktes von Wachsen.

Diese Bestimmung gilt ebenfalls als Nachweis von Zusätzen von Paraffin oder Zeresin zu Wachsen. Man kann in der unter f angegebenen Weise vorgehen, oder folgende einfache Methode anwenden. An das Knie eines in der Gasflamme winkelförmig gebogenen Glasstabes befestigt man durch Andrücken ein Kügelchen des zu prüfenden Wachses, das man durch Kneten zwischen den Fingern plastisch gemacht hat. Der Glasstab wird in ein mit Wasser gefülltes Becherglas gehängt und ein Thermometer darin so eingetaucht, daß die Kugel desselben knapp neben der Wachskugel zu hängen kommt. Das Becherglas wird langsam erwärmt. Beginnt das Wachs zu schmelzen, so löst sich die Kugel ab und steigt in die Höhe. Die zu diesem Zeitpunkte abgelesene Temperatur gilt als Schmelzpunkt. Reines weißes Bienenwachs schmilzt bei 62°,

Paraffin bei 54°. Ein Zusatz von Paraffin setzt den Schmelzpunkt des Wachses herunter.

9 Teile Wachs und 1 Teil Paraffin schmelzen bei 60°
7 „   „   „ 3 „   „   „   „ 58°
5 „   „   „ 5 „   „   „   „ 56°

h) Herstellung einer Kernseife.

Unter Seifen versteht man die Alkalisalze gewisser Fettsäuren, die in den verschiedenen Fetten und Ölen als Ester an Glyzerin gebunden sind. Werden solche Fette mit Alkali gekocht, so entsteht unter Abspaltung von Glyzerin eine Seife. Verseift man mit Natronlauge, so entsteht eine feste Natron- oder Kernseife, während die Verseifung mit Kalilauge oder Pottasche Kaliseifen ergibt, die gewöhnlich salbenartige Konsistenz zeigen und daher den Namen Schmierseifen führen.

Eine gewöhnliche Kernseife wird auf folgende Weise hergestellt: 80 g irgendeines Fettes werden mit einer Lösung von 20 g Ätznatron in 200 cm³ Wasser in einer großen Abdampfschale unter Umrühren zum Sieden gebracht und etwa 2 Stunden weitergekocht. Dabei kann es vorkommen, daß die Masse trotz Umrührens überzukochen droht, was man durch Nachgießen von kaltem Wasser verhindern kann. Zu diesem Zwecke hat man sich 100 cm³ Wasser bereitgestellt, das man nach und nach zur Gänze noch zusetzt; doch kann man auch unbeschadet etwas mehr Wasser verbrauchen. Das Fortschreiten der Verseifung kann man an dem Dickwerden der Reaktionsmasse erkennen. Es beginnt schließlich die Lauge durchzukochen, worauf man einige Gramm Kochsalz zusetzt (2—5 g). Sollte zuviel Wasser verdampft sein, so muß man ein wenig nachgießen. Der Kochsalzzusatz bewirkt die Trennung der Seife von der Unterlauge, die sich am Boden ansammelt, während man die oben schwimmende Seife in geeignete flache Gefäße abschöpfen kann.

i) Prüfung einer Seife auf Füllstoffe.

Um Seifen zu strecken, werden mitunter sogenannte Füllstoffe eingearbeitet. Als solche kommen Wasserglas, Sand, Talkum, Stärke, Dextrin, Eiweißkörper u. a. in Betracht.

Nach den Bestimmungen des Ral-Blattes Nr. 871, Absatz 6[1] kann man den Zusatz obiger Stoffe auf folgende Art nachweisen: In 50 cm³ absolutem Alkohol wird eine Probe der Seife unter Rückflußkühlung unter öfterem Umschütteln bis zur vollständigen Auflösung gekocht. Eventuelle Füllstoffe bleiben als Rückstand zurück, während reine Seife eine opalesizierende Flüssigkeit gibt. Ein geringer Rückstand ist kein Beweis für Füllstoffe, sondern kann von Kochsalzzusatz bei Kernseifen und Pottaschenzusatz bei Schmierseifen stammen.

---

[1] Allgemeine Prüfverfahren für Seifen und Seifenpulver. Ral-Blatt Nr 871A, Ausg. Oktober 1927. Berlin: Beuth-Verlag.

K. Nahrungsmittel[1].

1. Getreide.

Die verschiedenen Getreidesorten repräsentieren die wichtigsten
Nahrungsmittel der Menschheit und zählen deshalb auch zu den bedeutendsten Handelsgütern.

Bei der Qualitätsbeurteilung wird zuerst eine einfache Sinnenprobe
auf Größe, Form, Farbe und Geruch der Ware vorgenommen. Daran
schließen sich noch einige andere Untersuchungen, die in ihrer Gesamtheit
ein Qualitätsbild der Ware geben.

a) Probe auf Ölung.

Bei Weizen und Reis wird mitunter zur Erzielung eines schöneren
Aussehens und Erhöhung des Hektolitergewichtes eine Ölung vorgenommen, indem man das Getreide mit einer in Rüböl getauchten Schaufel
umarbeitet.

Der Nachweis einer Ölung geschieht durch Schütteln der Probe im
Reagenzglas mit Kurkuma- oder Bronzepulver. Die Körner werden dabei
durch anhaftendes Pulver gefärbt, was bei Weizen besonders deutlich
in der Furche und am Bärtchen zu erkennen ist.

Zur Durchführung des Versuches ölt man sich Getreide selbst, indem
man etwa 0,25 kg Weizen mit einem Löffel, den man mit 1—2 Tropfen
Rüböl eingefettet hat, so lange durcharbeitet, bis keine Körner am Löffel
kleben bleiben.

b) Bestimmung des Qualitätsgewichtes.

Unter Qualitätsgewicht versteht man das Gewicht eines Hektoliters
Getreide, wobei ein höheres Gewicht einer besseren Qualität entspricht.
An den einzelnen Börsen ist die Zulassung der verschiedenen Getreide-
sorten zum Handel an ein Mindestqualitätsgewicht gebunden.

Die Bestimmung des Gewichtes wird mit der Getreidewaage Abb. 44
vorgenommen. Es ist dies eine gleicharmige Waage, deren rechte Waagschale zu einem röhrenförmigen Probegefäß für die Aufnahme des Getreides ausgebildet ist. Zur Füllung wird das Maß auf der Grundplatte
der Waage aufgeschraubt. Es besitzt im oberen Teil einen Schlitz, in
den ein Messer eingeschoben werden kann, wodurch das geeichte Maß
genau abgegrenzt wird. Auf das Messer wird eine Metallplatte (der Vorlaufkörper) gelegt, nunmehr das Füllrohr aufgesetzt und das Getreide
nicht zu langsam eingeschüttet. Unter Vermeidung von Erschütterung

---

[1] König, J.: Chemie der menschlichen Nahrungs- und Genußmittel, 5. Aufl.
Berlin: Julius Springer 1920. — Fuhrmann, F.: Die Chemie der Nahrungs- und
Genußmittel. Wien-Berlin: Urban und Schwarzenberg 1927. — Pflücke, W.: Allgemeine Methoden zur Untersuchung der Nahrungs- und Genußmittel. Im Handbuch
der biolog. Arbeitsmethoden von E. Abderhalden, Abt. 4, Teil 14. Wien-Berlin:
Urban und Schwarzenberg 1930. — Jolles, A.: Die Nahrungs- und Genußmittel
und ihre Beurteilung. Leipzig-Wien: F. Deuticke 1926. — Grafe, V.: Handbuch
der organischen Warenkunde, Bd 2, V. — Stockert, K. u. F. Wobisch: Kurzer
Leitfaden der Lebensmittelkunde. Wien 1916.

wird das Messer herausgezogen; dadurch fällt das Getreide in das Probegefäß, wobei der Vorlaufkörper den Fall regelt. Hierauf wird das Messer
wieder in den Schlitz unter Zerschneiden dazwischenliegender Körner
kräftig eingestoßen und das überschüssige Getreide abgegossen. Nach
Abnahme des Füllrohres und des Messers wird mit den beigegebenen
Scheibengewichten ausgewogen. Hat das Probegefäß einen Fassungsraum von einem viertel Liter, so muß das gefundene Gewicht mit 400
multipliziert werden, um das Hektolitergewicht in Kilogramm zu erhalten.

Qualitätsgewicht von Weizen: 76—82 kg   von Roggen: 70—74 kg.

c) Das Tausendkörnergewicht.

Die Bestimmung des Qualitätsgewichtes schließt verschiedene Fehlerquellen in sich, die man durch empirisch gefundene, in Tabellen zusammen-

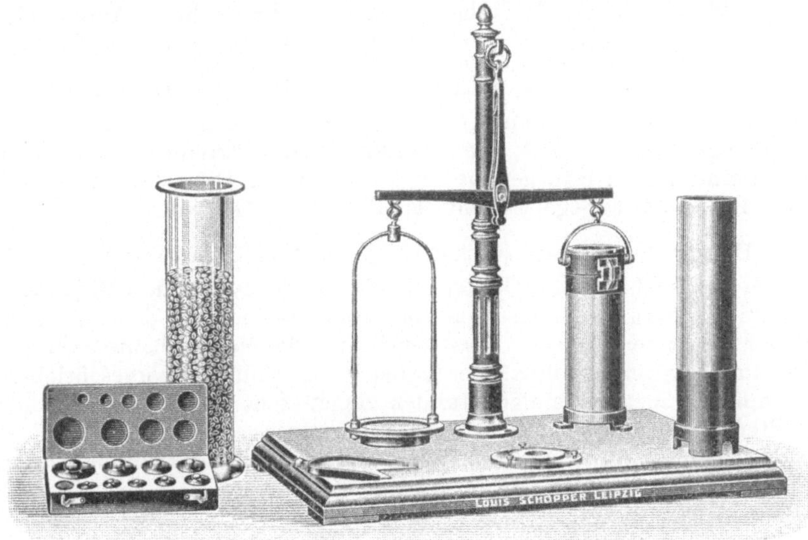

Abb. 44. Getreidewaage (L. Schopper, Leipzig).

gestellte Werte zu korrigieren trachtet. Um diese Fehlerquelle zu vermeiden, bestimmt man das sogenannte Tausendkörnergewicht durch
Auszählen und Abwägen von 1000 Körnern, doch wird diese Methode
heute fast gar nicht mehr geübt.

d) Prüfung des Mehligkeitsgrades.

Wird bei Weizen und Gerste vorgenommen und gründet sich auf deren
Eigenschaft mit zunehmendem Klebergehalt im Innern ein hornartiges,
„glasiges" Aussehen zu bekommen. Einem geringeren Klebergehalt entspricht ein mattweißes, gebranntem Ton ähnelndes Aussehen.

Die Prüfung wird mit dem Patentkornprüfer (Abb. 45) in folgender
Art vorgenommen: Die Teile A und B werden übereinandergeschoben,
während das Messer C, das zwischen die beiden Teile eingeführt werden
kann, noch ausgeschwenkt bleibt. Der obere, tellerartige Teil besitzt

50 konische Löcher, welchen ebenso viele Vertiefungen der unteren Platte entsprechen. Man bringt auf die obere Platte etwas Weizen und verteilt die Körner durch Schütteln in die Lö-

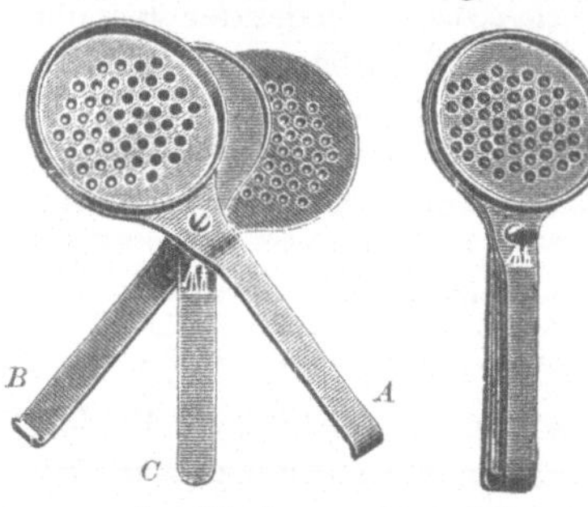

a) geöffnet   b) geschlossen
Abb. 45. Patentkornprüfer
(L. Schopper, Leipzig).

cher. Nunmehr wird das Messer kräftig eingeschwenkt, wodurch die in den Löchern sitzenden Körner zerschnitten werden. Man dreht die untere Platte heraus und kann die Schnittflächen der in den Vertiefungen liegenden Körner betrachten. Durch Auszählen der „glasigen“ und mehligen Körner kann man deren Prozentgehalt angeben. Weizen soll mindestens 80% glasige Körner besitzen, während bei Braugerste der mehlige Anteil mindestens 85% betragen soll.

e) Bestimmung der Verunreinigung einer Getreideprobe.

Aus einer gewogenen Menge (mindestens aber 100 g) werden die Verunreinigungen jeglicher Art, wie Unkraut, Steine, Erdklümpchen, Stroh u. ä. mit einer Pinzette ausgeschieden und gewogen. Der gefundene Anteil wird in Prozenten angegeben und als „Besatz des Getreides“ bezeichnet.

f) Bestimmung der Keimfähigkeit von Brauergerste.

Neben der mehligen Beschaffenheit der Gerste ist für den Bierbrauer eine gute Keimfähigkeit derselben von großer Bedeutung, da von ihr infolge der damit verbundenen Diastasewirkung die Malzausbeute abhängt.

Zur Prüfung werden 100 Körner (in der Praxis sind 1000 vorgeschrieben) bei Zimmertemperatur einige Stunden eingeweicht und zwischen einer doppelten Lage von feuchtem Filtrierpapier ausgebreitet, wo man sie bei 18° C keimen läßt. Nach 6 Tagen zählt man die gekeimten Körner ab, die in Prozenten die Keimfähigkeit der Gerste angeben. Sie soll mindestens 98% betragen.

2. Mehle.

Mehle werden im Müllereiprozeß durch Zerreiben von Getreidefrüchten entweder zwischen flachliegenden Mühlsteinen oder — heute fast ausschließlich — zwischen glatten oder geriffelten Hartgußwalzen hergestellt. Die letztere Art — die Hochmüllerei — liefert durch weitestgehende Entfernung der Kleiebestandteile weißere und feinere Mehle, als die alte Flachmüllerei. Die Qualität der Mehle wird bei den einzelnen Arten verschieden nach der Farbe in Nummern angegeben, wobei die Qualität mit steigender Nummer abnimmt.

Weizenmehlnummern: In Deutschland üblich: 000-Mehl (helles Semmelmehl), 00, 0, 1, 2, 3. Wiener Nummern: 00, 0, 1, 2, 3, 4, 5, 6, 7, 7$^1/_2$.

Roggenmehlnummern: 0, I, II (Nachmehl), III.

Die Prüfung von Mehlen erstreckt sich auf die Sinnenprobe, die Bestimmung des Wasser- und Aschengehaltes, des Klebergehaltes, als

Anhaltspunkt für die Backfähigkeit und auf den Nachweis von Verunreinigungen durch Unkraut, Pilze und Ungeziefer. Die Bestimmung der Mehlart erfolgt auf mikroskopischem Wege und wird im II. Teil, S. 159 ff., besprochen.

a) Sinnenprobe.

Die Farbe soll gelblichweiß sein, und ein frischer, angenehmer Geruch soll sich mit einem ganz schwach süßlichen Geschmack (dem typischen Mehlgeschmack) verbinden. Feuchte Lagerung, die verschiedene ungünstige Einflüsse auf ein Mehl ausübt, gibt sich durch dumpfen Geruch kund.

b) Bestimmung der Farbe (Pekarisieren).

Die genaue Bestimmung der Farbe zur Erkennung der Nummer eines Mehles wird durch Vergleich mit Standardproben vorgenommen. Dabei werden die Mehle nach Pekar in feuchtem Zustande betrachtet, wodurch die Farbunterschiede besonders deutlich hervortreten. Die Probe führt man in folgender Weise aus:

Auf ein schwarzes Brettchen werden aus dem Probe- und Vergleichsmehl je eine kleine Menge mit einer Glasplatte glattgedrückt und mit einem Messer zu einem etwa 2 cm breiten Rechteck zugeschnitten. Das überschüssige Mehl streift man ab; hierauf schiebt man die beiden Proben aneinander und taucht das Brettchen solange schräg in Wasser, bis die gründliche Durchfeuchtung der Mehle durch Aufsteigen von Luftblasen zu erkennen ist. So behandelt, erscheinen kleiereiche Weizenmehle dunkler als kleiearme.

c) Bestimmung des Wassergehaltes.

5—10 g Mehl werden in einer Platinschale (da die Probe mit der Aschenbestimmung verbunden werden kann) genau eingewogen und im Trockenschranke bei 100° bis zur Gewichtskonstanz getrocknet. Bei Roggen- und Weizenmehl soll der Wassergehalt höchstens 15%, bei anderen Mehlen höchstens 18% betragen.

d) Bestimmung des Aschengehaltes.

Die eingewogene Mehlprobe aus Versuch c wird über schwacher Flamme verbrannt und schließlich kräftig geglüht, bis die Asche weiß geworden ist. Der nach dem Erkalten gewogene Rückstand soll bei Weizenmehl 2% und bei Roggenmehl 2,5% nicht übersteigen.

e) Nachweis mineralischer Zusätze.

Schüttelt man ungefähr 3 g Mehl mit 15 cm³ Chloroform in einem Reagenzglas gut durch, so setzen sich mineralische Bestandteile am Boden ab. Über diesen befinden sich die an ihrer Farbe leicht kenntlichen Kleberanteile, während das Mehl oberhalb schwimmt. Die Probe ist mit reinem und mit einem mit Gips (ungebrannt oder Ton) verfälschten Mehl vorzunehmen.

f) Bestimmung des Klebergehaltes in Weizenmehl.

50—100 g Mehl werden mit der halben Menge Wasser in einer Porzellanschale zu einem Teig durchgearbeitet und hierauf bedeckt (eventuell unter einer Glasglocke) eine Stunde lang stehengelassen. Nachher gibt man den Teig in ein dichtes Leinwandstück und faltet dieses zu einem Sack zusammen. Man knetet nunmehr den Teig unter der Wasserleitung so lange durch, bis das abfließende Wasser nicht mehr trübe ist. Davon kann man sich durch zeitweises Kneten in einer dunkel glasierten Porzellanschale leicht überzeugen. Der schließlich in der Leinwand verbleibende Rückstand besteht nur mehr aus Kleber und wird naß gewogen. Gut backfähiges Mehl soll mindestens 25% Kleber besitzen. Guter Kleber muß elastisch und zäh sein. Zwischen den Fingern darf er nicht haften bleiben.

g) Nachweis von Mutterkorn im Mehl.

Neben dem mikroskopischen Nachweis kann noch folgende chemische Methode nach Hilger herangezogen werden:

Zu 10 g Mehl werden 30 cm³ wasserfreier Äther und 10 Tropfen einer Schwefelsäure (Verdünnung 1:5) in einem Glaskölbchen zugesetzt. Man läßt dies unter öfterem Umschütteln einige Stunden stehen, filtriert durch ein mit Äther angefeuchtetes Filter und setzt hernach so viel Äther zu, daß das Volumen der Flüssigkeit 30 cm³ beträgt. Nun fügt man 1,8 cm³ einer gesättigten Lösung von doppeltkohlensaurem Natrium (Speisesoda) zu. Bei Gegenwart von Mutterkorn färbt sich der am Boden des Kölbchens abgesonderte Teil der Flüssigkeit hell bis dunkelviolett.

Zur Ausführung der Probe verreibt man Mutterkorn in einer Reibschale und stellt sich verunreinigte Mehle von bekanntem Prozentgehalt her. 0,5% sind noch deutlich nachweisbar.

h) Nachweis von Unkrautsamen nach Vogl.

In einem Reagenzglas werden 2 g Mehl mit einer Mischung von 70 cm³ absolutem Alkohol, 30 cm³ Wasser und 5 cm³ konzentrierter Salzsäure schwach erwärmt. Man beobachtet nach dem Schütteln die auftretende Farbe.

Mutterkorn färbt . . . . rötlich-violett
Taumellolch und Kornrade . . . . orangerot-gelb
Wicken und andere Unkrautsamen . . . . . grünlich.

i) Nachweis von Milben.

In feuchten, von Schimmel befallenen Mehlen treten meistens auch Milben auf.

Man streicht eine Probe des zu untersuchenden Mehles auf einem großen Bogen Papier glatt aus, indem man einen zweiten Bogen darüber legt und durch Streichen die Glättung vornimmt.

Sind Milben vorhanden, so werden diese durch ihre Bewegung in der glatten Mehloberfläche feingefurchte, mit freiem Auge deutlich sichtbare Gänge erzeugen.

3. Stärke[1].

Stärke kommt als Assimilationsprodukt vornehmlich in chlorophyll-

---

[1] Feitler, S.: Die Stärke und die Stärkeindustrie. Hölder 1913. — Ullmann, F.: Enzyklopädie der technischen Chemie, Bd 10. Wien-Berlin: Urban und Schwarzenberg 1922. — Grafe, V.: Handbuch der organischen Chemie, Bd 2, 1. Halbbd.

haltigen Pflanzen vor. Sie wird gleich den Zuckerarten und den Dextrinen zu den Kohlehydraten gezählt, die zur menschlichen Ernährung unbedingt notwendig sind. Die in der Pflanze entstehende Assimilationsstärke wird als transitorische Stärke in die einzelnen Teile der Pflanze transportiert und dort als Reservestärke abgelagert. Lediglich letztere Art wird technisch nach verschiedenen Methoden gewonnen[1].

a) Jodreaktion.

Wird Stärke mit verdünnter Jodlösung[2] befeuchtet, so färbt sie sich intensiv blau, eine Reaktion, die in allen Fällen zum Stärkenachweis herangezogen wird.

b) Verkleisterungstemperaturen verschiedener Stärkesorten.

Stärke ist in Wasser unlöslich; wird sie jedoch damit erhitzt, so quillt sie stark auf und bildet eine gallertartige Masse, den Kleister. Die Temperatur, bei der die einzelnen Stärkearten Kleister bilden, ist verschieden und für sie charakteristisch, so daß die Bestimmung der Verkleisterungstemperatur bei Mangel eines Mikroskopes zur Identifizierung der Stärkeart herangezogen werden kann.

Die Bestimmung kann in vereinfachter Weise so ausgeführt werden, daß man die zu prüfende Stärke mit Wasser in einem Becherglas langsam unter ständigem Umrühren erhitzt. Zum Umrühren bedient man sich eines Thermometers, an dem die jeweilige Temperatur abgelesen werden kann. Von Zeit zu Zeit entfernt man die Flamme und prüft mit den Fingern, ob sich der eingetauchte Teil des Thermometers schlüpfrig anfühlt, was mit Eintritt der Verkleisterung der Fall ist. Die zu diesem Zeitpunkt abgelesene Temperatur wird als Verkleisterungstemperatur angenommen. Solange die Stärke noch nicht verkleistert ist, verspürt man zwischen den Fingern sandige Teilchen.

Verkleisterungstemperaturen.

Weizenstärke . .80°		Reisstärke . . 80°	
Kartoffelstärke 65°		Maisstärke . . 75°	

c) Herstellung von Dextrin.

Wird Stärke an der Luft auf 150—200° erhitzt („geröstet") oder mit verdünnter Säure gekocht, so wird das große Stärkemolekül zu kleineren Komplexen abgebaut; es entsteht ein in Wasser löslicher Stoff, der mit Jod nicht mehr eine Blau-, sondern eine Rotfärbung gibt.

Man erhitzt in einer geräumigen Schale unter Umrühren mit einem Thermometer Stärke auf 150—200°. Nach etwa 2 Stunden ist die Umwandlung in Dextrin vollendet; eine Probe ist in Wasser vollkommen löslich, und mit Jod muß Rotfärbung auftreten.

Wird die Stärke wenig befeuchtet, so daß die Pulverform noch erhalten bleibt und dann mit 2—3% Salzsäure oder Schwefelsäure bei 100—120° unter Umrühren geröstet, so tritt der Abbau zu Dextrin rascher ein. So erzeugtes Dextrin heißt im Handel „Säuredextrin".

---

[1] Siehe auch 2. Teil, S. 151.
[2] Siehe Reagenzienverzeichnis 2. Teil, S. 189.

d) Verzuckern von Stärke.

Der Abbau der Stärke bei der Behandlung mit Säure kann bis zur Bildung von Zucker getrieben werden, ein Vorgang, der in der Stärkezuckerfabrikation große technische Bedeutung gewonnen hat.

Stärke wird mit Wasser zu einer milchigen Flüssigkeit angerührt und mit 1% des Gewichtes der Flüssigkeit an konzentrierter Schwefelsäure versetzt. Hernach wird so lange gekocht, bis eine klare Flüssigkeit entsteht, welche keine Jodreaktion mehr gibt.

Man prüft nach der im nächsten Kapitel angegebenen Methode mit Fehlingscher Lösung auf Zucker.

4. Zucker[1].

Während der chemischen Definition nach eine große Anzahl verschiedener Stoffe zur Gruppe der Zucker gerechnet wird, versteht man im Handel unter Zucker bloß den Rohrzucker (Saccharose), der bei uns ausschließlich aus der Zuckerrübe, in den überseeischen Ländern vornehmlich aus Zuckerrohr gewonnen wird. Die wenigen übrigen, im Handel anzutreffenden Zuckerarten, werden mit einem, ihre Herkunft bezeichnenden Namen versehen, z. B. Milchzucker, Malzzucker, Stärkezucker usf. Bei Rohrzucker sind im Handel noch zwei durch den Grad der Verarbeitung bedingte Produkte zu unterscheiden: Rohzucker, der ein durch Sirup noch verunreinigter Kristallzucker ist, und Konsumzucker, der durch den Raffinationsprozeß eine größtmögliche Reinheit erhalten hat. Je nach seiner Handelsform unterscheidet man Kristallzucker, Brotzucker (Hutzucker), Pilé (unregelmäßige Bruchstücke), Würfelzucker (bildet eigentlich keine Würfel, sondern kleine, viereckige Plättchen), Concassé (würfelförmige Stücke) und Zuckermehl (gemahlener Zucker).

Guter Konsumzucker soll eine gelblichweiße bis reinweiße Farbe haben und in Wasser leicht löslich sein. Schwere Löslichkeit deutet auf fehlerhafte Fabrikation hin, da dieselbe durch einen Gehalt an unlöslichen Kalksaccharaten infolge schlechter Saturation bedingt ist.

a) Bestimmung des Wassergehaltes in Rohzucker.

10 g der Probe werden in einem tarierten Tiegel mit übergreifendem Deckel im Trockenschranke bei 100—110° bis zur Gewichtskonstanz getrocknet. Aus der Differenz zwischen Ein- und Auswaage kann in bekannter Weise der Wassergehalt in Prozenten errechnet werden, der zwischen 1,4% und 2% schwankt.

b) Bestimmung des Aschengehaltes.

In eine tarierte Platinschale werden etwa 30 g Zucker (Stücke müssen vorher gepulvert werden) eingewogen und mit reiner, konzentrierter Schwefelsäure befeuchtet. Dabei tritt starke Blähung ein, die sich beim

---

[1] Claasen, H.: Die Zuckerfabrikation mit besonderer Berücksichtigung des Betriebes. Magdeburg 1917. — Feitler, S.: Die Zuckerfabrikation. Wien-Leipzig: A. Hölder 1913.

Erhitzen noch verstärkt, weshalb eine entsprechend große Schale verwendet werden muß; steht eine solche nicht zur Verfügung, so verkleinert man lieber die Einwaage. Das Erhitzen wird zuerst allmählich und erst später kräftiger vorgenommen. Wegen der dabei auftretenden Schwefeltrioxyddämpfe muß man unter einem Abzug arbeiten. Die Asche glüht man so lange, bis sie möglichst weiß geworden ist und wägt sie nach dem Erkalten im Exsikkator. Nach Abzug von einem Zehntel des gefundenen Gewichtes für die zugesetzte Schwefelsäure wird die Asche in Prozenten errechnet.

c) Bestimmung der Polarisation.

Die Lösungen gewisser organischer Substanzen haben die Eigenschaft, die Schwingungsebene eines durch sie hindurchgehenden „polarisierten" Lichtstrahles um einen für sie jeweils charakteristischen Betrag nach links oder rechts zu drehen. Sie werden „optisch aktiv" und je nach dem Sinne der Ablenkung „linksdrehend" oder „rechtsdrehend" genannt. Als polarisiert wird ein Lichtstrahl bezeichnet, der im Gegensatz zu einem normalen, nach allen Seiten schwingenden Lichtstrahl nur in einer Ebene schwingt. Diese Veränderung erleidet Licht beim Durchtritt durch einen doppelt brechenden Kristall, z. B. isländischen Doppelspat. Gewöhnliche Doppelspatkristalle zerlegen einen durchtretenden Lichtstrahl in zwei Teile und sind daher infolge ihrer Doppelbrechung für den Einbau in eine „Polarisationsapparatur" nicht geeignet. Durch entsprechende Bearbeitung[1] erzeugt man aus ihnen sogenannte „Nicolsche Prismen", bei welchen dieser Übelstand vermieden ist. Denkt man sich zwei derartige Prismen so hintereinander angeordnet, daß ein Lichtstrahl durch beide hindurchtreten kann, so wird er im ersten Nicol polarisiert werden und durch den zweiten nur dann in gleicher Richtung weitergehen können, wenn ihre Schnittflächen gleichlaufend sind. Kreuzen sie sich, so wird der Strahl abgelenkt werden und beim Durchblicken in der optischen Achse der beiden Kristalle nicht zu sehen sein, d. h. das Blickfeld wird dunkel erscheinen. Bringt man in den Strahlengang zwischen die beiden Nicol in einem geeigneten Gefäß eine optisch aktive Lösung, so wird diese die Ebene des polarisierten Lichtstrahles ablenken. Hat man die Nicol vorher auf größte Helligkeit eingestellt, so wird nunmehr das Blickfeld verdunkelt sein und erst durch Drehen des zweiten Nicols um den Winkel des abgelenkten Strahles aufgehellt werden. Die Drehung liest man auf einer entsprechenden Skala ab. Wegen ihrer Wirkung werden die Kristalle „Polarisator" und „Analysator" genannt. Sie sind in einem fernrohrartigen Apparat eingebaut, den Abb. 46 zeigt. Da der Übergang von hell in dunkel und umgekehrt mit dem Auge messend schwer zu verfolgen ist, hat man durch Einschalten einer entsprechenden Quarzplatte einen sogenannten Halbschattenapparat konstruiert, bei dem das Gesichtsfeld in zwei halbkreisförmige, ungleich helle Teile zerlegt wird. Bei Nulleinstellung dieses Apparates sind die beiden Hälften gleich hell. Bei der

---

[1] Wegen näherer Einzelheiten muß auf die Lehrbücher der Physik und Optik verwiesen werden.

Prüfung ist dann der Analysator so lange zu drehen, bis wieder gleiche
Helligkeit herrscht. Es ist leicht einzusehen, daß die Intensität der
Drehung von der Menge des gelösten Stoffes abhängt. Um vergleichbare
Größen zu erhalten, hat man den Begriff der „spezifischen Drehung"
α geschaffen. Diese wird berechnet, indem man die bei 20° C gefundene
Drehung D durch die Länge der gemessenen Flüssigkeitssäule L (in dm)
und das spezifische Gewicht s der Probeflüssigkeit dividiert.

$$[\alpha]^{20} = \frac{D}{L \cdot s}.$$

Für die Zuckerbestimmung sind die Apparate meistens so konstruiert,
daß bei gegebener Zuckereinwaage an der Skala sofort der Gehalt an

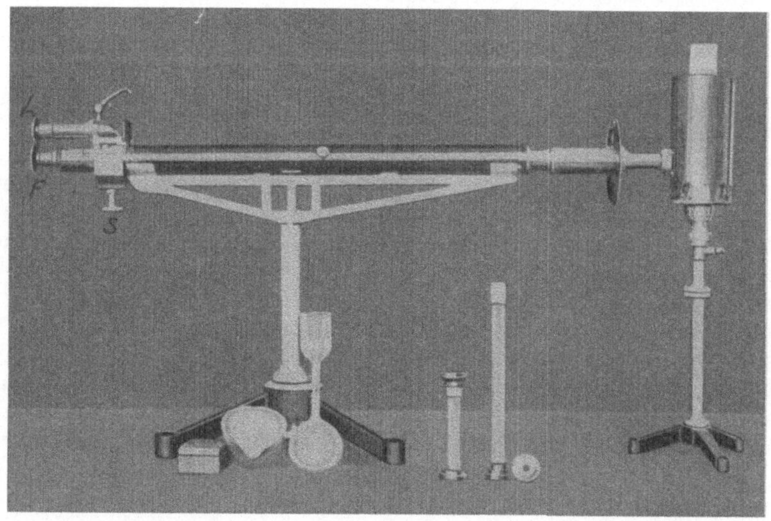

Abb. 46. Saccharimeter. *F* Fernrohr, *S* Einstellschraube, *L* Ableslupe.

Zucker in Prozenten abgelesen werden kann. Diese, Sacharimeter
genannten Apparate sind insofern von der beschriebenen Apparatur abweichend konstruiert, als die Nicolschen Prismen fest eingebaut sind.
Zwischen Analysator und Probe ist eine „Quarzkeilkompensation" angebracht. Der wesentlichste Bestandteil derselben ist eine keilförmige,
linksdrehende Quarzplatte. Durch Betätigung einer Schraube kann durch
Heben und Senken ihre Dicke so eingestellt werden, daß die Rechtsdrehung der Zuckerlösung aufgehoben wird.

Die Probelösung wird zur Beobachtung in ein 1 oder 2 dm langes
Glasrohr (Abb. 46) eingefüllt. Dabei muß man die Bildung von Luftblasen vermeiden. Von der Flüssigkeit wird so viel eingefüllt, daß sie
in einer Kuppe über den Rand des Rohres hervorsteht. Man schiebt nun
die beigegebene plangeschliffene, runde Glasplatte von der Seite auf, und
vermeidet so das Auftreten von Luftblasen beim Verschließen, das sonst

schwer zu verhindern ist. Nunmehr wird die vorgesehene Metallkappe aufgeschraubt. Da die Beobachtung durch die ganze Länge der Flüssigkeitssäule vorgenommen wird, muß die Lösung möglichst klar und hell sein. Trübe Zuckerlösungen muß man daher vor der Prüfung klären.

Der Gang einer polarimetrischen Zuckerbestimmung gestaltet sich folgendermaßen:

Der zu prüfende Zucker wird in einer Reibschale pulverisiert. Dann wägt man in eine den Apparaten meistens beigegebene Schale genau 26 g der Probe ab und gießt sie durch einen Trichter in einen 100 cm³ fassenden Meßkolben. Nun wird etwas destilliertes Wasser nachgegossen, wobei man die im Kolbenhals hängengebliebenen Zuckerreste noch abspült. Zeigt sich, daß der Zucker eine trübe oder dunkle Lösung bildet, so muß diese auf folgende Art geklärt werden: Man setzt 2—3 cm³ Bleiessig und 1—2 cm³ einer kalt gesättigten Alaunlösung zu. Erst jetzt füllt man mit Wasser bis zur Marke auf und schüttelt kräftig durch. Nunmehr filtriert man rasch durch ein trockenes Filter. Sollten die ersten Teile anfangs trübe ablaufen, so gießt man sie einfach weg.

Mit der so gereinigten Lösung wird das Proberohr gefüllt und nach Aufklappen des Verschlußdeckels in den Apparat eingelegt. Das Saccharimeter muß zur Beobachtung vor eine starke Lichtquelle gestellt werden, wozu meistens ein Gasglühlicht verwendet wird. Die Lichtquelle wird zweckmäßig mit einem undurchsichtigen Schutzzylinder umgeben, dessen runder Ausschnitt das Licht nur in den Apparat treten läßt. Die Beobachtung wird durch Aufstellen des Apparates in einem verdunkelten Raume stark erleichtert. Blickt man nach dem Einlegen des Rohres in das Fernrohr F des Apparates, so wird eine Hälfte des Gesichtsfeldes mehr oder weniger verdunkelt sein. Durch Drehen an der Schraube S bringt man beide Hälften des Gesichtsfeldes auf gleiche Helligkeit. Nunmehr liest man mit Hilfe der kleinen Lupe L den Zuckergehalt direkt in Prozenten ab, wobei mittels der Noniusablesung auch Zehntel bestimmt werden können. Die Skala kann zur Ablesung mit einem Spiegel von einer Lichtquelle erhellt werden.

d) Berechnung des Rendements von Rohzucker.

Rohzucker bildet lediglich als Zwischenprodukt eine Handelsware für die Raffinerien. Diese kaufen ihn nach der zu erwartenden Ausbeute an Weißware und berechnen diese, indem von dem durch Polarisation gefundenen Wert die fünffache Menge der Asche abgezogen wird. Die so gefundene Zahl wird Rendement genannt und gibt an, wieviel reiner Zucker aus 100 Teilen Rohzucker gewonnen werden kann.

e) Nachweis von Zucker.

Man bereitet sich eine Fehlingsche Lösung: 5 g kristallisiertes Kupfersulfat werden in 100 cm³ Wasser gelöst und ebenso 17,5 g Seignettsalz und 1,5 g Ätznatron. Man mischt beide Lösungen zu gleichen Teilen, erhitzt sie zum Sieden, setzt die ebenfalls kochende Zuckerlösung zu und kocht 3 Minuten weiter. Durch die reduzierende Wirkung des Zuckers wird rotes Kupferoxydul ausgeschieden.

f) Inversion von Rohrzucker.

Rohrzucker ist ein Disaccharid, d. h. er ist aus zwei Zuckerarten aufgebaut. Durch Kochen mit verdünnten Säuren kann er in seine beiden Bausteine, den Traubenzucker und den Fruchtzucker zerlegt werden. Fruchtzucker dreht im Gegensatz zu Rohr- und Traubenzucker den polarisierten Lichtstrahl nach links. Da diese Linksdrehung in der auf die angegebene Art entstandenen Lösung überwiegt, so wird die ursprüngliche Rechtsdrehung in eine Linksdrehung umgewandelt oder „invertiert" und die entstandene Mischung aus Trauben- und Fruchtzucker „Invertzucker" genannt.

80 cm³ der Zuckerlösung werden in einem Kolben mit 5 cm³ Salzsäure ($s = 1{,}188$) versetzt. Der Kolben wird in ein siedendes Wasserbad getaucht, bis ein in seinem Innern befindliches Thermometer 70° zeigt. Man hält die Temperatur durch zeitweiliges Herausnehmen aus dem Wasserbad genau 5 Minuten auf gleicher Höhe. Hernach kühlt man unter dem Strahl der Wasserleitung rasch auf 20° ab. Die so gewonnene Invertzuckerlösung ist auf ihr geändertes optisches Verhalten im Polarimeter zu überprüfen.

5. Honig[1].

Unter Honig versteht man nach dem Codex alimentarius austriacus „ausschließlich den von den Arbeitsbienen der Honigbiene (*Apis mellifera* L.) und verwandten Arten, im natürlichen Haushalte aus den Nektarien der Blüten oder von anderen Pflanzen entstandenen Absonderungen gesammelten, in den Wachswaben aufgespeicherten und durch die Speicheldrüsensekrete der Bienen spezifisch beeinflußten süßen Stoff. Die spezifische Beeinflussung besteht der Hauptsache nach in einer Inversion des Rohrzuckers durch die Speicheldrüsensekrete".

Honig wird sehr häufig verfälscht. Es wird z. B. billiger Stärkezuckersirup zugesetzt, oder es werden sogenannte Kunsthonige in den Handel gebracht, dargestellt aus einer konzentrierten Invertzuckerlösung, die mit Honigaroma und Farbstoffen versetzt sind. Der Nachweis derartiger Verfälschungen und Kunstprodukte kann oft sehr schwierig sein.

a) Bestimmung der Drehung.

Unverfälschter Honig zeigt immer Linksdrehung. Rechtsdrehung deutet auf Verfälschung durch Rohrzucker oder Stärkesirup hin. Durch Bestimmung der Drehung im Polarimeter vor und nach der Inversion kann die zur Verfälschung benutzte Zuckerart nachgewiesen werden. Man verfährt zu diesem Zwecke in folgender Weise:

Genau 50 g Honig werden in wenig Wasser gelöst und in einen 250 cm³ fassenden Meßkolben gespült, der hierauf bis zur Marke mit Wasser angefüllt wird. Die Lösung wird filtriert und mit Tierkohle entfärbt. (Sehr gut eignet sich dazu Carbo medicinalis Merk.) Die so vorbereitete Lösung wird im 200 mm-Rohr polarisiert.

---

[1] Jolles, A.: l. c. — Grafe, V.: l. c. — Codex Alimentarius Austriacus, H. 14 bis 17. Wien: Julius Springer 1930.

25 cm³ des geklärten Filtrates werden dann zur Inversion in einem mit Thermometer versehenen Kölbchen auf dem Wasserbad auf genau 70° erhitzt. Dann fügt man 2,5 cm³ Salzsäure ($s = 1,125$) zu, schüttelt um, hält genau 10 Minuten auf der Temperatur von 70° und kühlt hernach im fließenden Wasser rasch auf 20° ab. Man polarisiert die invertierte Flüssigkeit im 220-mm-Rohr. Ist die ursprüngliche Linksdrehung verstärkt worden, oder eine Rechtsdrehung in eine Linksdrehung verwandelt worden, so läßt dies auf Anwesenheit von Rohrzucker schließen. Rechtsdrehung vor und nach der Inversion zeigt Stärkezucker an.

b) Prüfung auf Stärkesirup.

Man versetzt einen Teil der Honiglösung mit einigen Tropfen einer Jod-Jodkaliumlösung. Färbt sich dabei die Flüssigkeit in der Durchsicht rotbraun, so ist Stärkesirup anwesend.

Nach Fiehe erhitzt man 10 cm³ der Honiglösung auf dem Wasserbade und fällt dann die Eiweißstoffe mit einer konzentrierten Tanninlösung aus. Nach dem Filtrieren setzt man zu 2 cm³ des Filtrates 2 Tropfen rauchender Salzsäure und 20 cm³ Alkohol zu. Stärkezucker ruft eine milchige Färbung hervor.

c) Prüfung auf Invertzuckersirup.

Einige Gramme Honig werden nach Fiehe in einer Reibschale mit Äther verrieben. Man filtriert die ätherische Lösung und läßt sie in einer weißen Porzellanschale verdunsten. Man befeuchtet den Rückstand mit einer 1%igen Lösung von Resorzin in konzentrierter Salzsäure. Ist Invertzucker vorhanden, so tritt eine orangerote in kirschrot übergehende Färbung auf, die mindestens eine Stunde lang anhält.

Nach Feder werden etwa 5 g Honig mit 2,5 cm³ einer Anilinchloridlösung in einem Porzellanschälchen verrieben. Invertzuckersirup bedingt das Auftreten einer roten Färbung. Die Anilinchloridlösung stellt man aus 5 cm³ Anilin und 1,5 cm³ konzentrierter Salzsäure ($s = 1,125$) her.

Reaktion nach Jägerschmied. 3 g Honig werden in einer Reibschale mit Azeton verrieben und filtriert. 2—3 cm³ des Filtrates geben mit konzentrierter Salzsäure unter Abkühlen vermischt eine violette bis karmoisinrote Färbung.

6. Fleisch- und Wurstwaren.

Unter Fleisch versteht man die mit Binde- und Fettgeweben, mit Nerven, Adern und Lymphen durchzogenen Muskelpartien des tierischen Körpers. Es besteht aus 50—78% Wasser und 14—21% Eiweißstoffen. Daneben enthält Fleisch noch verschiedene andere Bestandteile, die zum Teil geschmackgebend wirken.

Der Wassergehalt hängt sehr vom Fettgehalt ab, indem eine erhöhte Einlagerung von Fett in das Muskelgewebe diesen herabsetzt. Der Fettgehalt kann in weiten Grenzen zwischen 1—37% schwanken. Der verhältnismäßig hohe Wassergehalt macht Fleisch zu einem günstigen Nährboden für die verschiedensten Fäulnisbakterien, die es zum schnellen

Verderben bringen. Soll daher Fleisch längere Zeit aufbewahrt werden, so muß man es einer Konservierung unterwerfen. Der Genuß von verdorbenem Fleisch kann zu schweren Schädigungen des Organismus führen.

a) **Prüfung von verdorbenem Fleisch** (mit **Eberschem Reagens**).

Von einer Mischung von 3 Teilen Alkohol, 1 Teil Äther und 1 Teil konzentrierter Salzsäure wird 1 cm³ in ein Reagenzglas gegeben und die Wände desselben durch Umschütteln benetzt. Man hängt nun von dem zu prüfenden Fleisch ein Stückchen an einem Draht in die Eprouvette ein und verschließt sie mit einem Kork. Schlechtes Fleisch bildet um sich einen weißen Nebel, der durch die bei der Zersetzung des Fleisches auftretende Ammoniakbildung bedingt ist.

b) **Nachweis von Mehl und Stärkezusatz zu Würsten.**

Ein Mehl- oder Stärkezusatz ist bei den meisten Wurstarten verboten. Ein Nachweis dieser zu unerlaubter Gewichtserhöhung zugesetzten Mittel kann leicht mit Jodlösung erbracht werden. Man bestreicht eine frische Schnittfläche der zu prüfenden Wurst mit genügend Jod-Jodkaliumlösung und beobachtet, ob sich nach etwa 1 Stunde größere Partien blau färben. Kleine blaue Punkte können vom Stärkegehalt zugesetzter Gewürze stammen und sind unberücksichtigt zu lassen.

7. Milch.

Unter Milch versteht man im Handel das naturbelassene Ausscheidungsprodukt der Milchdrüsen des weiblichen Rindes während der Laktationsperiode. Normale Kuhmilch hat im Durchschnitt folgende Zusammensetzung[1]: 87,27% Wasser, 3,39% Eiweißstoffe, 3,68% Fett, 4,94% Milchzucker und 0,72% Salze. Milch stellt ein ideales Nahrungsmittel dar, da sie außer Eisen alle lebensnotwendigen Stoffe enthält.

Milch bildet ebenfalls einen äußerst günstigen Nährboden für Bakterien und Krankheitskeime, und durch ihren Genuß können pathogene Keime leicht übertragen werden. Um dies zu verhindern, wird die Konsummilch in den Städten einer molkereimäßigen Behandlung unterworfen, deren wichtigster Teil in der Pasteurisierung besteht. Die häufigste Verfälschung von Milch ist die Wässerung und Entrahmung.

a) **Bestimmung des spezifischen Gewichtes mit dem Laktodensimeter.**

Normale Kuhmilch hat ein durchschnittliches spezifisches Gewicht von 1,032 bei 15° C. Eine Wässerung wird den Wert näher an 1,000 rücken. Zur Prüfung des spezifischen Gewichtes dient ein eigens konstruiertes Aräometer. Die Skala weist eine Einteilung von 25—40 Laktodensimetergraden auf. Es sind dies die abgekürzten Dichtezahlen, vor die immer noch 1,0 zu setzen ist. Zeigt z. B. die Spindel 28 Grade an, so heißt dies, die Milchprobe hat ein spezifisches Gewicht von 1,028 und wäre somit einer Verwässerung stark verdächtig.

---

[1] Nach **König**, J.: Die Chemie der menschlichen Nahrungs- und Genußmittel. l. c.

Wird jedoch eine Milch einer kombinierten Entrahmung und Wässerung unterzogen, so kann das spezifische Gewicht auf dem normalen Werte erhalten bleiben; eine derartige Verfälschung ist dann mit dem Laktodensimeter nicht mehr nachzuweisen, sondern erfordert eine Fettbestimmung.

b) Prüfung auf Neutralisation.

Wird Milch bei entsprechender Temperatur längere Zeit offen an der Luft stehengelassen, so wird sie von Milchsäurebakterien befallen, welche den Milchzucker in Milchsäure umwandeln. Erreicht der Milchsäuregehalt eine bestimmte Grenze, so tritt Gerinnung der Milch ein. Neutralisiert man die gebildete Säuremenge durch Zusatz von Speisesoda, so kann die Gerinnung hintangehalten und durch diesen unerlaubten Zusatz eine frische Milch vorgetäuscht werden.

Der Nachweis wird in folgender Weise ausgeführt: 10 cm³ Milch werden mit 10 cm³ Alkohol und mit einigen Tropfen einer 2%igen alkoholischen Rosolsäurelösung versetzt und kräftig durchgeschüttelt. Ist Speisesoda (Natriumbikarbonat) zugegen, so tritt Rosafärbung auf, während sich reine Milch gelb färbt.

c) Prüfung auf Pasteurisierung (Storchsche Probe).

10 cm³ Milch werden mit einem Tropfen einer mit etwas Schwefelsäure angesäuerten verdünnten Wasserstoffsuperoxydlösung und mit 2 Tropfen einer 2%igen Lösung von Paraphenylendiamin versetzt und durchgeschüttelt. Pasteurisierte Milch färbt sich erst nach längerem Stehen blau, während rohe Milch oder solche, die nicht über 80° erhitzt wurde, sofort eine starke Blaufärbung erfährt.

8. Butter.

Butter stellt Milchfett dar, welches durch Stoßen und Schlagen der Milch und nachheriges Kneten der gebildeten Fettklümpchen gewonnen wird.

a) Unterscheidung der Butter von Margarine.

Butter kann durch Zusatz von Margarine und verschiedenen pflanzlichen Fetten verfälscht werden.

Der Nachweis von Margarine kann leicht in der bei Sesamöl beschriebenen Probe mit zuckerhaltiger Salzsäure erbracht werden. Die Margarinefabriken sind nämlich gesetzlich verpflichtet, ihrem Produkte Sesamöl (10%) oder dessen die Farbreaktion gebenden Bestandteil zuzusetzen.

Zur Vornahme der Probe schmilzt man etwas Butter und filtriert in ein kleines Kölbchen. Damit dabei das geschmolzene Fett nicht erstarrt, stellt man das Kölbchen mit dem kleinen Trichter in einen erwärmten Trockenschrank. 5 cm³ geschmolzenen Fettes werden dann in der bei Sesamöl (S. 63) angegebenen Weise weiterbehandelt.

b) Nachweis fremder Farbstoffe.

In manchen Ländern, z. B. Österreich, ist ein Färben von Butter verboten. Schüttelt man in einem Reagenzglas eine geschmolzene Butterprobe mit Alkohol aus, so wird dieser einen fremden Farbstoff lösen und sich gelb färben. Der natürliche Butterfarbstoff ist in Alkohol unlöslich. Als Butterfarbe verwendet man Orleans.

L. Alkohol (Äthylalkohol; C_2H_5OH).

Alkohol, auch Spiritus oder Weingeist genannt, wird durch die Hefegärung von Zucker oder zuckerhaltigen Produkten gewonnen. Man kann den Zucker auch aus Stärke durch enzymatische Prozesse gewinnen und dann die entstandene Maische der Vergärung zuführen. Alkohol ist mit Wasser in jedem Verhältnis mischbar. Es tritt dabei eine Kontraktion auf, so daß z. B. 52 Volumenteile Alkohol und 48 Volumenteile Wasser bei 20° nicht 100, sondern nur 96,3 Volumenteile ergeben.

Der im Handel befindliche Alkohol ist nie rein, sondern weist immer einen größeren oder geringeren Wassergehalt auf, der in Volumenprozenten angegeben wird. Zur Prüfung bedient man sich geeichter „Alkoholometer", welche die Volumenprozente direkt ablesen lassen. Diese können nach Tabellen, welche den Spindeln meist beigegeben werden, in Gewichtsprozente umgerechnet werden. Die Umrechnung kann auch mit Hilfe folgender Formel vorgenommen werden:

$$\frac{\text{Volumsprozente mal } 0{,}79326}{\text{Spezifisches Gewicht}}$$

$0,79326 =$ spezifisches Gewicht von 100%igem Alkohol. Wird die Prüfung mit der Senkspindel nicht bei der vorgesehenen Temperatur ausgeführt, so muß aus eigenen Tabellen der wahre Alkoholgehalt berechnet werden.

Zur Übung ist das spezifische Gewicht von absolutem und verdünntem Alkohol mit Senkspindel, Pyknometer und Westphal-Waage zu bestimmen. 99,86%iger Alkohol zeigt ein spezifisches Gewicht von 0,7942. Mit steigendem Wassergehalt nähert es sich immer mehr dem Werte 1.

Mikroskopischer Teil.

I. Allgemeiner Teil.

Die Mikroskopie kann mit Recht als der interessanteste Teil der Warenprüfung bezeichnet werden. Erschließt sie uns ja die Wunderwelt der kleinsten und feinsten Struktur der Materie, die charakteristisch und formgebunden für den einzelnen Stoff wohl das subtilste Merkmal der

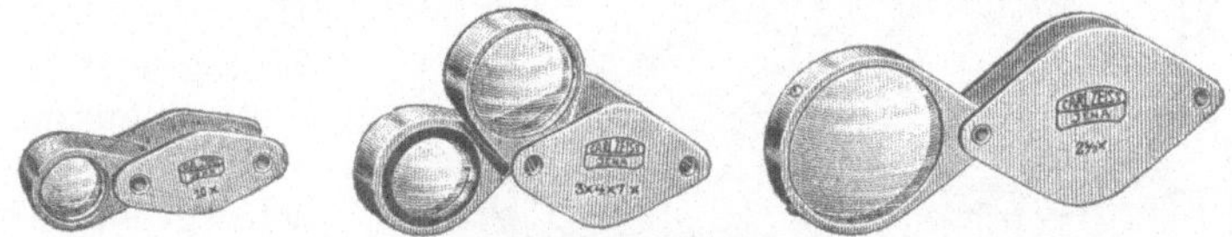

Abb. 47. Einschlaglupen.

Ware darstellt. In vielen Fällen, z. B. bei den Fasern oder verschiedenen Stärkearten bildet die mikroskopische Prüfung oft das einzige Mittel einer einwandfreien Bestimmung der Ware. In anderen Fällen wieder läßt die mikroskopische Betrachtung erst das richtige Verständnis für die Qualitätseigenschaften einer Ware aufkommen. Dessen ungeachtet muß sich der Mikro-

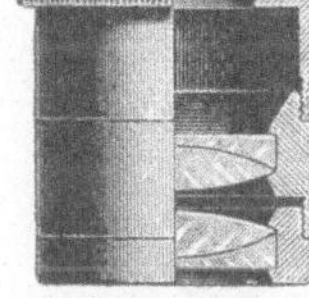

Abb. 48. Lupe für stärkere Vergrößerung (C. Reichert, Wien).

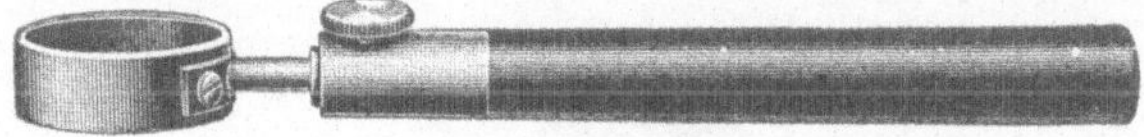

Abb. 48 a. Lupenhalter (C. Reichert, Wien).

skopiker vom Beginn seiner Tätigkeit an daran gewöhnen, jede Ware vor der mikroskopischen Prüfung einer genauen Betrachtung mit freiem Auge, also einer makroskopischen Prüfung zu unterziehen.

Bevor an eine mikroskopische Arbeit gedacht werden kann, muß man sich mit dem Mikroskop vertraut machen.

Das Mikroskop. Dem Aufbau nach unterscheidet man zwei Arten von Mikroskopen: Das einfache Mikroskop, gewöhnlich als Lupe (Abb. 47) bezeichnet, und das zusammengesetzte Mikroskop, meist kurzweg Mikroskop genannt. Lupen geben von einem Gegenstand, der innerhalb der Brennweite der Linse liegt, ein aufrechtes, scheinbares, vergrößertes Bild. Wird nur eine einfache Sammellinse verwendet, so ist höchstens eine 5 fache Vergrößerung[1]

---

[1] Die Vergrößerung V einer Lupe findet man, indem man die Schweite (normalerweise 250 mm) durch die Brennweite (f) der Lupe dividiert. $V = \dfrac{250}{f}$.

zu erreichen. Zur Erzielung stärkerer Vergrößerungen wendet man meistens Linsenkombination an (Abb. 48 und 48 a).

Sehr vorteilhaft ist die Montierung von Lupen nach Art der zusammengesetzten Mikroskope, indem sie mit einem groben Zahntrieb über einem Präpariertisch heb- und senkbar angeordnet sind. Man nennt solche Instrumente Lupen- oder wegen ihrer Verwendungsart Präpariermikroskope (Abb. 49). Um die Vergrößerung einer Lupe am besten auszunutzen und so einen möglichst großen Teil des Objektes überprüfen zu können, muß man die Lupe ganz an das Auge anlegen; mei-

Abb. 49. Präpariermikroskop.

stens wird der Abstand gleich dem der Linsen einer Brille sein (Abb. 50).

Zusammengesetzte Mikroskope geben durch Verwendung zweier Linsensysteme ein stark vergrößertes, virtuelles (scheinbares) Bild, jedoch

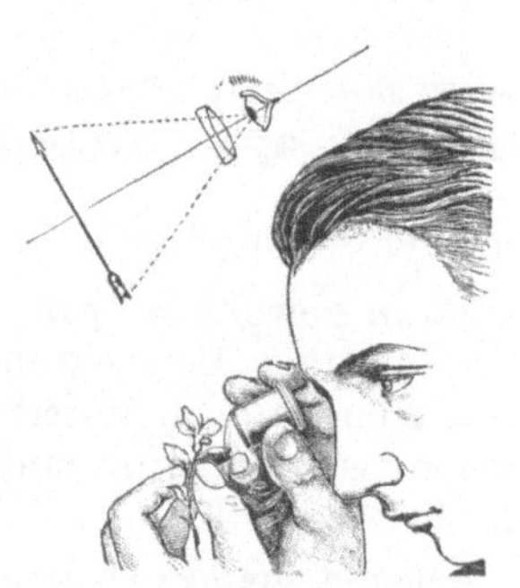

Abb. 50 a. Richtige Lupenhaltung
(C. Reichert, Wien).

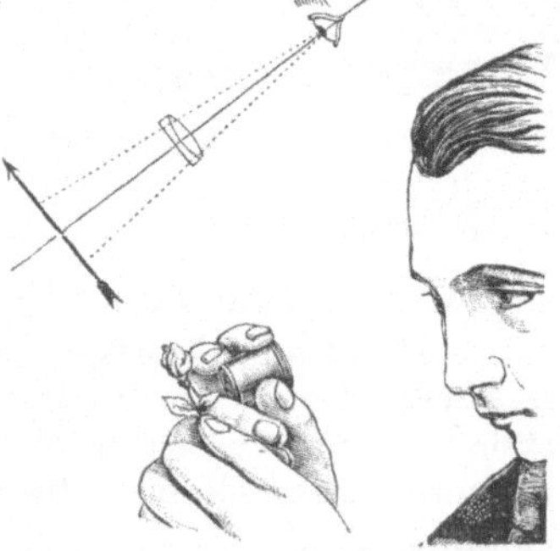

Abb. 50 b. Falsche Lupenhaltung
(C. Reichert, Wien).

in verkehrter Lage. An letzteren Umstand muß sich der Anfänger erst gewöhnen, was aber in der Regel sehr rasch zu erreichen ist, so daß er bald sämtliche Bewegungen mit dem Objekte bei der Beobachtung automatisch verkehrt ausführt.

Ein einfaches Kursmikroskop (Abb. 51) besteht aus folgenden Teilen: 1. dem Stativ, das aus einem massiven, hufeisenförmigen Fuße F und der bei modernen Mikroskopen zu einer Handhabe ausgebildeten

Säule S besteht; 2. dem Tische T zur Auflage für das auf dem Objektträger befindliche Präparat; 3. dem Beleuchtungsspiegel B; 4. der Blende K; 5. dem Tubus U, an dem sich die optischen Teile, die in einer Wechselvorrichtung befestigten Objektive V und oben die Okulare L befinden. Außerdem sind zur groben Einstellung die Schraube G und zur feinen die Schrauben E vorgesehen.

Abb. 52 zeigt einen Längsschnitt durch ein Mikroskop, der dessen Aufbau deutlich erkennen läßt. Daraus ist zu ersehen, daß der Tubus (Beobachtungsrohr) aus zwei Teilen besteht: aus einem engeren Rohr, das in einem weiteren verschiebbar angeordnet ist. Der Ausziehtubus besitzt eine Millimetereinteilung, um bei stärkeren Objektiven die Tubuslänge richtig einstellen zu können. Dieselbe soll 160 mm betragen, da die Objektive meistens auf diese Tubuslänge korrigiert sind. Man nennt die Entfernung vom oberen Tubusrand bis zur Anschraubfläche des Objektives die mechanische Tubuslänge.

Objektive. Das dem Objekttisch zugewandte Linsensystem wird Objektiv genannt (Abb. 53). Es ist in einer Messinghülse gefaßt, welche am oberen Ende ein Gewinde zum Befestigen an dem Tubus besitzt. Das untere Ende ist meistens konisch gestaltet und enthält die Frontlinse F, die wertvollste am Objektiv.

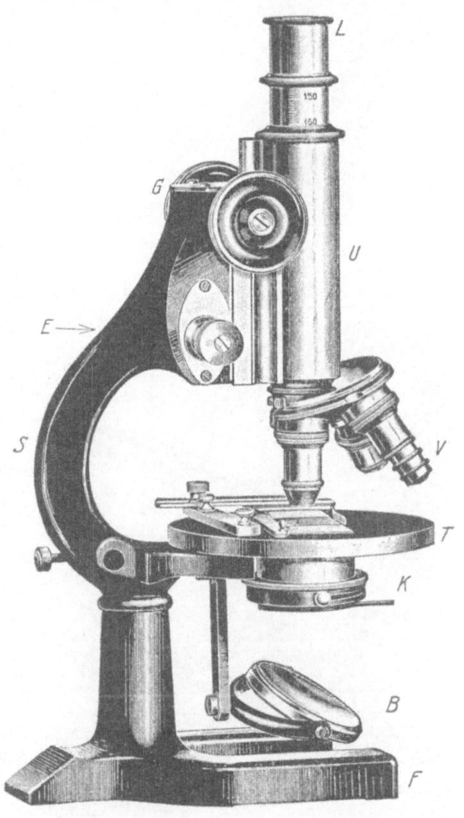

Abb. 51. Mikroskop (C. Reichert, Wien).
F Stativfuß, S zur Handhabe ausgebildete Säule, T Mikroskoptisch, B Beleuchtungsspiegel, K Blende, U Tubus, V Revolver mit Objektiven, L Okular, G Grobeinstellschraube, E Feineinstellschraube.

Sie ist um so kleiner, je stärker die Vergrößerung ist. Rein äußerlich sind Objektive mit stärkerer Eigenvergrößerung von solchen mit einer schwächeren schon durch ihre Form zu unterscheiden, da letztere immer kurz und breit gebaut sind, während starke Objektive eine schlanke, längliche Form besitzen. Die Bezeichnung der Objektive wird meistens mit Nummern, manchmal auch mit Buchstaben vorgenommen und ist bei den einzelnen Firmen verschieden. Neuerdings wird auch mitunter die Eigenvergrößerung an der Fassung der Objektive angegeben. Eine höhere Nummer bezeichnet immer ein stärkeres Objektiv. Die Objektive können in zwei Gruppen eingeteilt werden: 1. Objektive für Trockensysteme, 2. Immersionsobjektive. Die erste Gruppe, die für die warenkundlichen Arbeiten hauptsächlich in Frage kommt, ist dadurch charakterisiert, daß zwischen Objekt und der Frontlinse des Objektivs sich Luft als optisches Medium befindet. In Abb. 54 entspricht diesem Falle die Darstellung a. O stellt den Objektträger dar, d das Deckglas, f die halbkugelförmige Frontlinse. Man sieht deutlich, daß ein Teil der vom Objektpunkt P ausgehenden Strahlen infolge der Verschiedenheit des Brechungsexponenten von Glas und Luft ($n = 1$, der Brechungsindex von Luft) nicht in das Objektiv gelangen kann, sondern abgelenkt wird, wodurch natürlich die Leistungsfähigkeit solcher Objektive eingeschränkt ist. Bringt man nun zwischen Deckglas und Objektiv ein Medium mit einem größeren Brechungsexponenten, so werden die früher abgelenkten Strahlen mehr oder weniger vollständig in das Objektiv gelangen. Als solche Medien kommen Wasser (Abb. 54b) oder Zedernöl (Abb. 54c), das beinahe den gleichen Brechungsindex ($n = 1,515$) wie die Linsengläser hat, in Betracht.

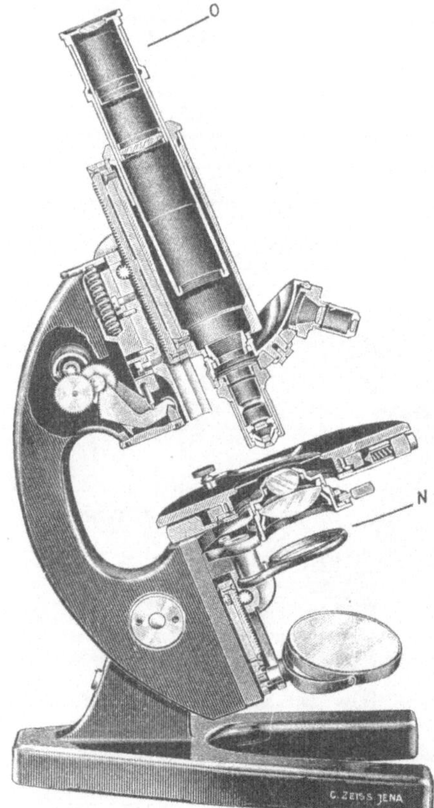

Abb. 52. Schnitt durch ein Mikroskop.

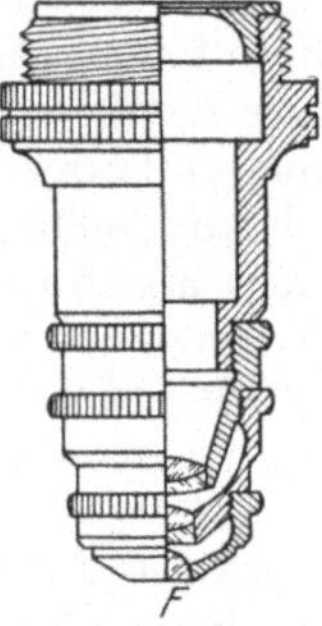

Abb. 53. Objektiv. F Frontlinse. (C. Reichert, Wien.)

Man sieht, daß im Falle der Ölimmersion sämtliche von P ausgehenden Strahlen in das Objektiv gelangen. Die Arbeit mit solchen Immersionsobjektiven gestaltet sich so, daß man auf das Deckglas, oder besser auf die Frontlinse einen Tropfen der Immersionsflüssigkeit gibt, und das Objektiv so nahe heranbringt, daß die Frontlinse mit der Deckglas-Oberfläche durch den Flüssigkeitstropfen verbunden ist. Derartige Objektive werden nur für ganz starke Vergrößerungen verwendet. Durch diese Anordnung wird die numerische Apertur eines Objektives vergrößert. Man versteht darunter das Produkt vom Sinus des halben Objektivöffnungswinkels α und dem Brechungsindex n des Mediums zwischen Objektiv und Deckglas.

$$\text{Numerische Apertur} = n \sin \frac{\alpha}{2}.$$

Als Öffnungswinkel eines Objektives gilt der Winkel, den die äußersten, von einem Objekte ausgehenden Strahlen, die noch in das Objekt gelangen können, mit der optischen Achse des Mikroskopes bilden. Die

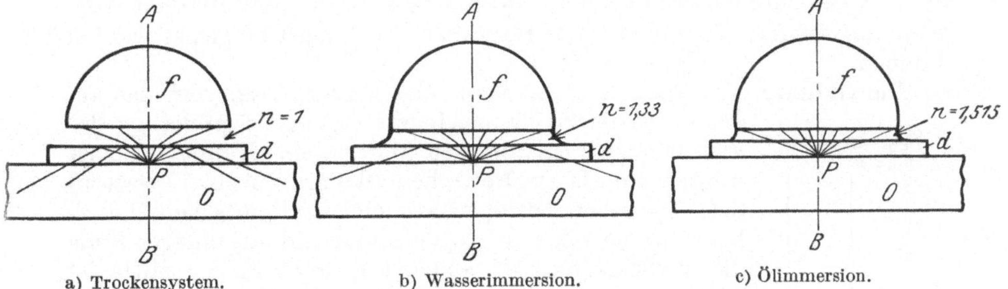

a) Trockensystem. b) Wasserimmersion. c) Ölimmersion.

Abb. 54. Trocken- und Immersionssysteme (C. Reichert, Wien).
A, B Optische Achse, f Frontlinse, P Objekt, d Deckglas, O Objektivträger.

numerische Apertur ist ein Maß für alle wesentlichen Leistungen eines Objektives. Von ihr hängt z. B. das Auflösungsvermögen ab, d. h. die Fähigkeit, noch die feinsten Einzelheiten eines Präparates zu zeigen. Je höher die Apertur, um so größer das Auflösungsvermögen. Die Helligkeit eines Bildes ist proportional dem Quadrat der numerischen Apertur.

Es zeigt sich somit, daß die wichtigste Funktion bei der Erzielung einer bestimmten Vergrößerung dem Objektiv zufällt. Es wäre daher falsch, ein schwaches Objektiv mit einem starken Okular zu kombinieren; eine derartige Anordnung würde nur „leere Vergrößerungen" geben, da die niedere numerische Apertur eines schwachen Objektives die feinen Details des Präparates nicht wiederzugeben vermag, die dann bei noch so starker Okularvergrößerung fehlen müssen.

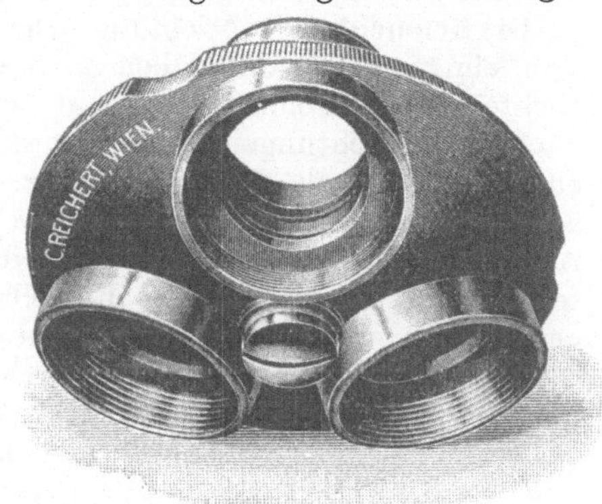

Abb. 55. Revolver.

Die Objektive sind die empfindlichsten Teile am Mikroskop. Sind sie nicht zum wahlweisen Gebrauche in einer Wechselvorrichtung eingesetzt (Abb. 55, 56,) so müssen sie beim Wechsel jedesmal aus- und einge-

Abb. 56. Schlittenwechsler.

schraubt werden. Dabei gewöhne man sich unbedingt daran, das Objektiv mit der linken Hand an das Gewinde anzuhalten, während mit der rechten Hand gedreht wird. Ist die Frontlinse durch Unachtsamkeit bei der Arbeit beschmutzt worden, so wische man sie mit einem weichen Leinenlappen vorsichtig ab. Die Reinigung kann durch Befeuchten des Lappens mit Benzin, Benzol oder Xylol, womit auch Immersionsöl entfernt wird, unterstützt werden. Auf keinen Fall darf Alkohol Verwendung finden, da dadurch die Harzkitte der Linsen aufgelöst werden können.

Die Okulare. Das Okular stellt das zweite Linsensystem dar, das am oberen Ende des Tubus eingesetzt, zur Vergrößerung des vom Objektiv entworfenen Bildes dient. Hauptsächlichst werden die „Huyghenschen Okulare"[1] Abb. 57 verwendet. Dieselben bestehen aus einer zylindrischen Metallhülse, in der oben die Augenlinse A und am unteren Ende die Kollektivlinse K eingesetzt sind. In der Mitte ist eine fixe Blende B zur Abhaltung der Randstrahlen eingebaut. Die Wirkungsweise dieser Teile wird später besprochen. Die Okulare werden in den Tubus einfach eingeschoben und in ihrer Lage durch einen Randwulst fixiert. Sie werden mit Zahlen bezeichnet, die ihre Eigenvergrößerung angeben. Die Bezeichnung $2 \times$ besagt also z. B., daß das Okular eine zweifache Vergrößerung besitzt.

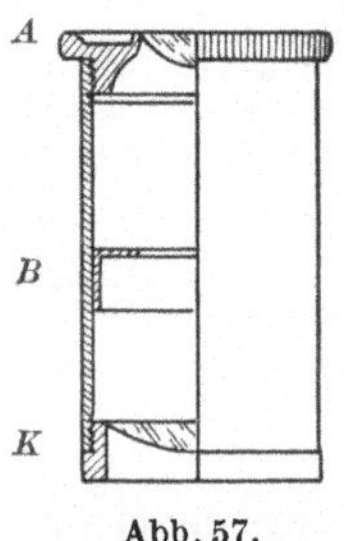

Abb. 57.
Huyghenokular
(C. Reichert, Wien).

Die Beleuchtungseinrichtung. Die mikroskopische Betrachtung wird — von einigen Ausnahmefällen abgesehen — immer im durchfallenden Lichte vorgenommen. Zu diesem Zwecke ist unter dem Objekttische ein nach allen Richtungen drehbarer zweiseitiger Spiegel angebracht. Die eine Seite ist als Planspiegel für schwache Vergrößerungen und die andere als Hohlspiegel für starke Vergrößerungen ausgebildet (siehe Abb. 51 u. 52). Die Beleuchtung des Präparates darf nicht zu grell sein, da sonst verschiedene Einzelheiten vom Auge nicht mehr wahrgenommen werden können. Zur Einengung des durch die kreisrunde Tischöffnung tretenden Lichtbündels sind die Blenden vorgesehen (Abb. 51 K). Man unterscheidet verschiedene Arten derselben:

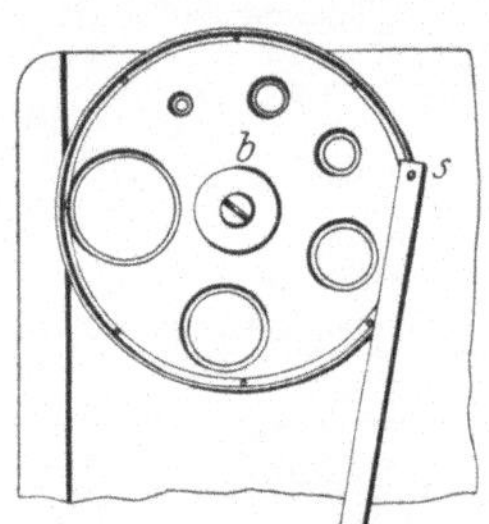

Abb. 58. Scheibenblende
(Hassack). *b* Blende, *s* Feder.

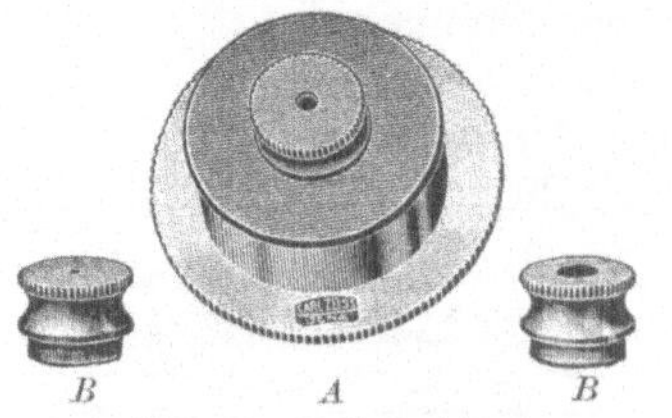

Abb. 59. Zylinderblende.
A Hülse, *B* Blende.

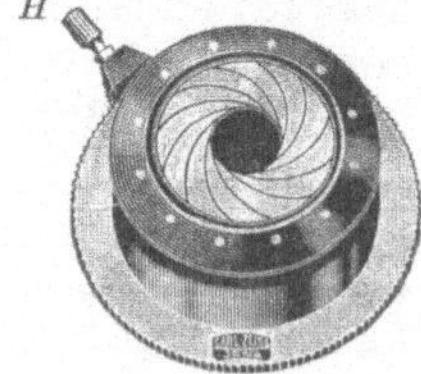

Abb. 60. Irisblende.

Die einfachste Art ist die Scheibenblende (Abb. 58). Diese besteht aus einer an der Unterseite des Objekttisches exzentrisch angebrachten drehbaren Scheibe mit verschieden großen Kreisöffnungen, die durch Drehen wahlweise vor die Tischöffnung gebracht werden können.

---

[1] **Huyghens** (sprich Heuchens) ein berühmter holländischer Physiker, lebte 1629—1695 und konstruierte dieses Okular.

Häufiger als die erste Art, die nur bei ganz einfachen Mikroskopen Verwendung findet, ist die Zylinderblende (Abb. 59). Dieselbe besteht aus einer Metallhülse A, die in ein Führungsrohr unterhalb des Objekttisches eingeschoben werden kann. Die Hülse hat einen einseitigen Abschlußboden, der eine runde Öffnung besitzt, in welche die eigentlichen kappenartigen Blenden (B) eingesetzt werden können. Zur Auswechslung einer Blende muß die ganze Vorrichtung aus dem Führungsrohr herausgenommen werden.

Die Irisblende (Abb. 60) besteht aus halbkreisförmigen Blechlamellen, die dachziegelförmig übereinander im Kreise angeordnet sind. Durch Betätigung des Hebels H können die einzelnen Teile weiter übereinandergeschoben werden, wodurch sich die kreisförmige Öffnung in der Mitte verengert. Man ist mit dieser Blendenart in der Lage, jede beliebige Blendenöffnung einzustellen. Meistens ist auch diese Blende in einem Metallzylinder angebracht, der dann in einer Führungshülse unter dem Objekttische eingeschoben werden kann.

Vollkommene Mikroskope besitzen noch eine Linsenkombination unter dem Objekttisch, durch welche das vom Spiegel reflektierte Strahlenbündel in der Objektebene vereinigt wird, und so eine größere Beleuchtungs-

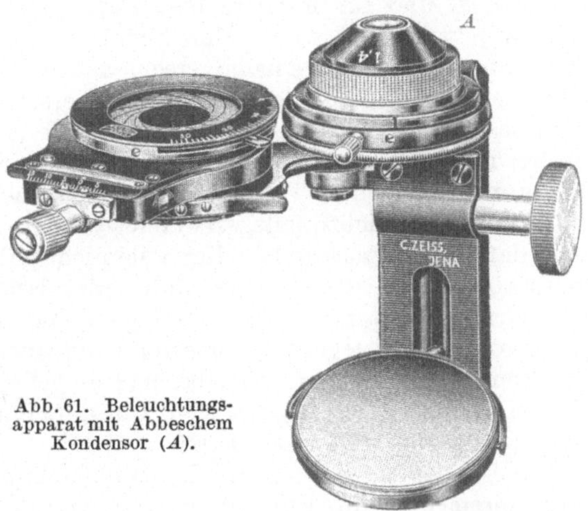

Abb. 61. Beleuchtungsapparat mit Abbeschem Kondensor (A).

stärke des Präparates hervorruft. Abb. 61 zeigt bei A einen derartigen Abbeschen Kondensor.

Wirkungsweise des Mikroskopes. Die vom Spiegel reflektierten und durch die Blende entsprechend eingeengten Lichtstrahlen gehen durch das Objekt hindurch in das Objektiv. Wenn kein Okular im Tubus eingesetzt wäre, so würde das Objektiv in der bei O (Abb. 52) angedeuteten Ebene ein reelles Bild erzeugen. Die untere Linse des Okulares (Kollektivlinse) K läßt dies Bild aber weiter unten in der Blende des Okulares (B) erscheinen. Dieses reelle Bild nun wird mit der Augenlinse (A) des Okulares betrachtet, wobei ein virtuelles (scheinbares), stark vergrößertes und verkehrtes Bild in der Ebene N gesehen wird.

Die Vergrößerung eines Mikroskopes. Die Vergrößerung eines Mikroskopes bei gegebenem Okular und Objektiv wird aus der angegebenen Eigenvergrößerung von Objektiv und Okular durch Multiplikation errechnet.

Die entsprechenden Werte sind den Mikroskopen in einer Tabelle von den Erzeugerfirmen beigegeben. Über die Methode der Berechnung dieser Werte siehe Kapitel „Messen im Mikroskop", S. 98.

Allgemeine Regeln für den Gebrauch des Mikroskopes. Die Mikroskope sind zum Schutze gegen Staub in Kästchen verschlossen, in die sie genau eingepaßt sind. Das Herausnehmen aus diesen Behältern und das Hineinschieben darf nie mit Gewalt vorgenommen werden, da irgendein Widerstand auf eine falsche Lage des Instrumentes oder eines Teiles desselben hindeutet.

Das Mikroskop darf nur an der emaillierten, zu einem Handgriff ausgebildeten Säule angefaßt werden. Ist diese aus Messing, so nimmt man das Mikroskop am waagrechten Teil des Fußes.

Hat man das Mikroskop richtig aufgestellt (etwa 10 cm von der Tischkante entfernt und von der Körpersymmetrieebene ein wenig nach links verschoben), so geht man daran, die günstigste Stellung des Spiegels zu suchen. Es wurde bereits gesagt, daß für schwache Vergrößerung der Planspiegel und für mittlere und starke Vergrößerung der Hohlspiegel (konkav) verwendet wird. Man blickt in das Okular und wendet dabei den Planspiegel so lange nach verschiedenen Richtungen, bis das Gesichtsfeld als eine gleichmäßig helle Scheibe erscheint. Irgendwelche, außerhalb des Mikroskopes liegende Gegenstände (z. B. ein Fensterkreuz o. a.) dürfen in ihr nicht abgebildet sein. Das im Spiegel aufgefangene Licht soll immer zerstreutes Tageslicht und nie direktes Sonnenlicht sein. Muß eine künstliche Lichtquelle verwendet werden, so soll diese so angebracht sein, daß der Mikroskopiker durch sie nicht geblendet wird und das Licht hauptsächlich in den Spiegel fällt. Bei Beleuchtung mit elektrischen Glühbirnen schaltet man zweckmäßig ein mattes Blauglas in den Strahlengang vor dem Spiegel ein, einerseits um ebenfalls zerstreutes Licht zu erhalten, andrerseits um das Übermaß an gelben Strahlen einzuschränken. Wegen seiner Farbe eignet sich Gasglühlicht sehr gut als künstliche Lichtquelle zum Mikroskopieren.

Das Einstellen. Die scharfe Sichtbarmachung eines Objektes im Mikroskop nennt man die Einstellung. Sie verursacht im Anfange dem Ungeübten mitunter einige Schwierigkeit, da das Mikroskop infolge seiner hohen Lichtstärke nur eine ganz geringe Tiefenschärfe besitzt. Die genaue Beachtung folgender Regeln hilft aber über diese kleine Klippe rasch hinweg.

Zur Übung wird ein Objektträger benutzt, den man auf beiden Seiten mit Linien versehen hat, indem man auf der einen Seite schwarze querlaufende und auf der anderen Seite rote, längslaufende Tintenstriche gezogen hat. Der Objektträger wird so auf den Objekttisch gelegt, daß eine Kreuzungsstelle zweier Linien gerade in die Mitte der Tischöffnung zu liegen kommt.

Jede Untersuchung beginnt man mit der schwächsten Vergrößerung. Um Objekt und vor allem die Frontlinse nicht zu beschädigen, mache man sich zur Regel, während des Hineinblickens in das Okular den Grobtrieb nur zum Heben des Tubus zu betätigen, d. h. immer nur gegen sich zu drehen. Man muß daher den Tubus vor Beginn des Einstellens so weit gesenkt haben, daß die Scharfeinstellung durch Heben des Tubus zu erreichen ist. Zu diesem Zwecke senkt man den Kopf seitwärts bis in die Höhe des Objekttisches und schraubt den Tubus herab. Man kann so genau darauf achten, daß das Objektiv nicht auf das Deckglas gedrückt wird, sondern knapp über diesem stehenbleibt. Nunmehr blickt man in das Okular und hebt den Tubus ganz langsam, bis das ursprünglich helle Gesichtsfeld etwas verdunkelt wird. Es erscheinen dann im nächsten Moment die verschwommenen Umrisse des Objektes. Jetzt beginnt man mit der Feineinstellung durch Betätigung der Mikrometerschraube. Nach wenigen Drehungen wird dann das Bild scharf eingestellt sein. Hat man den Objektträger so eingelegt, daß die schwarzen Linien unten sind, so werden diese zuerst erscheinen. Die roten Linien kann man erst nach weiterem Heben des Tubus sehen, da — wie bereits erwähnt — die Tiefenschärfe des Mikroskopes sehr gering ist; mit zunehmender Vergrößerung wird sie immer geringer.

Sobald das Präparat scharf eingestellt ist, was man zur Übung zweckmäßig einige Male wiederholt, beginnt man mit der zweiten Übung, dem Durchmustern des Präparates.

Man bekommt dadurch die Fertigkeit, die Bewegungen mit dem Präparat — die aus bereits bekannten Gründen in verkehrter Richtung erfolgen müssen — richtig auszuführen. Erst wenn die ersten zwei Übungen keine Schwierigkeiten mehr bereiten, gehe man dazu über, als dritte Übung die Betrachtung mit stärkerer Vergrößerung vorzunehmen. Um die Objektive auswechseln zu können, muß der Tubus gehoben werden, je nachdem, ob eine Wechselvorrichtung vorhanden ist oder nicht, nur wenig oder mehr.

Die Einstellung erfolgt wieder in der S. 88 angegebenen Weise, nur daß der Tubus noch langsamer gehoben werden muß, da sonst der Punkt, bei dem das Bild erscheint, übersehen werden kann. Die Wichtigkeit der Feineinstellung mit der Mikrometerschraube tritt jetzt ganz besonders deutlich hervor. Die Tintenstriche erscheinen in viele kleine Farbpunkte aufgelöst. Beginnt man bei der starken Vergrößerung das Präparat zu verschieben, so wird man bald bemerken, daß die Schärfe des Bildes sehr schwankt. Es liegen eben nicht alle Teilchen des Präparates gleich hoch, so daß jede einzelne Partie eine eigene Scharfeinstellung verlangt. Man muß daher beim Durchmustern bei stärkerer Vergrößerung die Mikrometerschraube ununterbrochen betätigen, indem man sie einmal nach links und dann wieder nach rechts dreht. Unterläßt man dies, so wird das beobachtende Auge unverhältnismäßig rasch ermüdet, da es die verschiedenen Unschärfen durch eigene Akkomodation vergeblich anzugleichen versucht. Die fortwährende Betätigung der Mikrometerschraube ersetzt somit die Tätigkeit der Augenmuskel. Bei der richtigen Arbeitsstellung der Hände wird also die linke Hand das Präparat führen, während die Rechte ständig an der Mikrometerschraube liegt.

Um ein vorzeitiges Ermüden der Augen zu vermeiden, gewöhne man sich daran, beide Augen beim Mikroskopieren offenzuhalten, was im Anfange mit Schwierigkeiten verbunden ist, aber mit einiger Willensanstrengung bald zuwege gebracht wird. Außerdem übe man sich darin,

beide Augen abwechselnd zur Beobachtung zu benutzen. Wer die anfängliche Mühe dazu nicht scheut, kann später stundenlang ohne merkliche Ermüdung der Augen mikroskopieren. Besonders wichtig ist diese
Art zu beobachten für die zeichnerische Wiedergabe von mikroskopischen
Bildern, was später noch eingehend besprochen wird.

Das Herstellen von mikroskopischen Präparaten. Da die mikroskopische
Betrachtung im durchfallenden Lichte vorgenommen wird, können nur
solche Objekte direkt betrachtet werden, die so dünn sind, daß Licht
durch sie hindurchtreten kann. Alle übrigen Gegenstände müssen entsprechend vorbereitet — präpariert — werden. Der direkten Beobachtung
können z. B. alle genügend feinen Pulver (z. B. Stärken, Drogenpulver)
oder alle Fasern unterzogen werden.

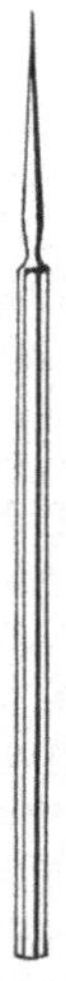

Der zu beobachtende Gegenstand wird auf eine längliche Glasplatte, den Objektträger — auch Tragglas genannt — gelegt und mit einem dünnen, viereckigen
Glasplättchen — dem Deckglas — bedeckt.

Die Objektträger kommen in folgenden Maßen
hauptsächlich in den Handel:

76 × 26 mm Englisches Format
65 × 25 mm Wiener Format
48 × 28 mm Gießener Format (Deutsch. Format).

Die Deckgläschen können neben
der viereckigen Form auch eine rechteckige und runde haben. Die Maße sind
sehr verschieden, am gebräuchlichsten sind
die Seitenlängen von 18 und 21 mm.
Wichtig ist bei den Deckgläsern ihre Dicke,
da die Objektive auf eine bestimmte
Deckglasdicke korrigiert sind. Dieselbe
schwankt zwischen 0,1—0,2 mm. Objektträger wie Deckglas müssen vor Gebrauch
peinlichst gereinigt werden, da Schmutzflecken bei der Untersuchung arge Täuschungen hervorrufen können. Gelingt die Reinigung nicht mit reinem
Wasser, so versucht man dazu Säuren, Laugen, Alkohol oder Äther. Zum
Trockenreiben, das bei den dünnen Deckgläsern ganz besonders vorsichtig gemacht werden muß, verwendet man zweckmäßig einen weichen
Leinenlappen. Baumwollgewebe sind weniger geeignet, da sie Fasern
auf der Glasfläche zurücklassen.

Zum richtigen Präparieren sind noch einige Gerätschaften notwendig:
1. Die Präpariernadel (Abb. 62), eine in einem Holzgriff gefaßte
Stahlnadel. 2. Ein Skalpell (Abb. 63), worunter man ein scharfes
Messer versteht. Ein gutes, scharfes Taschenmesser genügt aber auch.
3. Pinzetten (Abb. 64), die man sich zweckmäßig mit gerader und
gebogener Spitze beschafft. 4. Eine kleine Schere.

Diese Geräte bekommt man auch als „Mikroskopisches Besteck“ in
kleinen Kassetten zusammengestellt zu kaufen.

Abb. 62.
Präpariernadel.   Abb. 63.
Skalpell.

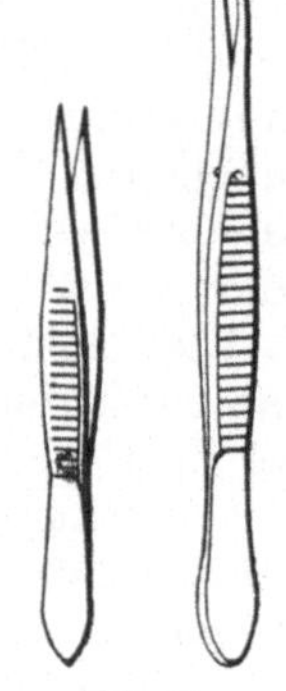

Abb. 64.
Pinzetten.

Mikroskopische Präparate werden immer in einer Flüssigkeit eingeschlossen betrachtet. Für gewöhnlich verwendet man dazu Wasser. Die Präparation direkt zu beobachtender Objekte wird so vorgenommen, daß man mit einem Glasstabe einen Wassertropfen in die Mitte des Objektträgers bringt. Mit der befeuchteten Spitze der Präpariernadel wird nun ein wenig von der Substanz aufgenommen und in dem Wassertropfen verrührt. Das jetzt folgende Auflegen des Deckglases muß mit einiger Vorsicht gemacht werden, damit keine Luftblasen im Präparat entstehen, die sehr störend wirken würden. Man nimmt das Gläschen zwischen Daumen und Zeigefinger, haucht es an der auf das Präparat zu liegen kommenden Seite an und setzt es mit einem Rand auf dem Objektträger an dem Wassertropfen in einem spitzen Winkel auf. Man neigt es langsam immer mehr und mehr und läßt es schließlich auf den Wassertropfen fallen; es wird dadurch der Zwischenraum zwischen Deckglas und Objektträger gleichmäßig mit Wasser und Präparat erfüllt. Sollten dabei trotzdem Luftblasen entstanden sein, so gibt man an den Rand des Deckglases einen Tropfen Wasser, oder man kann solche Luftblasen, die nahe am Rande liegen, durch entsprechendes Drücken auf das Deckgläschen entfernen. Sind die Lufteinschlüsse zu groß, so ist ein neues Präparat herzustellen, was im Anfang in allen Fällen ratsam ist. Nach dem Auflegen des Deckglases wird es öfters vorkommen, daß Wasser an den Rändern hervorquillt und eventuell auch an die Oberfläche des Deckglases dringt. Derartige Flüssigkeitsteilchen muß man unbedingt mit einem zugeschnittenen Filtrierpapierstreifen sorgfältigst absaugen. **Erst bis Deckglas und Objektträger vollständig trocken sind, darf das Präparat unter das Mikroskop gelegt werden.**

Die Präparation von Fasern ist etwas umständlicher. Man nimmt ein kleines Büschelchen davon und legt es in den Wassertropfen auf dem Objektträger. Man hält die Fasern an einem Ende fest und kämmt den Strähn mit der Präpariernadel so lange aus, bis nur mehr einige Fasern parallel im Wasser liegen, auf die dann das Deckglas in bekannter Weise aufgelegt wird. Man darf nie zuviel Substanz in das Präparat bringen, da sonst eine einwandfreie Beobachtung unmöglich gemacht wird.

Quetschpräparate. Ist der zu untersuchende Gegenstand für die mikroskopische Betrachtung zu dick, so muß er entsprechend vorbereitet werden. Der einfachste Weg ist das Zerkleinern in der Reibschale; dabei wird der charakteristische Aufbau eines Körpers teilweise zerstört werden; es ermöglichen aber solche Quetschpräparate die Betrachtung anderer Partien an einem Objekte, als sie durch Querschnitte zu erhalten sind. Man benutzt diese Art der Präparation unter anderem zum Studium der an der Oberfläche von Blättern liegenden Zellen, die z. B. für die Erkennung der verschiedenen Teesorten und deren Surrogate wichtig sind.

Für die direkte Herstellung von Quetschpräparaten eignen sich nur Körper mit einer gewissen weichen Struktur. Die Arbeitsweise gestaltet sich folgendermaßen:

Handelt es sich um einen weichen Körper (z. B. Fruchtfleisch), der harte Zellen eingeschlossen enthält, so zerdrückt man eine kleine Menge davon mit dem Skalpell auf dem Objektträger, verreibt den entstandenen Brei und legt dann ein Deckglas darauf. Blätter oder ähnliche Dinge zerreibt man in einer Reibschale, wenn nötig unter Zusatz von etwas Lauge. Getrocknete Blätter (z. B. Teeblätter) erweicht man vorher durch kurzes Behandeln mit kochendem Wasser.

Schnittpräparate. Will man den Aufbau eines Gegenstandes in seinem Zusammenhange vollkommen erhalten, so muß man die notwendige Durchsichtigkeit des Präparates durch zarte, dünne Schnitte zu erreichen trachten.

Man unterscheidet Quer- und Längsschnitte, je nachdem die Schnittebene zum natürlichen Aufbau des Objektes liegt.

Zum Schneiden benötigt man ein scharfes Rasiermesser (Abb. 65), das auf einer Seite plan- und auf der anderen hohlgeschliffen ist (Abb. 66). Hat der zu schneidende Gegenstand eine genügende Größe, um leicht in

Abb. 65. Rasiermesser (C. Reichert, Wien).

der Hand gehalten zu werden, so stellt man mit dem Skalpell in der gewünschten Schnittrichtung eine ebene Fläche her, von der man mit dem Rasiermesser möglichst dünne Schnitte anfertigt. Die Haltung des Messers ist aus Abb. 67 deutlich erkennbar. Der Schnitt wird so ausgeführt, daß man das Messer mit dem der Hand zugekehrten Ende auf der Schnittfläche ansetzt und die Schneide schräg darüber hinwegzieht. Niemals

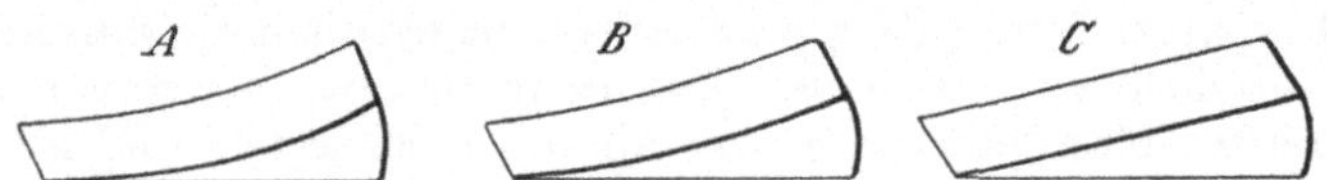

Abb. 66. Verschiedene Schliffarten von Rasier- und Mikrotommessern (C. Reichert, Wien).

darf das Schneiden durch senkrechtes Aufdrücken der Schneide versucht werden. Um Schnitte von genügender Feinheit zu bekommen, darf man die Schneide nicht am Rande ansetzen, wie man für gewöhnlich ein Messer ansetzt, sondern muß sie auf der Schnittfläche auflegen, in die sie dann beim Darüberziehen in ganz geringer Tiefe eindringt. Der erste Schnitt ist unbrauchbar, da dessen Oberfläche noch nicht genügend eben ist. Man fertigt immer mehrere Schnitte an und sucht dann den dünnsten davon aus, den man entweder mit der Pinzette oder mit der befeuchteten Präpariernadel in den am Objektträger vorbereiteten Wassertropfen bringt.

Schwieriger gestaltet sich das Schneiden von Gegenständen, die entweder so klein sind, daß man sie nicht mehr mit den Fingern halten kann, oder die so weich sind, daß sie der Schneide nicht den nötigen Widerstand entgegensetzen (z. B. Fasern).

Solche Gegenstände klemmt man entweder zwischen Kork oder Holundermark ein, oder bettet sie in Paraffin.

Im ersteren Falle verwendet man kleine, runde, einige Zentimeter lange Kork- oder Holundermarkstückchen, die man der Länge nach in der Mitte durchschneidet. Zwischen die beiden Teile klemmt man dann den Gegenstand ein und schneidet den Kork wie zu einem Präparat, wobei auch das Objekt mitgeschnitten wird. Bei der Anfertigung von Blattquerschnitten wendet man einen kleinen Kunstgriff an, da es sonst — speziell für den Anfänger — schwierig ist, die Dicke des Schnittes unter dem Durchmesser des Querschnittes des dünnen Blattes zu halten; dies ist aber unbedingt notwendig, da sonst die Schnitte beim Auflegen auf den Objektträger umfallen und dann die Oberfläche des Blattes zu sehen ist. Der Kunstgriff besteht darin, daß man mehrere zurechtge-

schnittene Strei-
fen des Blattes
zu einem Stoß
übereinanderlegt
und diesen erst
zum Schneiden
einklemmt.

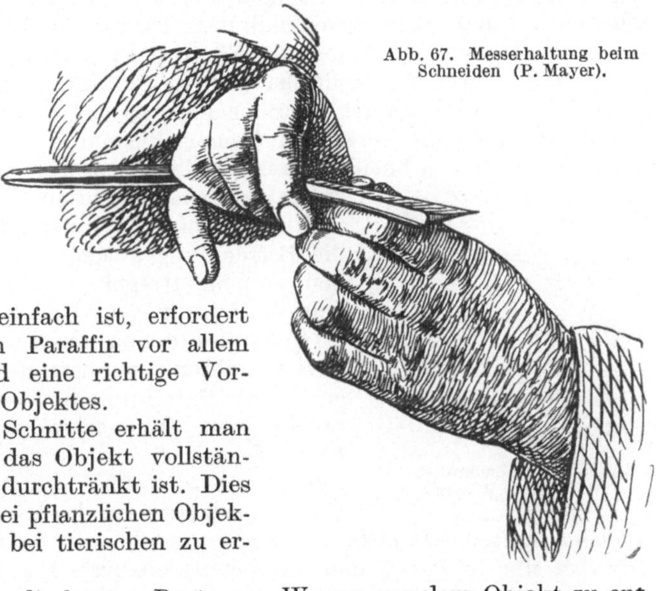

Abb. 67. Messerhaltung beim Schneiden (P. Mayer).

Während die eben bespro-chene Art des Schneidens noch verhältnismäßig einfach ist, erfordert das Einbetten in Paraffin vor allem viel Geduld und eine richtige Vor-behandlung des Objektes.

Einwandfreie Schnitte erhält man nur dann, wenn das Objekt vollstän-dig mit Paraffin durchtränkt ist. Dies ist in der Regel bei pflanzlichen Objek-ten schwerer als bei tierischen zu er-reichen.

Es ist wichtig, die letzten Reste von Wasser aus dem Objekt zu ent-fernen, da nur dann das Paraffin in die verschiedenen Zellräume einzu-dringen vermag. Die Entwässerung nimmt man mit Alkohol vor, indem man den Gegenstand zuerst in verdünnten Alkohol (60% ig), dann in konzentrierteren (80% ig) und schließlich in absoluten Alkohol bringt. Da sich Paraffin in Alkohol nur wenig löst, muß man diesen durch ein „Zwischenmittel" verdrängen. Als solches kommt nur ein Stoff in Betracht, der in Alkohol löslich ist, in dem sich aber auch Paraffin löst. Sehr gut eignet sich dazu Benzol oder Xylol. Es wird daher der Gegen-stand aus dem absoluten Alkohol in Xylol gebracht und darin längere Zeit liegen gelassen. Nachher bringt man das Objekt in ein kleines, weit-halsiges, mit reinem Xylol gefülltes Fläschchen und gibt einige Späne Paraffin (Hartparaffin, Schmelzpunkt 60°) hinein, die bald in Lösung gehen. Man läßt dann das Fläschchen gut verschlossen 12 Stunden bei Zimmertemperatur stehen. Nach dieser Zeit fügt man noch so viel

Paraffin zu, daß eine gesättigte Lösung davon entsteht; nach weiterem Paraffinzusatz stellt man das Gefäß nach Entfernen des Stoppels in einen Thermostaten oder auf ein Wasserbad. Mit dem Erwärmen des Xylols geht das Paraffin in Lösung, worauf man neuerdings solches so lange zusetzt, bis keine Lösung mehr eintritt. Die so erhaltene, warm gesättigte Lösung wird samt dem Objekte in einen breiten Porzellantiegel gebracht und durch Erwärmen auf dem Wasserbade das Xylol zur Gänze verjagt. Inzwischen schmilzt man in einem zweiten Porzellantiegel reines Paraffin und bringt dann, sobald im ersten Tiegel kein Xylolgeruch mehr zu verspüren ist, das Objekt mit der vorgewärmten Pinzette in das vorbereitete, geschmolzene Paraffin auf dem Wasserbade, worin es längere Zeit verweilen soll; die Dauer hängt von der Größe des Gegenstandes ab. Schließlich bringt man diesen mit dem Paraffin in das Gefäß, in dem dasselbe erstarren soll. Boden und Wände des Behälters kann man vorher mit Glyzerin einreiben, damit das erstarrte Paraffin nicht zu fest anklebt. Ist es vollkommen erstarrt, so schneidet man das Paraffin entsprechend zu und kittet es mit Paraffin auf einem kleinen Holzklötzchen fest, so daß man bequem schneiden kann. Sollten sich die Schnitte einrollen,

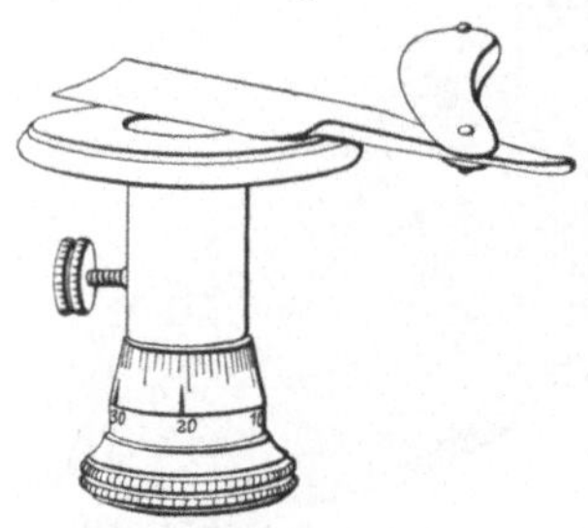
Abb. 68. Handmikrotom
(C. Reichert, Wien).

so ist dies leicht dadurch zu vermeiden, daß man entsprechend dünner schneidet. Die für die Betrachtung ausgewählten Schnitte werden am Objektträger mit Xylol vom Paraffin befreit, da sonst keine Details zu sehen wären.

Querschnitte von Fasern kann man nach zwei Verfahren rasch herstellen. Nach der abgekürzten Paraffinmethode von A. Herzog taucht man eine vorher parallel gestreckte, kleine Faserprobe auf kurze Zeit in eben geschmolzenes Paraffin und preßt die Probe durch Ausdrücken in der Längsrichtung flach.

Ist das anhaftende Paraffin erstarrt, so taucht man die Probe neuerdings ein, aber nur so lange, daß das bereits erstarrte Paraffin nicht wieder schmilzt und läßt die neue Schichte abermals fest werden. Man wiederholt dieses „Tauchen" so lange, bis das Faserbündel von einer dicken Paraffinschichte umgeben ist. Durch Einhalten des gebildeten „Paraffinstäbchens" in den Strahl der Wasserleitung wird es rasch schneidefähig.

Hassack klebte ein parallel gestrecktes Faserbündel in der Längsrichtung zwischen zwei 0,5 cm breite Papierstreifen. Nach dem Trocknen des Klebestoffes werden die Papierstreifen zwischen Kork oder Holundermark geschnitten. Die Faserquerschnitte kleben dann an einem dünnen Papierstreifen, was den Vorteil hat, daß sie unter dem Deckglas nicht umfallen können; Faserquerschnitte stellen kleine und kurze Zylinder dar.

Zur Herstellung von ganz besonders dünnen Schnitten benötigt man präzise gebaute Schneidemaschinen, sogenannte Mikrotome.

Die einfachste Art — ein Handmikrotom — zeigt Abb. 68. Dasselbe besteht aus einer Metallhülse, an der oben ein plangeschliffener Glasring aufgesetzt ist. Im Inneren der Hülse befindet sich eine zweite Hülse, an der eine Vorrichtung zum Befestigen der in Kork oder Holundermark eingeklemmten Präparate angebracht ist. Die innere Hülse kann durch eine Mikrometerschraube gehoben werden. Zum Gebrauch wird das Messer mit seiner ebenen Fläche auf den Glasring aufgelegt und in bekannter Weise schräg darübergezogen. Durch Drehen der Mikrometerschraube um einen Teilstrich hebt man das Objekt um 0,01 mm.

Bei den komplizierten Apparaten werden einzelne Bewegungen von Messer und Präparat durch Betätigung eines Rades oder einer Kurbel automatisch ausgeführt.

Färben von Präparaten. Es soll hier nicht von Färbungen die Sprache sein, die durch mikrochemische Reaktionen hervorgerufen werden — wie sie uns später öfter begegnen —, sondern nur von jenen Vorgängen, bei welchen bestimmte Teile eines Präparates durch Zufügen eines Farbstoffes angefärbt werden, um so eine bessere Differenzierung zu erreichen.

Wohl spielt diese Art der Färbungen für den warenkundlichen Mikroskopiker keine so große Rolle, als die der chemischen Reaktionen, doch soll er zum mindesten die Methode kennenlernen, die er — wie sich zeigen wird — so manches Mal mit Nutzen anwenden kann.

Man kann zwei Arten von Färbungen unterscheiden: 1. im Stück, 2. Schnittfärbungen.

Die erste Art, bei welcher der noch unpräparierte, ganze Gegenstand der Färbung unterzogen wird, wird für warenkundliche Arbeiten so gut wie gar nicht in Frage kommen, während Schnittfärbungen und Färbungen am Objektträger öfters angewendet werden können.

Hat man dünne, zarte Schnitte zu färben, so kann es mitunter vorteilhaft sein, diese zur bequemeren Arbeit auf dem Objektträger zu fixieren. Dies kann man leicht dadurch erreichen, daß man den Schnitt in einen Wassertropfen am Objektträger bringt und das Wasser verdunsten läßt, oder über einer kleinen Flamme langsam und vorsichtig abdunstet. Der Schnitt legt sich dann fest an das Glas an, und kann bei dem nachfolgenden Färb- und Waschprozeß nicht so leicht verlorengehen.

Färbung von Ölen. Die fetten Öle sind in den Früchten und Samen nur in ganz bestimmten Zellen — den Ölzellen — in Form kleiner Tröpfchen enthalten. Es gibt Teerfarbstoffe, die in Wasser gar nicht, dagegen in Fett sehr gut löslich sind. Für mikroskopische Zwecke eignet sich der Sudanfarbstoff vorzüglich. Dieser Teerfarbstoff kann entweder in Chloralhydrat, oder in Weingeist in Lösung gebracht werden. Man setzt dem Präparat etwas von der Farblösung zu, läßt diese einwirken und saugt die überflüssige Farbstofflösung ab, wäscht das Präparat gut aus und beobachtet dann in Wasser oder Glyzerin. Die Öltropfen sind gelbrot gefärbt.

Kernfärbungen. Jede pflanzliche und tierische Zelle besteht aus einer Zellwand, dem Protoplasma und dem Zellkern. Letzterer hat die Eigenschaft, gewisse Farbstoffe trotz kräftigen Auswaschens hartnäckig festzuhalten, so daß er schließlich gefärbt bleibt, während die ihn umgebenden Teile ungefärbt oder nur schwach gefärbt erscheinen.

Ein derartiger Farbstoff ist der Hämalaun. Die Farblösung wird folgendermaßen hergestellt: 0,1 g Hämatoxylin wird in 100 cm³ Wasser gelöst (eventuell unter Erwärmen) und 0,02 g Natriumjodat zugesetzt; zu dieser Lösung gibt man 5 g Alaun. Sollte die Lösung trüb sein, so muß sie filtriert werden. Die Färbung wird so ausgeführt, daß nach entsprechender Einwirkung des Farbstoffes das Präparat mit 5%iger Alaunlösung gründlich ausgewaschen wird. Dadurch wird der Farbstoff von allen Teilen mit Ausnahme der Zellkerne entfernt. Schließlich muß zur Entfernung des Alauns mit reinem Wasser nachgewaschen werden.

Man kann in ein und demselben Präparat durch Anwendung verschiedener Farbstoffe einzelne Teile durch verschiedene Färbung gut unterscheidbar machen.

Man kann z. B. bei einem pflanzlichen Präparat in der eben besprochenen Weise die Zellkerne mit Hämalaun färben. Nachdem mit Alaunlösung und Wasser gründlich ausgewaschen wurde, färbt man die Zellhäute mit einer Lösung von 1 g Karminsäure in 100 cm³ reinem, 60%igem Alkohol rotviolett. Die zweite Färbung wird mit 60%igem Alkohol, der eine Spur Ammoniak enthält, nachgewaschen. Die Zellwände erscheinen rotviolett, die Zellkerne blauviolett, welche beiden Farben scharf unterscheidbar sind.

Dauerpräparate. Präparate, die in der bisher angegebenen Weise durch Einbetten in Wasser hergestellt wurden, haben den Nachteil, daß sie nur eine kurz begrenzte Verwendungsdauer haben, da das Wasser bald verdunstet. Einige Stunden hindurch kann man solche Präparate durch Aufbewahren in der Feuchtkammer zur Not gebrauchsfähig erhalten. Man legt sie zu diesem Zwecke mit einigen stark befeuchteten Filtrierpapierstreifen unter eine Glasglocke.

Sollen Präparate aber für längere Zeit aufbewahrt werden, so muß man zu anderen Einschlußmitteln greifen.

Ein fast allgemein anwendbares Einschlußmittel ist Glyzerin, sowohl in konzentrierter, als auch in verdünnter Form. Die Verdünnung wird mit Wasser entweder zu gleichen Teilen oder im Verhältnis 2:1 vorgenommen.

Ein ähnliches Mittel steht uns in der Glyzeringelatine zur Verfügung. Zu ihrer Herstellung löst man einen Teil reinster, farbloser Gelatine in 6 Teilen warmen Wassers, fügt etwas Phenol (Karbolsäure) als Antiseptikum (auf 50 Teile einen Teil) und 7 Teile Glyzerin hinzu und erwärmt die Masse durch etwa 15 Minuten. Nachher wird durch Glaswolle filtriert.

Die Glyzeringelatine ist bei gewöhnlicher Temperatur fest und muß zum Gebrauch durch Erwärmen auf 50° (im Wasserbad) verflüssigt werden. Die Präparation wird zweckmäßig auf dem erwärmten Objektträger vorgenommen und das Deckglas vor dem Erstarren des Einschlußmittels aufgelegt. Um überflüssige Gelatine zu entfernen, erwärmt man den Objektträger, wobei sie an den Rändern des Deckglases austritt und nach dem Erkalten mit dem Messer entfernt werden kann. Die letzten

Reste müssen mit einem befeuchteten Lappen sorgfältigst abgewischt werden, da sonst der Lackrahmen nicht hält.

Glyzerin- und Glyzeringelatinepräparate müssen einen Schutzrahmen aus Lack oder ähnlichem Material erhalten, um das Wasser am Verdunsten zu hindern, andererseits um dem Eindringen von Fremdkörpern vorzubeugen.

Das Abschließen kann mit Wachs, Harzen, käuflichem Abschlußlack, Asphaltlack oder Goldgrund vorgenommen werden. Die Lacke dürfen nicht zu dünn sein, da sie sonst zwischen Deckglas und Objektträger eindringen können. Wachs wird mit einem dreieckig gebogenen, erwärmten Draht längs der Deckglasränder verstrichen. Lack oder Wachs müssen etwa 1 mm über den Rand des Deckglases reichen.

Sehr gut haltbare Präparate erhält man durch Einschluß in Kanadabalsam. Er bedingt aber eine vollkommene Entwässerung des Objektes, was in der bereits beschriebenen Art erreicht werden kann.

Statt Kanadabalsam kann man auch Lösungen von reinem Kolophonium oder Dammarharz in Terpentinöl oder Xylol verwenden.

Bei allen diesen Balsampräparaten ist der Einfluß der Lichtbrechung zu berücksichtigen. Ein Gegenstand, der in einem optischen Medium eingebettet ist, wird im durchfallenden Lichte um so deutlicher sichtbar sein, je größer der Unterschied zwischen seinem eigenen Lichtbrechungsvermögen und dem des Mediums ist. Es kann aus diesem Grunde vorkommen, daß die Details eines Objektes in irgendeinem Harz beinahe ganz verschwinden, worauf bei der Herstellung solcher Präparate entsprechend Rücksicht zu nehmen ist.

Meistens wendet man Balsampräparate bei gefärbten Objekten an; wurde mit Sudan gefärbt, darf man aber nicht in Harzen einschließen, da dieser Farbstoff harzlöslich ist.

Balsampräparate bedürfen keines Lackrahmens; an den käuflichen Präparaten sind solche nur angebracht, um ihnen ein schönes Aussehen zu verleihen.

Die zeichnerische Wiedergabe von mikroskopischen Bildern. Eines der wichtigsten Hilfsmittel für das genaue Studium der verschiedenen Einzelheiten eines Präparates ist deren zeichnerische Wiedergabe. Man wird dadurch zum genauen Beobachten gezwungen, worin der Hauptzweck des Zeichnens liegt. Es ist daher unbedingt notwendig, sich von allem Anfang an daran zu gewöhnen, alles, was man im Mikroskop sieht, mit einfachen Strichen wiederzugeben. Das Einzeichnen von Schattendetails ist ganz überflüssig. Man soll aber auch trachten, in der Zeichnung die gesehene Vergrößerung richtig festzuhalten, was besonders im Anfang sehr schwer ist, da die Zeichnungen je nach Veranlagung des Zeichners zu groß oder zu klein ausfallen.

Wer sich daran gewöhnt hat, beim Mikroskopieren beide Augen offen zu halten, kann mit einiger Übung so weit kommen, mit dem linken Auge z. B. in das Mikroskop zu schauen, mit dem rechten dagegen den Bleistift auf der Zeichenfläche zu verfolgen. Hebt man die Zeichenfläche langsam, so wird an einer Stelle die Bleistiftspitze und das mikroskopische

Bild zugleich deutlich zu sehen sein. Fixiert man die Zeichenfläche in dieser Höhe, so kann man die Konturen des mikroskopischen Bildes mit der Bleistiftspitze nachziehen und erhält so eine naturgetreue Wiedergabe desselben. Die Erlernung dieser Art des Zeichnens erfordert aber viel Geduld und Willenskraft, weshalb schon früh Zeichenapparate konstruiert wurden.

Abb. 69 zeigt den Zeichenapparat nach Abbe.

Derselbe wird mit Hilfe eines Klemmringes nach Abnahme des Okulares auf dem Tubus des Mikroskopes befestigt. Der obere Teil des Apparates kann zum Einsetzen des Okulares zurückgeschlagen werden. In ihm ist — wie die strichlierte Abbildung andeutet — ein Prisma eingebaut. An dem Ring ist ein seitlich ausladender Arm angebracht, dessen Ende einen drehbaren Spiegel trägt, der sich bei richtiger Aufstellung des Apparates über der Zeichenfläche befinden soll. Blickt man in das Mikroskop, so sieht man durch das Prisma hindurch das Präparat, zugleich aber durch die lichtbrechende Wirkung des Prismas die im Spiegel abgebildete Zeichenfläche und die Bleistiftspitze, mit der man die Konturen des mikroskopischen Bildes nachziehen kann.

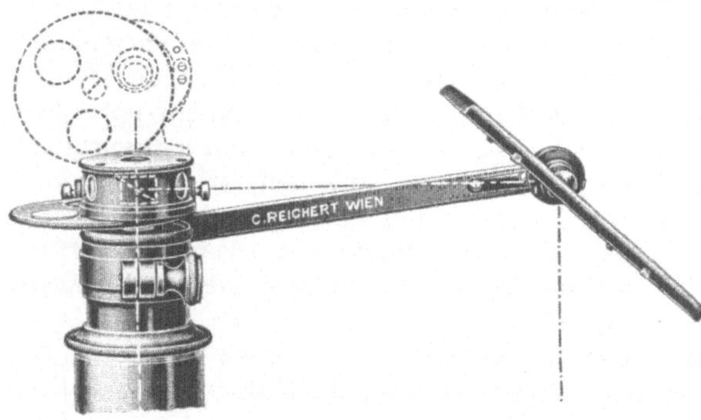

Abb. 69. Zeichenapparat nach Abbe.

Zum Zeichnen verwendet man ein Heft, das man als Probenjournal führt. Auf der oberen Hälfte eines Blattes wird die Zeichnung des Präparates angefertigt, während die zweite Hälfte für die Beschreibung der wichtigsten Merkmale reserviert bleibt.

Mikroskopisches Messen. Bei der Durchforschung des mikroskopischen Feinbaues einer Substanz ist es mitunter notwendig, Messungen vorzunehmen, sei es zur Bestimmung gewisser Qualitätsmerkmale (Dicke von Fasern) oder zur genauen Differenzierung von anderen, ähnlichen Körpern, (z. B. bei verschiedenen Stärkesorten). Man kann eine derartige Messung vornehmen, indem man die gerade verwendete Vergrößerung berechnet und durch Ausmessen einer größenrichtigen Zeichnung die wahre Größe des Gegenstandes bestimmt. Dieses Verfahren ist ziemlich umständlich und vor allem an die Fertigkeit des Mikroskopikers im Zeichnen gebunden; man wird es nur als ein Auskunftsmittel dort anwenden, wo ein Mikrometer oder ein eigenes Mikrometerokular fehlt, mit deren Hilfe eine Messung sehr vereinfacht wird. Das Prinzip dieser Art der Messung ist überaus einfach, indem man in das Okular einen Maßstab einlegt, der sich mit dem zu messenden Gegenstand deckt. Ein derartiger Maßstab besteht aus einem Glasblättchen, das eine feine Skala eingeätzt hat und nach Abschrauben der oberen Linse des Okulares in dieses eingelegt wird.

Es gibt aber auch eigene Mikrometerokulare. Die Skala besteht meistens aus 50 Teilstrichen, die je 5 mm in 10 Teile zerlegen, so daß ein Teilstrich einem Zehntel Millimeter entspricht. Es ist nun leicht einzusehen, daß der Wert dieser Teilstriche von der angewandten Vergrößerung abhängt. Die Lieferfirmen geben den Instrumenten daher immer Tabellen mit, aus welchen der tatsächliche Wert bei angegebener Vergrößerung (die sich immer auf eine Tubuslänge von 160 mm bezieht) errechnet werden kann. Mit den darin enthaltenen Zahlen muß man den gefundenen scheinbaren Wert multiplizieren, um den richtigen zu erhalten. Für genaue Messungen sind diese Angaben aber zu wenig verläßlich, weshalb es notwendig erscheint, die Methode zu erklären, den sogenannten Mikrometerwert selbst zu errechnen.

Zu diesem Zweck benötigt man ein Objektmikrometer. Dies ist ein Objektträger, der in der Mitte einen äußerst genauen Maßstab trägt, welcher ein Millimeter in hundert Teile geteilt besitzt. Man stellt nun bei eingelegtem Okularmikrometer auf diesen Maßstab so ein, daß sich ein Teilstrich desselben mit einem des Okularmikrometers deckt. Durch Auszählen der Teilstriche desselben, die einer bestimmten Länge des Objektmikrometers entsprechen, kann man die wahre Größe der Okularmikrometerteilstriche berechnen. Ein Beispiel möge dies näher erläutern.

Nach der genauen Einstellung auf den Objektmaßstab findet man, daß 20 Teilstriche des Okulares 5 Teilstrichen des Objektes entsprechen, d. h. die 20 Teilstriche haben eine Größe von 0,05 mm, da ja ein Teilstrich des Objektmaßstabes einem hundertstel Millimeter entspricht. Eine einfache Rechnung: $20 : 0,05 = 1 : x$ lehrt uns, daß ein Teilstrich des Okulares 0,0025 mm entspricht.

Um nicht mit solch umständlichen Brüchen arbeiten zu müssen, hat man für ein Tausendstel Millimeter die Bezeichnung 1 Mikron geschaffen, wofür das Zeichen μ (griechisch mü) gesetzt wird. Die obige Zahl besagt also, daß jede bei der angewendeten Vergrößerung und Tubuslänge gefundene Zahl mit 2,5 multipliziert werden muß, um den wahren Wert zu finden. Will man den lästigen Bruch umgehen, so kann man durch Veränderung der Tubuslänge die Zahl auf eine ganze korrigieren. Jedenfalls muß man sich die angewendete Tubuslänge notieren, um die Messung immer bei derselben vorzunehmen. Wenn man sich ein für allemal die Mühe macht, für die einzelnen Vergrößerungen diese Mikrometerwerte zu bestimmen, hat man die Gewähr für einwandfreie Messungen gegeben. Da die absoluten Werte von Okularmikrometer und Objektmaßstab bekannt sind, kann durch Vergleich der beiden Skalen auch die Vergrößerung eines Objektivs und Okulares errechnet werden.

Ausführung mikrochemischer Reaktionen. Mikrochemische Reaktionen sind für den Mikroskopiker ein wichtiges Hilfsmittel zur Bekräftigung eines durch einfache Betrachtung gewonnenen Urteiles.

Da die hiebei verwendeten Reagenzien bei unsachgemäßer Anwendung eine Beschädigung des Objektives, vor allem der wertvollen Frontlinse, verursachen können, muß man bei solchen Arbeiten große Vorsichtsmaßregeln beobachten.

Es ist zweckmäßig, die zu untersuchende Probe zuerst in normaler Weise zu präparieren, um sich unter dem Mikroskop davon überzeugen zu können, daß im Präparat die für die Reaktion notwendigen Teile und Bedingungen vorhanden sind.

Man nimmt dann das Präparat vom Objekttisch und setzt mit einem Glasstab einen Tropfen der Reagenzflüssigkeit an den Rand des Deckglases. Die Flüssigkeit dringt sofort in den Raum zwischen Deckglas und Objektträger ein. Man kann die Durchdringung des Präparates mit dem Reagens dadurch unterstützen, daß man auf der gegenüberliegenden Deckglasseite mit einem scharfkantig zurechtgeschnittenen Filtrierpapierstreifen das im Präparat befindliche Wasser absaugt, dem dann automatisch das Reagens nachfließt.

Bevor das Präparat wieder unter das Mikroskop gelegt wird, muß Objektträger und Deckglasoberfläche von jeder Spur der Reagenzflüssigkeit befreit werden.

Niemals darf das Reagens dem auf dem Objekttisch liegenden Präparat unter dem Objektiv zugesetzt werden, weil dadurch die Frontlinse mit schädigenden Chemikalien leicht beschmutzt werden könnte.

II. Spezieller Teil.

A. Textilfasern.

Die Textilfasern bilden eine Unterabteilung der großen Gruppe der technischen Rohfasern, deren Begriffsbestimmung eine schwierige und durchaus nicht allgemein gültige ist.

Im besonderen werden sie in zwei große Untergruppen eingeteilt: in pflanzliche und tierische Fasern, deren Unterscheidung schon auf makroskopischem Wege leicht möglich ist (siehe I. Teil, S. 47). Morphologisch unterscheidet man bei den pflanzlichen Fasern Pflanzenhaare und Bastfasern. Zu den ersteren zählen Baumwolle, die Pflanzenseiden, Pflanzendaunen und einige einheimische, technisch minder wichtige Pflanzenhaare. Zu den Bastfasern wird u. a. Flachs, Hanf, Jute und Ramie gezählt[1].

Die Pflanzenhaare stellen Gebilde der Oberhaut (Epidermis) dar und sind meistens einzellig. Sie zeigen nur an einem Ende eine natürliche Spitze, da sie an ihrer Basis bei der Gewinnung abgerissen werden müssen. Die Gestalt ihrer Spitze ist ein wichtiges Erkennungsmerkmal bei verschiedenen Fasern. Die Wandung der Pflanzenhaare besteht meistens aus reiner Zellulose, über welcher sich zum Unterschied von den Bastfasern eine verkorkte Kutikula (Lederhaut) befindet, welche infolge ihres verschiedenen chemischen Verhaltens gegenüber der Zellulose ebenfalls ein wesentliches Erkennungsmerkmal für den Warenkundlichen ist. Die Wandung des Haares umschließt einen Hohlraum — Lumen genannt —

---

[1] Im vorliegenden Buch sind die Fasern nicht nach diesem systematischen Gesichtspunkt, sondern nach ihrer technischen Wichtigkeit geordnet.

der bei den lebenden Fasern mit Protoplasma erfüllt ist; an der Rohfaser kann man dieses bei starker Vergrößerung in Form kleiner Kügelchen erkennen. Ansonsten ist das Lumen mit Luft erfüllt und erscheint unter dem Mikroskop als schwarzer Streifen, kann aber mitunter durch seitliches Zusammenfallen der Zellwände fast ganz verstrichen sein; es erscheinen diese Fasern auch meistens als längliche Schläuche mit seitlichen Wülsten. Charakteristisch und wichtig zur Erkennung der Wanddicke einer Faser ist ihr Querschnitt.

In der zweiten Gruppe — die man meistens kurzweg als die der Bastfasern bezeichnet — sind Fasern aufgenommen, welche aus den verschiedensten Teilen der betreffenden Pflanzen stammen und daher richtiger als Gewebeteile oder Sklerenchymfasern bezeichnet werden. Auf die Erläuterung ihrer morphologischen Verhältnisse kann hier nicht näher eingegangen werden. Sie stellen gegenüber den Haaren beiderseits geschlossene Fasern dar mit verschiedenem, meist polygonalem Querschnitt, da sie in der Pflanze immer zu Bündeln zusammengepreßt sind, wodurch auch die eigenartigen Erscheinungen der sogenannten „Verschiebungen" zu erklären sind. Es sind dies Stellen in der Faser, von wo aus sie seitlich verschoben weiterläuft. Mit bestimmten Färbemethoden sind diese Knoten leicht zu entdecken. Höchst charakteristisch für die Bastfasern sind die Spitzen, welche entweder spitzig oder stumpf, einfach oder doppelt sein können. Die Wandung der Bastfasern ist meistens derber als bei den Haarfasern, sie kann auch verholzte Stellen zeigen, welche durch geeignete Färbungen zu erkennen sind.

Der Hauptunterschied zwischen pflanzlichen und tierischen Fasern liegt in ihrem stofflichen Aufbau; während die ersteren zum größten Teil aus Zellulose bestehen, sind die tierischen Fasern aus Eiweißstoffen aufgebaut, was die Unterschiede bei der Verbrennungsprobe bedingt. Man kann wieder zwei Gruppen unterscheiden: solche, welche Gebilde der Haut darstellen — also Haare, Wollen — und solche, die durch Ausscheidung gewisser Drüsen entstehen — die verschiedenen Seiden. Das hervorstechendste Merkmal der Wollen ist ihre schuppige Oberfläche, die ihre gute Verspinnbarkeit bedingt. Die Seiden hingegen besitzen eine glatte Oberfläche.

1. Baumwolle.

Als Baumwolle werden die Samenhaare der verschiedenen, heute in Strauchform kultivierten Spielarten der Baumwollpflanze (Gosypiumarten) bezeichnet.

Die große Verschiedenheit in den Qualitäten veranlaßte schon früh die einzelnen Börsen Standardtypen aufzustellen, nach welchen eine einwandfreie Qualitätsbeurteilung möglich war. Seit 1. August 1924 sind für die amerikanischen Baumwollen — die das größte Kontingent der Weltproduktion bilden — amtliche amerikanische Universal-Standards aufgestellt worden, die überall im Handel mit amerikanischer Baumwolle maßgebend sind.

Die amtlichen amerikanischen Universal-Standards:

Nr. 1 = Middling fair   Nr. 6 = Strict Low Middling
 „ 2 = Strict good Middling   „ 7 = Low Middling
 „ 3 = Good Middling   „ 8 = Strict Good Ordinary
 „ 4 = Strict Middling   „ 9 = Good Ordinary
 „ 5 = Middling

In Liverpool — neben Bremen der größte europäische Baumwoll-markt — werden für ostindische, ägyptische und brasilianische Sorten noch eigene Klassenbezeichnungen geführt.

Bevor man die mikroskopische Prüfung vornimmt, soll man stets eine makroskopische Betrachtung anstellen. Bei der Baumwolle bezieht sie sich auf die Erkennung von Verunreinigungen durch Blätter- und Stengel-teile, auf die Farbe, den Glanz und die Bestimmung der Stapellänge.

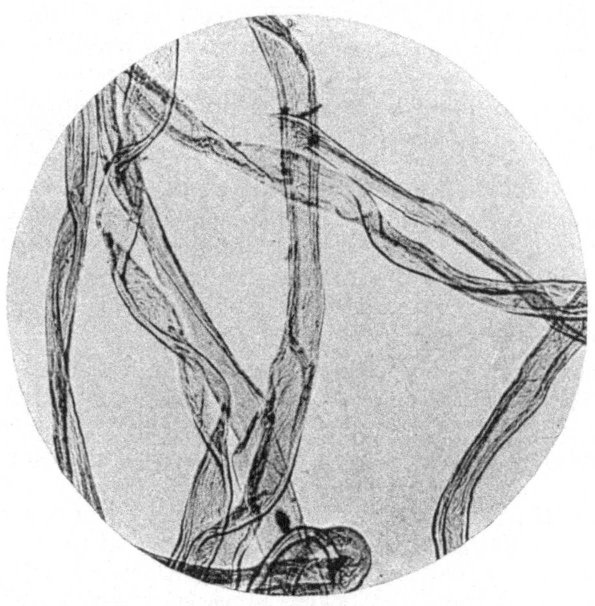

Abb. 70. Baumwolle (Herzog).

Zur Vornahme der makroskopischen Prüfung legt man am besten die Probe auf eine schwarze Unter-lage, von der sich die weißen Fasern gut abheben.

Verunreinigungen zeigen meistens nur die minderwertigen ostindischen Sorten.

Die Farbe soll weiß mit einem schwachen gelblichen Stich sein; nur die ägyptische Makobaumwolle zeigt eine schöne, gelbliche Färbung.

Gute Baumwolle hat einen schönen Glanz, der sich bei den besten amerika-nischen Sorten — der Sea-Island — bis zu Seidenglanz steigern kann.

Die Stärke der Faser nimmt mit zunehmender Qualität ab, zugleich steigt damit aber der Stapel. Man versteht darunter die Länge der Faser, die bestimmend für deren Qualität ist.

Die Stapelbestimmung wird folgendermaßen vorgenommen. Man nimmt ein nußgroßes Stückchen Baumwolle zwischen Zeige-, Mittelfinger und Daumen der beiden Hände und zieht unter Vermeidung von Gewalt das Büschelchen, ohne die Fasern zu zerreißen, auseinander, und zwar so, daß die einzelnen Fasern aneinander vorbeigleiten. Dies wird 3—4 mal wiederholt, bis sich die Länge des Fasernbündels nicht mehr ändert. Man erhält so die natürliche Länge der Fasern. Bei einiger Übung kann man so die Stapellänge mit großer Genauigkeit bestimmen. Diese schwankt bei den einzelnen Baumwollsorten zwischen 1,03 cm (ostindische Baumwollen, z. B. Bengal) und 4,5 cm bei den besten amerikanischen Baumwollen (Sea-Island).

Wir beginnen die mikroskopische Betrachtung der Baumwollen am besten an einer Mittelsorte (Middling).

Die mikroskopische Betrachtung (Abb. 70) zeigt uns die Baumwolle als einzelliges, bandartiges Gebilde; sie ist durch korkzieherartige Windungen charakterisiert, die bei den länger stapeligen Sorten weiter als bei den kürzeren sind. Diese Windungen kann man ganz besonders gut erkennen, wenn man eine Faser in ihrem Verlaufe verfolgt. Die Kutikula erscheint als schwarzer Rand. Bei stärkerer Vergrößerung werden im Lumen Überreste des Protoplasmas als kleine Körnchen sichtbar. Außerdem erscheinen nunmehr die Einzelheiten der Kutikula; sie hat bei minderen

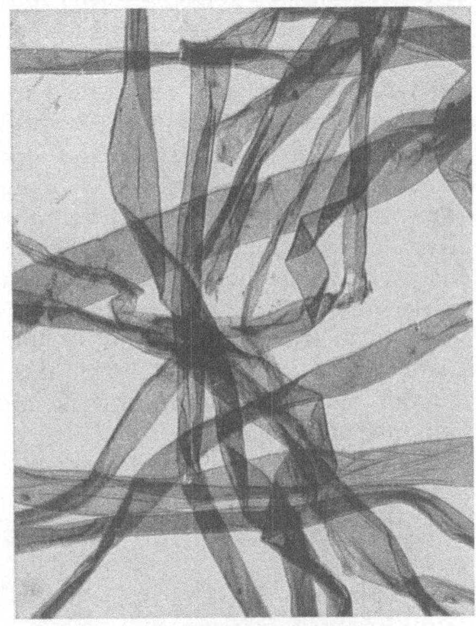

Abb. 71   Baumwolle: Tote Fasern (Heermann).

Sorten eine rauhe Oberfläche, wodurch bei diesen ihr mattes Aussehen hervorgerufen wird. Nimmt man eine Sea-Island zur Beobachtung, so finden sich diese Runzeln nicht, und der schöne Glanz dieser Faser wird erklärlich. Ein Vergleich von Sea-Island mit dem ersten Präparat zeigt, daß dieselbe vor allem einmal zarter und feiner ist, und daß die Windungen viel weiter angeordnet sind. Auch in der Dicke der Faser wird ein deutlicher Unterschied zu erkennen sein. Minderwertige ostindische Sorten zeigen mitunter sogenannte „Tote Fasern", die eine geringe Festigkeit haben und schwer anfärbbar sind, weshalb ihr häufiges Vorkommen in einer Probe auf eine schlechte Beschaffenheit der Ware deutet. Die Fasern haben eine besonders gleichmäßige Form und wenig

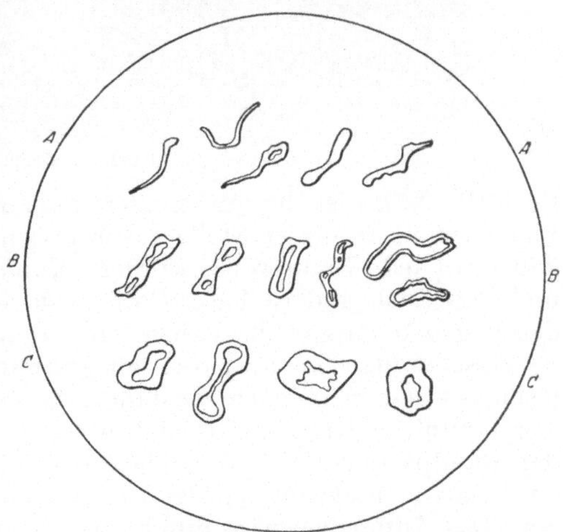

Abb. 72. Querschnitt von Baumwollfasern (Matthews).
AA unreife Fasern, BB halbreife Fasern, CC vollreife Fasern.

Windungen, der Randwulst ist nur schwach vorhanden, und infolge ihrer zarten Wanddicke zeigen sie sich durchscheinend und viel heller als dies bei gesunden Fasern der Fasern der Fall ist (Abb. 71).

Die Schlauchform der Faser mit ihren eingefallenen Wänden, dem engen Lumen und der Kutikula kann man am besten an einem Querschnitt erkennen (Abb. 72). Um die Kutikula noch besser sichtbar zu machen, behandelt man das Präparat mit Jodlösung und Schwefelsäure; sie erscheint dann im Gegensatz zur blaugefärbten Zellulose der Wand gelbbraun gefärbt. Die Form des Querschnittes ist immer breitgedrückt, mitunter halbmondförmig gebogen; tote Fasern fallen durch ihren schlanken Querschnitt und die geringe Wanddicke besonders auf.

Die einwandfreie Erkennung der Fasern wird durch mikroskopische Reaktionen (siehe Einleitung, S. 99) wesentlich erleichtert. Eine derselben wurde bereits oben angeführt; sie ist überall anwendbar, wo es sich um einen Zellulosenachweis und dessen Differenzierung von verkorkten Teilen handelt.

Mit Chlorzinkjod[1] gibt Baumwolle eine violette Färbung. Als wich-

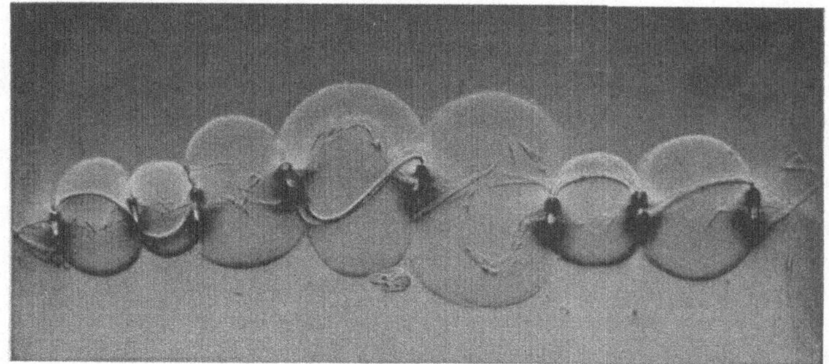

Abb. 73. In Kupferoxydammoniak aufgequollene Baumwolle (Herzog).

tigste Reaktion ist die mit Kupferoxydammoniaklösung[1] durchzuführen. Es sei schon an dieser Stelle ausdrücklich darauf aufmerksam gemacht, daß nicht jede Baumwollsorte diese Kupferoxydammoniakreaktion gibt, und daß auch andere Fasern, die wohl keine so große technische Bedeutung wie Baumwolle haben, eine ähnliche Reaktion geben.

Versetzt man ein Präparat mit einer frischen Kupferoxydammoniaklösung — nur in frischem Zustand gibt sie die Gewähr für ein einwandfreies Funktionieren der Reaktion — so tritt zuerst eine Blaufärbung der Randpartien auf. Allmählich tritt ein Aufquellen der Fasern und ein Zusammenschrumpfen des Lumens unter Bildung vieler Windungen ein. Das Aufquellen wird durch die Lösung der Zellulose in der Kupferoxydammoniaklösung bedingt, während die Kutikula von dieser nicht angegriffen wird. Die Lederhaut wird durch die aufquellende Zellulose schließlich zerrissen und bildet dann zusammengeschrumpfte Ringe, welche die austretende Zelluloselösung abschnüren, wodurch charakteri-

<hr>

[1] Die Bereitung und Anwendung dieser Reagenzien wird auf S. 89 beschrieben.

stische, tonnenförmige Gebilde entstehen. Es wird also diese Reaktion jede pflanzliche Faser zeigen, die eine Kutikula besitzt (Abb. 73).

Entfernt man bei der Baumwolle unter gleichzeitiger Streckung der Faser die Kutikula durch Behandlung mit 15%iger Natronlauge, so werden die Korkzieherwindungen aufgedreht, und zugleich wird die Oberfläche der Faser ein Gefüge von größerer Homogenität bekommen. Es wird dadurch eine einheitlichere Reflexion des auffallenden Lichtes und somit ein erhöhter Glanz der Faser erzielt. Nach seinem Erfinder — einem englischen Ingenieur namens Mercer — wird dieses Verfahren „Mercerisieren" genannt, wodurch dem Baumwollgewebe ein seidenartiger Glanz verliehen wird (Abb. 74).

Unter dem Mikroskop vermißt man bei diesen Fasern vor allem die regelmäßigen Windungen; sie erscheinen als gleichmäßige, langgestreckte Zylinder. Da die Kutikula fehlt, wird die Faser beim Versetzen mit Kupferoxydammoniaklösung gleichmäßig aufquellen, ohne die bekannten tonnenförmigen Gebilde zu geben.

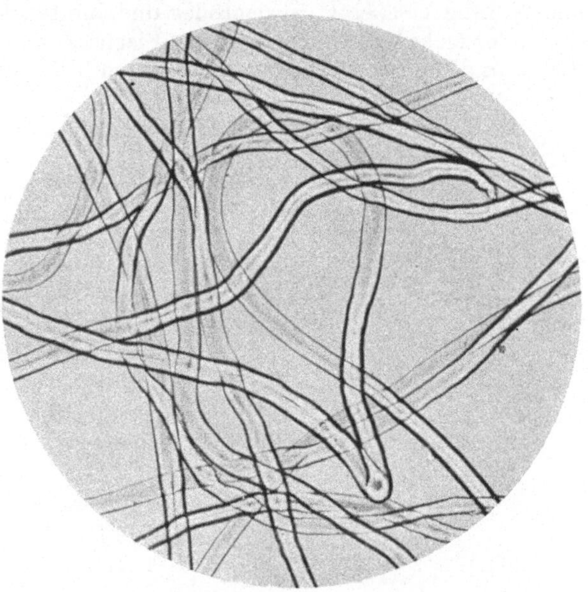

Abb. 74. Mercerisierte Baumwolle (Heermann-Herzog).

Mitunter trifft man im Handel Gewebe aus Kunstbaumwolle an. Es ist dies Baumwolle, die durch maschinelles Zerreißen und Zerfasern alter Gewebe gewonnen wurde. Sie ist im Stapel bedeutend kürzer als normale Baumwolle und zeigt unter dem Mikroskop viele mechanische Verletzungen.

2. Flachs.

Der Flachs gehört zu den Bastfasern und wird aus den Stengeln der Leinpflanze (*Linum usitatissimum*) in einem langwierigen Arbeitsprozeß durch Rösten, Riffeln, Brechen, Schwingen und mehrmaliges Hecheln gewonnen. In den Handel kommt Rohflachs, Schwingflachs und Hechelflachs. Für die Qualitätsbezeichnungen bestehen aber nicht so einheitliche Vorschriften wie bei Baumwolle. Standardtypen (Grundmuster), wie sie für Baumwolle an den einzelnen Börsen aufgestellt werden, gibt es für Flachs nicht. Lediglich für die russischen

Flachssorten haben sich vor dem Kriege feststehende Handelsbezeichnungen ausgebildet.

Ein Querschnitt (Abb. 75) durch einen Flachsstengel läßt schon bei schwacher Vergrößerung die für die technische Verwertung allein in Frage kommenden Bastfasern unter der Rinde erkennen. Sie sind in Bündeln zu 20—40 zusammengelagert. Bei stärkerer Vergrößerung betrachtet, zeigen sie bei gutem Hechelflachs, der aus den mittleren Stengelpartien stammt, einen polygonalen Querschnitt. Weiter gegen die Stengelbasis zu wird die Form mehr rundlich, und das Lumen, das in ersterem Falle nur punktförmig erscheint, wird größer und breiter, so daß diese Merkmale ein Kennzeichen für die Güte des Flachses sind. Die mehr gegen die Spitze und die Stengelbasis zu gelegenen Teile liefern nämlich minder-

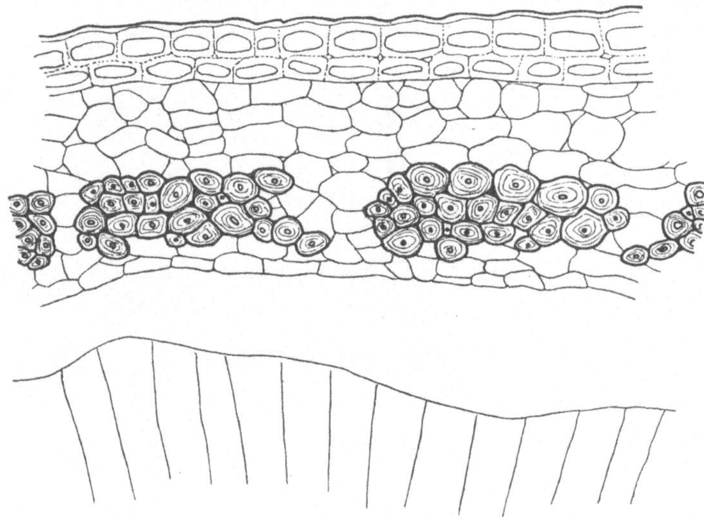

Abb. 75. Querschnitt durch einen Flachsstengel (Tobler).

wertigere Fasern und gehen bei der Gewinnung in den Abfall, das sogenannte Werg über. Den Stengelquerschnitt stellt man durch Schneiden in Holundermark her; mitunter läßt sich der trockene Stengel nur schwer schneiden. Man bettet dann in eine dicke, mit Glyzerin versetzte Gummilösung ein und kann nach dem Eintrocknen bequem den Schnitt anfertigen.

Da der Zusammenhang der spindelförmigen, meist 20—30 mm langen Bastzellen sehr stark ist, müssen zur Herstellung eines Präparates von Reinflachs die Fasern sehr gut ausgekämmt werden. Man kann die Isolierung der Einzelfasern auch durch ein halbstündiges Kochen in 10% iger Pottaschelösung erreichen. Wird das Präparat mit nicht genügender Sorgfalt hergestellt, so bekommt man im Mikroskop ein ganz falsches Bild von Stärke und Aufbau der Faser.

Diese zeigt sich als glatt und dickwandig, ohne jegliche Drehung (Abb. 76). Das Lumen erscheint als ein schmaler Streifen, der nicht weit in die scharfe

Spitze reicht. Auffallend sind die „Verschiebungen" und Knoten, über die bereits in der Einleitung, S. 101, gesprochen wurde. Bei genügend starker Vergrößerung kann man eine zarte Längsstreifung erkennen (Abb. 77).

Charakteristisch für Flachs und wichtig für die Unterscheidung von Hanf sind die Faserspitzen (Abb. 78). Man sucht sie im Präparat bei schwacher Vergrößerung und stellt erst dann bei stärkerer Vergrößerung darauf ein. Die Enden sind scharf zugespitzt, und das

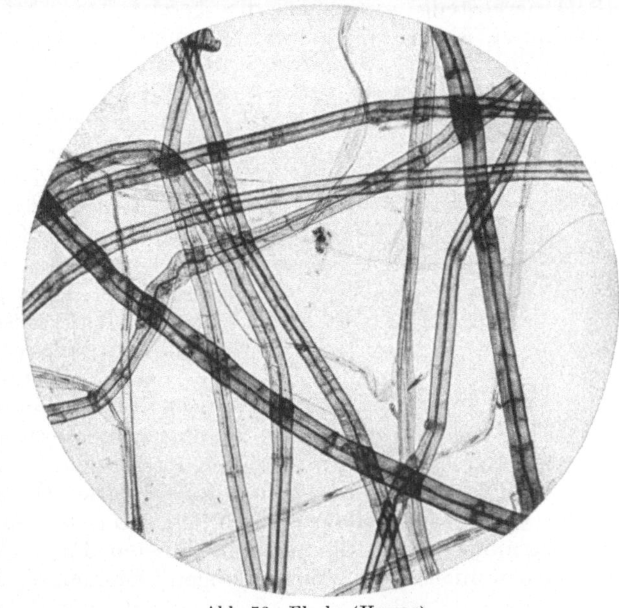

Abb. 76. Flachs (Herzog).

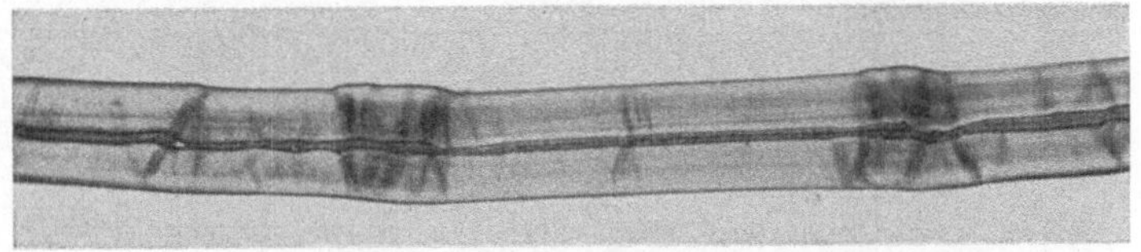

Abb. 77. Flachsfaser bei stärkerer Vergrößerung (Herzog).
Durch Färbung mit Chlorzinkjod sind die Knoten gut erkennbar.

Lumen verläuft in eine feine Linie. Ein anderes Bild geben die von der Stengelbasis und Stengelspitze stammenden Fasern. Schon die Betrachtung der Stengelquerschnitte zeigte gewisse Abweichungen, die auch Fasern in der Aufsicht aufweisen, indem ihr Lumen breit erscheint und demgemäß die Wandungen schwach sind. Bei Faserspitzen aus diesen

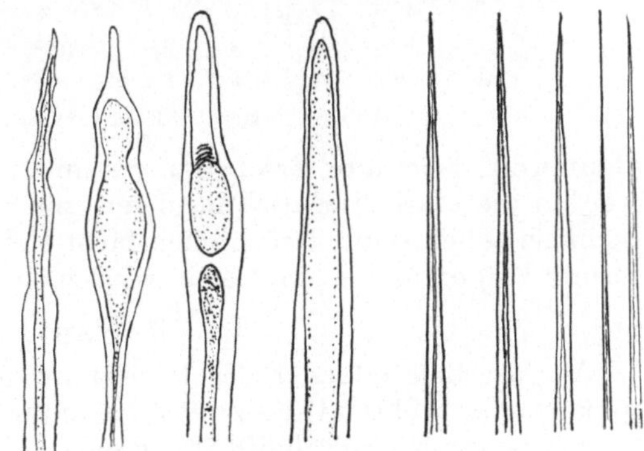

Abb. 78. Faserspitzen von Flachs[1].

Stengelteilen reicht das breite Lumen bis knapp an die Spitze.

[1] Aus Herzog, Technologie V/1; Beitrag Schilling.

Faserquerschnitte (Abb. 79) — nach einem der genannten Verfahren S. 94 hergestellt — zeigen die bereits vom Stengelquerschnitt her bekannten, scharf polygonalen Formen, ein weiteres höchst wichtiges Unterscheidungsmerkmal gegenüber Hanf.

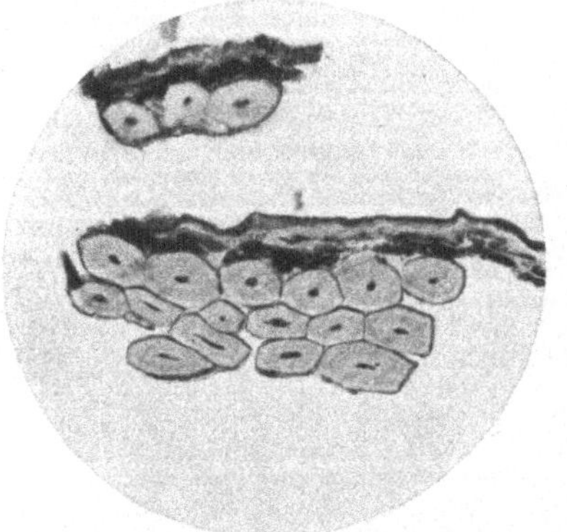

Abb. 79. Faserquerschnitte von Flachs (Heermann).

Mikrochemische Reaktionen. Jod mit verdünnter Schwefelsäure gibt Blaufärbung der Faser, wobei die Außenschicht stärker quillt als die innere; während die Baumwollfasern bei dieser Reaktion durch die verkorkte Lederhaut eine gelbe Umränderung zeigten, fehlt diese bei Flachs. Es ist keine Kutikula vorhanden. Chlorzinkjod ruft Violettfärbung hervor. Die beiden Reaktionen erweisen, daß die reine Leinenfaser aus Zellulose besteht. Kupferoxydammoniaklösung verursacht starke Quellung der Faser, infolge Lösung der Zellulose (Abb. 60). Durch das verschiedene Quellungsvermögen der äußeren und inneren Faserschichten kann es zu blasigen, tonnenartigen Auftreibungen kommen, die stark an die von der

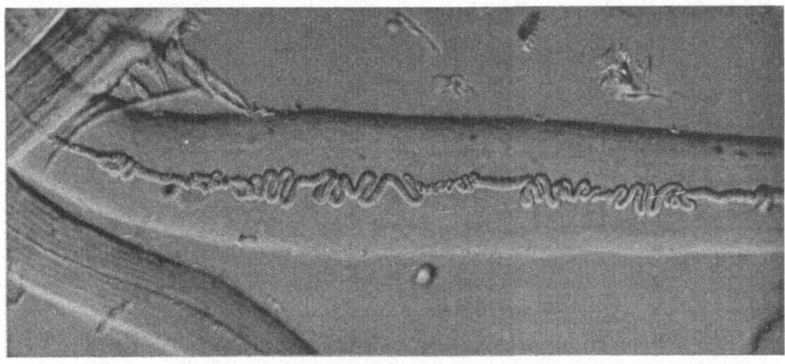

Abb. 80. Flachs in Kupferoxydammoniak (Herzog).

Baumwolle bekannte Erscheinung erinnern. Da aber die Kutikula fehlt, werden die starken Einschnürungen und die zersprengten Kutikulateile nicht zu sehen sein. Das Lumen färbt sich gelblich, widersteht der Auflösung länger und schiebt sich darmschlingenartig zusammen (Abb. 80).

3. Hanf.

Als faserliefernde Art der Hanfpflanzen kommt nur *Cannabis sativa* in Betracht, während die zweite bekannte Art, die *Cannabis indica* das berauschende Haschischgift des Orients liefert. Man nimmt an, daß beide Arten auf eine gemeinsame Stammpflanze zurückgehen, von der sich im Norden (Europa) die faserliefernde und im Süden (Indien) deren Kulturform, die haschischliefernde, entwickelt hat.

Der Hanf ist eine zweihäusige Pflanze, was warenkundlich insofern von Bedeutung ist, als die durch „Raufen" gewonnenen männlichen Pflanzen die besseren Fasern liefern als die 2—3 Wochen später mit der Sichel geschnittenen weiblichen Pflanzen.

Italien, Rußland, Polen (Galizien), Deutschland (Baden), Österreich, Amerika und Algier (Riesenhanf) kommen als die hauptsächlichsten hanfliefernden Länder in Betracht.

Hanf kommt als Roh-, Schwing- und Hechelhanf in den Handel, doch existieren auch hier nicht die einheitlichen Usancen wie für Baumwolle.

Makroskopisch betrachtet, stellt der Hanf eine derbere Bastfaser, als der Flachs vor. Die Farbe kann weißgrau (Bologneser Hanf), grünlich (Ferrarahanf) und gelb sein und bildet in der aufgezählten Reihenfolge ein Merkmal für absteigende Qualität.

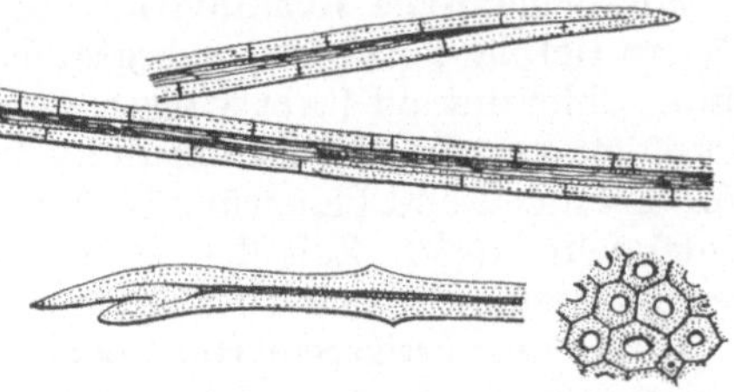

Abb. 81. Faserenden von Hanf[1].

Hanf zählt zu den Bastfasern, und die Einzelfasern sind wie bei Flachs im Stengel unter der Rinde zu Bündeln vereinigt. Es ist daher ebenfalls bei der Präparation eine sorgfältige Isolierung der Einzelfasern notwendig, deren Länge zwischen 5—55 mm schwankt. Im Durchschnitt beträgt sie 15—25 mm; Breite 10—40 μ.

Das mikroskopische Bild zeigt eine große Ähnlichkeit mit Flachs: Eine glatte, bandförmige Faser, die häufig Verschiebungen aufweist. Sie ist aber nicht so gleichmäßig dick wie die Leinenfaser. Die Bandform bringt es mit sich, daß das Lumen je nach der Stellung der Faser strichförmig oder breit erscheinen kann. Die Spitzen, welche zuerst wieder mit schwacher Vergrößerung gesucht werden, sind stumpf und dickwandig.

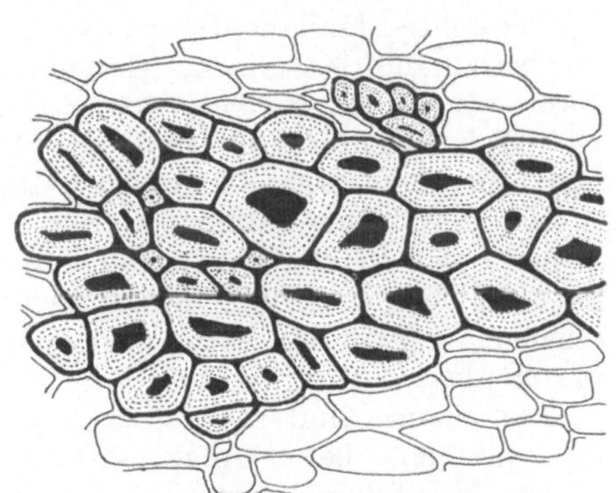

Abb. 82. Hanfquerschnitte (Herzog).

Mitunter sind auch gabelförmige Enden zu sehen (Abb. 81). Über die Häufigkeit des Vorkommens letzterer Form war man früher geteilter Meinung. Während der eine Forscher sie häufig antraf, stellte dies ein anderer in Frage. F. v. Höhnels Arbeiten schafften in dieser für die technische Mikroskopie so wichtigen Frage Klarheit, da er nachweisen konnte, daß Hanfsorten aus südlichen Gegenden die gabeligen Faserenden häufiger als Hanf aus nördlichen Ländern zeigen. Jedenfalls sind auch die stumpfen Faserenden in ihrer Form so charakteristisch verschieden von den Spitzen der Leinenfasern, daß darin ein gutes Unter-

---

[1] Aus Herzog, Technologie V/2, Beitrag Heuser.

scheidungsmittel liegt. Selbstverständlich wird man sich bemühen, ein gabeliges Faserende zu finden, da dieses als eindeutiges Merkmal für Hanf gilt.

Die Querschnitte sind ebenfalls sehr bezeichnend (Abb. 82). Sie sind immer in dichten Gruppen angeordnet und haben äußerst selten die ausgeprägte polygonale Form der Flachsfasern, sondern abgerundete Ecken. Das Lumen ist breit und immer ohne Inhalt. Die Wandung zeigt einen schichtenförmigen Aufbau, der mit Jod und Schwefelsäure ganz besonders deutlich hervortritt.

Mikrochemische Reaktionen. Mit Jod-Schwefelsäure färben sich die Fasern tiefblau, oft aber auch grünlich, da sie mitunter teilweise verholzt sind. Chlorzinkjod färbt violett, zumindest in den inneren Partien. Mit Kupferoxydyammoniaklösung quillt die Faser stark auf, wobei wulstartige Verdickungen und blaugrüne bis blaue Färbungen auftreten. Das Lumen widersteht längere Zeit der Auflösung und schrumpft zu einem vielfach gewundenen Schlauch zusammen.

In minderwertigerem Hanf oder in Hanfwerg kommen an den Fasern meistens noch Bruchstücke der Epidermis vor, an welchen oft einzellige, an der Basis abgebogene Haare zu finden sind. Mit Jod färben sich diese Reste gelb, während die Fasern ungefärbt bleiben.

4. Manilahanf.

Der echte Manilahanf wird aus dem Scheinstamme der *Musa textilis* (Weberbanane) gewonnen. Er gehört also durchaus nicht — wie sein Name vorgibt — zu den aus einer Hanfpflanze gewonnenen Textilfasern. Die Weberbanane stellt eine alte Kulturpflanze der Philippinen dar, wird aber heute bereits in vielen tropischen Gegenden gebaut.

Der Manilahanf kommt in Bündeln in den Handel; die Fasern der besten Sorte (Quilotehanf) zeigen eine fast weiße, leuchtende Farbe und große Gleichmäßigkeit. Mit abnehmender Qualität verschwindet die Gleichmäßigkeit der Farbe und geht über gelblichbraun in schmutzig-braun über.

Die Fasern sind sehr stark verholzt und geben mit Phlorogluzin-Salzsäure eine bereits makroskopisch erkennbare Rotfärbung.

Die Herstellung eines Präparates aus der derben Rohfaser gelingt durch bloßes Auskämmen mit der Präpariernadel nur schwer und un-vollkommen. Man muß das Rohmaterial entweder in der bereits be-kannten Weise mit Pottaschelösung kochen, oder mit Chromsäure[1] ma-zerieren. Zu diesem Zwecke bringt man einige Fasern in ein Probierglas und übergießt sie mit der Säure, die bereits in der Kälte starke Ein-wirkung ausübt. Die Behandlung darf nicht zu lange dauern, da sonst die Fasern zur Gänze zerstört werden.

Nach Beendigung der Mazeration gießt man die Säure ab und wäscht mit Wasser aus. Die Fasern können dann auf dem Objektträger leicht mit der Präpariernadel in die einzelnen Elemente zerlegt werden.

Die Manilahanffasern (Abb. 83) sind gleichmäßig dick und glatt, und

---

[1] Siehe Reagenzienverzeichnis S. 189.

ein breites Lumen durchzieht die dünnwandige Faser bis an die feine Spitze. Verschiebungen und Knoten sind nicht vorhanden. Die Querschnitte — Einbettungsmittel Glyzeringummi — zeigen ellipsenförmige, manchmal schwach gerundete, polygonale Form (Abb. 84).

Bei Manilahanf kommen mitunter sogenannte Deckzellen — Stegmata genannt — vor (Abb. 84). Es sind dies der Faser vorgelagerte, plättchenförmige Gebilde, welche Kieselsäure enthalten. Ihr Vorkommen ist durchaus nicht immer so häufig als angenommen wird, und dies bei anderen Fasern (z. B. Coirfaser) der Fall ist. Es bereitet daher

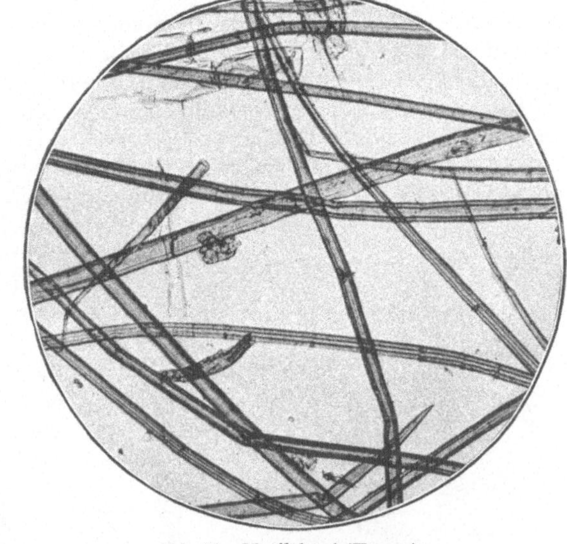

Abb. 83. Manilahanf (Herzog).

die Auffindung solcher Zellen oft große Schwierigkeiten. Am ehesten findet man sie nach kräftiger Mazeration mit Chromsäure oder in der Asche, die man durch Verbrennen und Weißglühen der Faser auf einem Tiegeldeckel erhält. Man kann die gebildeten Karbonate in der auf dem Objektträger befindlichen Asche durch einen Tropfen Salzsäure zerstören. Die verkieselten Plättchen besitzen auf ihrer Oberfläche eine kreisförmige Vertiefung und bleiben in einer reihenförmigen Anordnung zurück. Von den Reaktionen ist die mit Phlorogluzin-Salzsäure bereits genannt worden. Es wäre noch die Reaktion mit Anilinsulfat zu erwähnen, welche nach einiger Zeit deutliche Gelbfärbung her-

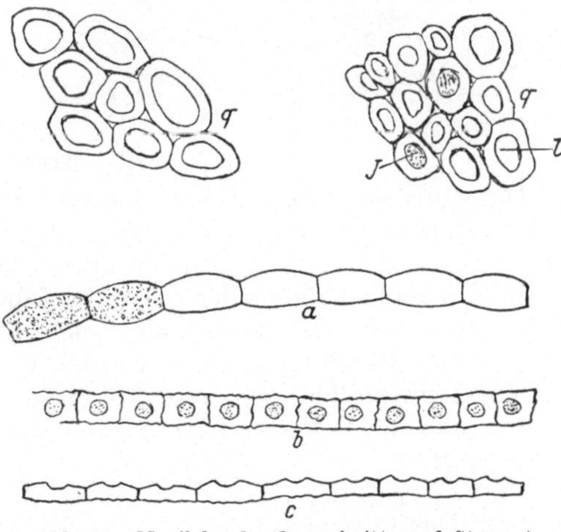

Abb. 84. Manilahanf: Querschnitte und Stegmata.
q Querschnitte, l Lumen ohne, J Lumen mit Inhalt, a Kieselsäureskelett der Stegmata, b Stegmatareihe in Aufsicht, c Stegmatareihe in Seitenansicht (Hähnel).

vorruft, dann die Violettfärbung mit Chlorzinkjod und die gelbbraune Färbung der Wände mit Jod-Jodkali.

5. Sisalhanf.

Auch diese Faser stammt von keiner Hanfpflanze, sondern wird aus den Blättern einer Agaveart gewonnen. Die wichtigste von den verschiedenen Arten ist die *Agave rigida*, deren Heimat und Hauptkulturland die Halbinsel Yukatan in Mexiko ist. Außerdem wird Sisalhanf heute noch in anderen tropischen Ländern produziert.

Die makroskopische Betrachtung zeigt eine gelblichweiße und flach zusammengedrückte Faser.

Das mikroskopische Präparat wird wieder aus mazerierten Rohfasern hergestellt und zeigt eine glatte, nicht sehr dickwandige Faser mit breitem Lumen und stumpfen Enden, in welche das Lumen weit hineinreicht (Abb. 85). In der Faser sind manchmal Querspalten zu erkennen.

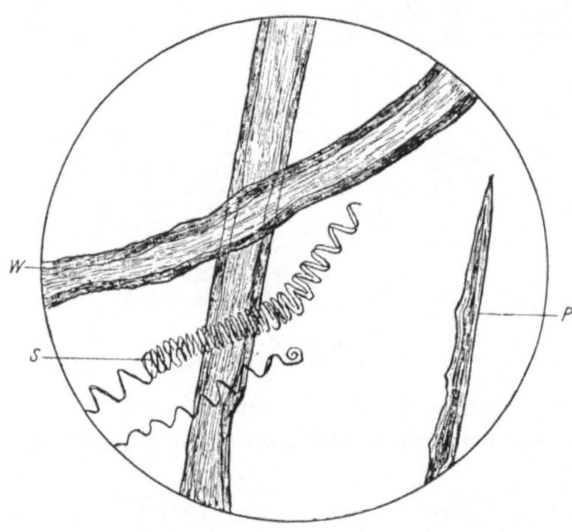

Abb. 85.　Sisalhanf　(Matthews).
W Zellwand, *P* Faserspitze, *S* Sklerenchymhaut.

Im Querschnitt erscheinen die Bastzellen zu Bündeln vereinigt. Die Form ist polygonal. Die äußeren Begrenzungslinien sind scharfkantiger als die inneren, die meistens etwas abgerundet sind.

Die Fasern sind stark verholzt und geben daher mit Anilinsulfat oder Phlorogluzin-Salzsäure deutlich die entsprechenden Reaktionen.

Mit Jod tritt intensive Gelbfärbung ein.

6. Jute.

Die Jutefaser stammt von der Gemüselinde, einer Chorchorusart, (*Chorchorus capsularis*), die hauptsächlichst in Indien wild und kultiviert vorkommt. Ihre Schoten und jungen Blätter dienen den Eingeborenen auch als Gemüse, daher der oben angeführte Name. Die Gewinnung der Fasern geschieht in einem langwierigen Arbeitsvorgang.

Für den Handel mit Jute wurden ähnliche Qualitätsbezeichnungen wie für Baumwolle geschaffen, wovon jedoch mehrere nebeneinander bestehen und noch keine Einhelligkeit erreicht wurde. Eine Einteilung lautet z. B.

1. Good to fine,
2. Fair to good fair

3. Middling to good middling,
4. Low to good common.

Jute ist spröde und besitzt eine silbrigweiße bis gelblichbraune Farbe.

Das mikroskopische Bild ist sehr charakteristisch (Abb. 86). Es zeigt uns eine Faser mit ungleich weitem Lumen und dementsprechend verschieden starker Zellwand. Das Lumen wird manchmal ganz dünn, ja es kann vorkommen, daß es auf eine gewisse Strecke ganz verstrichen ist. Die

Enden sind stumpf, dünnwandig, und das Lumen reicht bis an die Spitze kann aber bei manchen Arten strichförmig enden.

Der Querschnitt zeigt die Fasern zu Bündeln fest gepackt, mit polygonaler, scharfkantiger Form. Auffallend ist die verschiedene Größe der einzelnen Lumina (Abb. 87).

Jute ist eine der am stärksten verholzten Fasern, gibt also sehr deutlich die bereits bekannten Holzstoffreaktionen (siehe auch I. Teil, S. 47). Jod-Jodkali färbt gelbbraun. Mitunter können der Faser noch Parenchymzellen anhaften, deren Inhalt von Jod braun und — sofern sie auch Stärkekörner enthalten — blau gefärbt wird.

7. Ramie[1].

Die Ramiepflanze gehört in die Klasse der Nesselgewächse (Urticaceen) und wird hauptsächlich in China auf den Hochebenen des Jangtsekianggebietes gepflanzt. Daneben ist aber die Kultur dieser wertvollen Faserpflanze in vielen anderen Gebieten teils mit (ehemalig Deutsch-Ostafrika), teils ohne (Java) Erfolg versucht worden.

Die Pflanze wird etwa 2 m hoch und unterscheidet sich von unserer heimischen Nessel durch das Fehlen der Brennhaare.

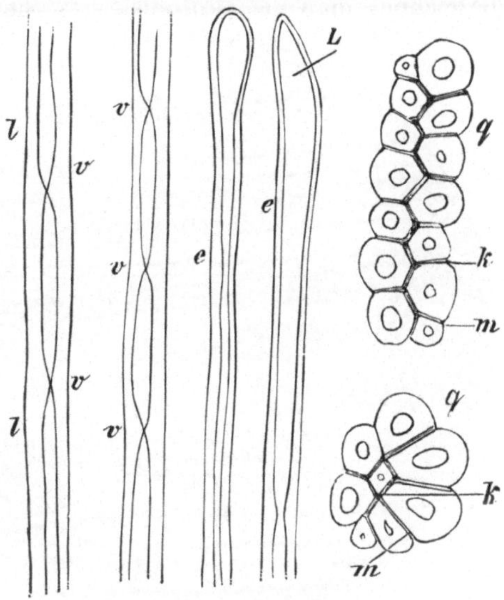

Abb. 86. Jutefaser (Höhnel).

e Faser, *L* Lumen, *l* Längsabschnitte mit Verengerungen des Lumen bei *v*, *q* Querschnitte, *m* Mittellamellen, *k* Knotenartige Verdickung.

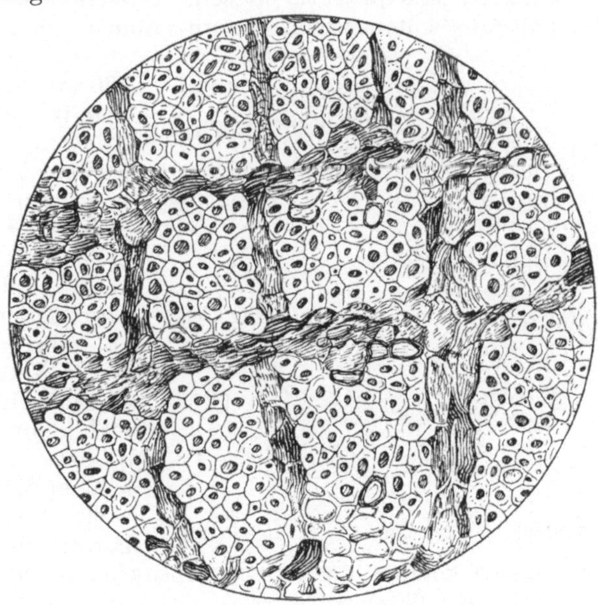

Abb. 87. Querschnitt durch ein Jutefaserbündel (Cross u. Bevan).

[1] „Ramie" ist der malaiische Name für Chinagras.

Die durch umständliche Arbeitsprozesse weitgehend isolierten Fasern bezeichnet man als „kotonisiert“. Sie sind durch einen schönen Seidenglanz ausgezeichnet. Man muß also bei der mikroskopischen Prüfung zwischen der Rohfaser und der kotonisierten Faser unterscheiden.

Erstere erscheint unter dem Mikroskop als eine flache Anhäufung vieler Fasern, welchen allenthalben noch Parenchymreste anhaften. Diese überziehen auch die Fasern mit einem zarten Netzwerk rechteckiger Zellen, so daß oft Lumina und Begrenzungslinien der Einzelfasern kaum zu unterscheiden sind (Abb. 88).

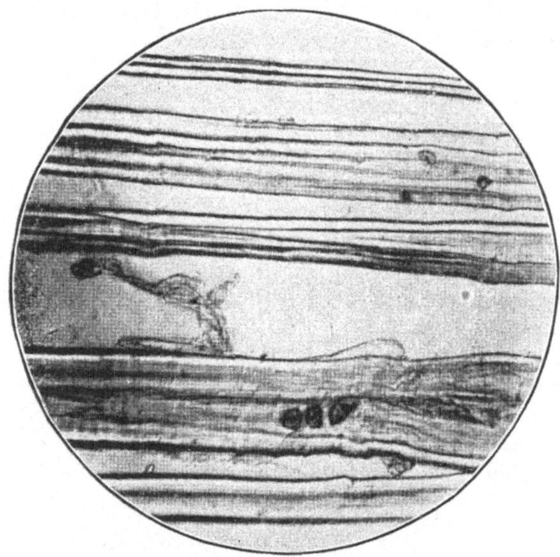

Abb. 88. Rohe Ramiefaser (Solaro).

Ein Präparat, das Einzelfasern erkennen lassen soll, bereitet man mit entsprechender Sorgfalt aus kotonisierten Fasern (Abb. 89, 90).

Die Ramiefasern sind 60 bis 250 mm lang und im Durchschnitt $50\,\mu$ breit. Sie haben bandartige Form, weshalb das Lumen je nach ihrer Stellung breit oder schmal erscheinen kann. Der Verlauf der Faser ist nicht immer gleichmäßig, und häufig sind Verschiebungen und sowohl Längs- wie Querspalten zu erkennen. Eine genügend starke Vergrößerung zeigt auch eine zarte Längsstreifung. Manchmal kann man Drehungen beobachten, die eine gewisse Ähnlichkeit mit solchen der Baumwolle haben, aber bei genauer Betrachtung zu keinem Irrtum

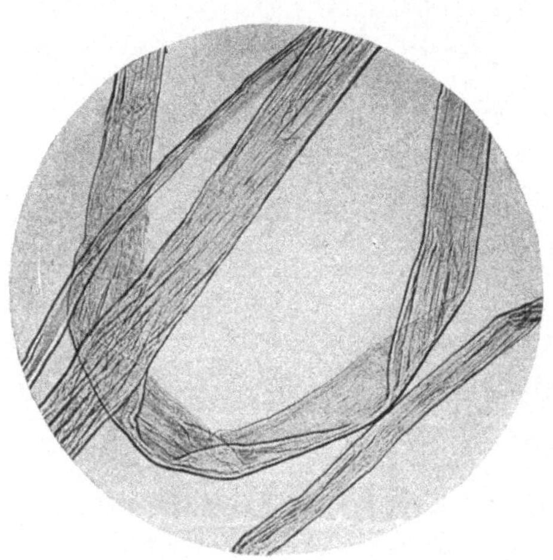

Abb. 89. Ramie: Kotonisierte Fasern (Herzog).

veranlassen können, da die Schraubenwindung bei der Ramie viel steiler als bei der Baumwolle ist.

Die Enden sind stumpf, dickwandig und besitzen nur ein strichartiges Lumen. Sie sind ob der großen Länge der Faser oft nur schwierig aufzufinden. Querschnitte von kotonisierten Fasern stehen gewöhnlich einzeln und sind nur selten zu losen Gruppen vereinigt. Ihre Form ist meistens parallel zur Stengeloberfläche elliptisch gestreckt. Die oft bedeutende Wanddicke läßt nur ein spaltförmiges Lumen übrig, das mitunter einen körnigen Inhalt zeigt. Häufig sind mehrere Schichten deutlich zu erkennen, deren Verlauf aber nicht immer dem äußeren Umriß entspricht. Mit Jod-Schwefelsäure wird die Schichtung besonders gut erkennbar (Abb. 90).

Mikrochemische Reaktionen. Jod-Jodkali läßt die an der Einzelfaser beschriebenen Verschiebungen deutlich hervortreten. Der körnige Inhalt des Lumens färbt sich blau, da er — wie Wiesner erkannt hat — aus Stärke besteht.

Chlorzinkjod färbt die aus reiner Cellulose bestehenden Wände hellviolett, während die Holzstoffreaktionen vollkommen negativ ausfallen.

8. Nesselfaser.

Die in unseren Gegenden wild vorkommende gemeine Brennessel (*Urtica dioica*) besitzt ebenfalls eine spinnfähige, feste Bastfaser, deren rationelle Gewinnung leider bis heute noch nicht einwandfrei durchgeführt werden konnte, obwohl sich die bedeutendsten Forscher dieser volkswirtschaftlich so überaus wichtigen Frage gewidmet haben. Würde uns ja ihre Lösung

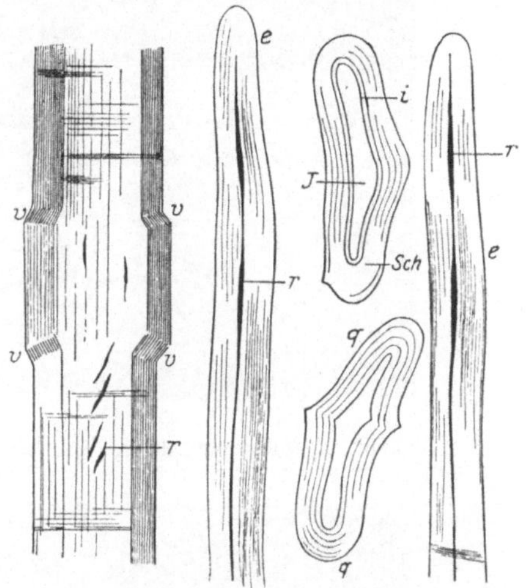

Abb. 90. Ramie: *q* Querschnitte, *i* Innenschicht, *J* Lumen, *Sch* Schichtung, *v* Verschiebung an einer Faser im Mittelteil, *e* Stumpfe Spitze mit Spalten bei *r* (Höhnel).

ein hochwertiges heimisches Spinnmaterial in die Hand geben, das berufen wäre, die Baumwolle zu verdrängen. Doch ist bis heute der von Bismarck für ein rationelles Gewinnungsverfahren von Nesselfaser ausgesetzte Preis von 1000 Reichsmark nicht zur Auszahlung gelangt.

Die weiche, feine und geschmeidige Bastfaser befindet sich im Stengel unter der Rinde zu Zellbündeln vereinigt, wie uns ein Schnitt durch einen Stengel lehrt. In diesem Falle hat man die Möglichkeit, einen frischen Stengel zum Schneiden zu verwenden. Man kann an dem Querschnitt deutlich 4 Schichten erkennen (Abb. 91):

1. Außen die Rinde, auch Oberhaut genannt, 2. die schlauchartige Schichte der Bastzellen, 3. der Holzkern und 4. in der Mitte die Markröhre. Die Urzellen der Bastfasern sind nun mit einer „Pektin" genannten Masse sozusagen miteinander verklebt. Diese Substanz muß irgendwie in Lösung gebracht werden, um zur Gewinnung der Spinnfasern die Bastzellen gewinnen zu können. Während im Laboratoriums-

versuch diese Arbeit restlos und zufriedenstellend gelungen ist, stellen

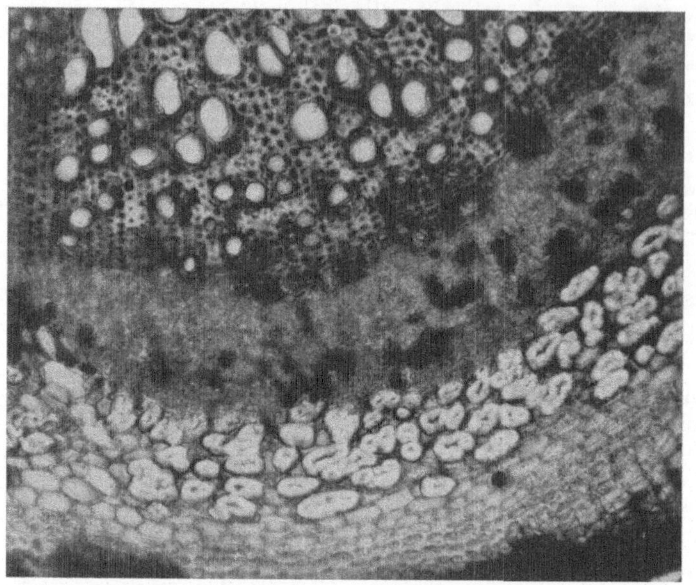

Abb. 91. Querschnitt durch einen Brennesselstengel. *B* Bastzellenschichte

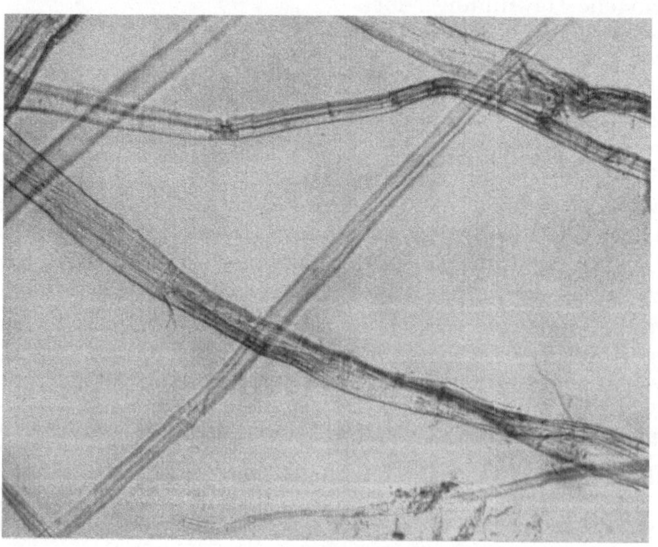

Abb. 92. Brennesselfaser (Urtica dioica).

sich der Übertragung in die Praxis noch große Schwierigkeiten entgegen.

Unter dem Mikroskop sieht man eine unregelmäßig gebaute Faser mit geraden und schiefen Streifen, Spalten und mitunter eigentümlichen Auftreibungen (Abb. 92). Das Lumen ist meistens sehr breit, wird aber in den Enden schmal. Diese sind ausgezogen und abgerundet, selten gabelförmig. Manchmal zeigen sie auch löffelförmige Erweiterungen.

Die Querschnitte haben meistens einzelstehende Fasern, oft aber auch Gruppen zu 3—6.

Die Form ist oval, an einer Seite abgeplattet, ja manchmal kann eine Seitenwand sogar einspringend sein. Das Lumen erscheint klein und spaltförmig.

Mit Jod färbt sich der Zellinhalt gelb, was Eiweiß andeutet. Die Zellwand gibt Zellulosereaktion, während die Holzstoffreaktion negativ ist.

9. Einige weniger wichtige Faserarten.

a) Kokosfaser (Coir).

Die Kokosfaser wird aus den reifen Früchten der Kokospalme gewonnen. Die braune Rohfaser stellt ein Gefäßbündel dar, das in der Mitte einen Hohlraum umschließt. Zur Betrachtung stellt man von einer in Glyzeringummi gebetteten Faser einen Querschnitt her (Abb. 93).

Ein Präparat von Einzelfasern (Abb. 94) kann man nur durch Mazeration einer Rohfaser gewinnen. Man erkennt dann eine dickwandige, ungleichmäßige Faser mit zahlreichen Tüpfeln. Manche Fasern zeigen an einer Seite eine wellige Längswand. In den Einbuchtungen waren kieselsäurehaltige Stegmata vorhanden, die bei der Präparation verlorengegangen sind. Doch wird man in jedem Präparat Fasern mit gut erhaltenen, warzenartigen Stegmata finden.

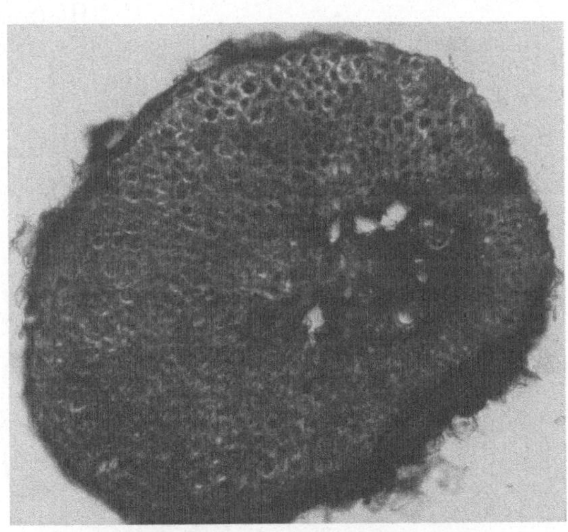

Abb. 93. Querschnitt durch eine Kokosrohfaser.

Reaktionen. Phlorogluzin-Salzsäure: Rotfärbung. Jod-Schwefelsäure: Gelbfärbung. Die Faser ist also stark verholzt.

b) Kapok.

Die Kapokfaser stammt von dem in den Tropen sehr verbreiteten Wollbaum (*Eriodendron anfractuosum*), ein den Malven verwandtes Ge-

wächs, das zur Familie der Bombaceen gehört. Morphologisch ist die
Faser wie die Baumwolle zu den Samenhaaren zu rechnen und zeigt die

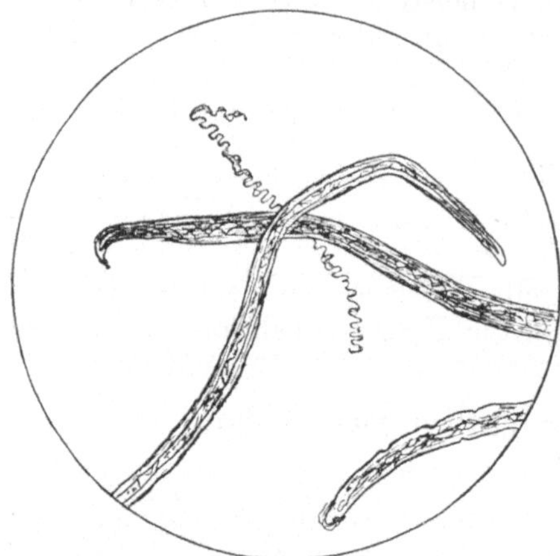

Abb. 94. Kokosfasern (Matthews).

dieser Fasernart eigentümlichen,
bereits beschriebenen (S. 100)
Merkmale.

Die Kapokfaser besitzt ein
gelblichweißes, seidigglänzendes
Aussehen, große Gleichmäßigkeit
im Verlaufe und fühlt sich weich
und geschmeidig an. Für Spinn-
zwecke aber ist die Faser wegen
ihrer großen Glätte und wegen
einer gewissen Sprödigkeit, die man
bei der makroskopischen Prüfung
gar nicht vermuten würde, nicht
direkt geeignet. Erst in letzter
Zeit ist es gelungen, die Faser
durch eine entsprechende Vorbehandlung spinnfähig zu machen.
Hauptsächlichst wird Kapok als

Füll- und Stopfmaterial für Polster u. ä. verwendet.

Die mikroskopische Betrachtung läßt eine röhrenförmige, dünnwandige Faser mit breitem, gleichmäßigem Lumen sehen, das nur an

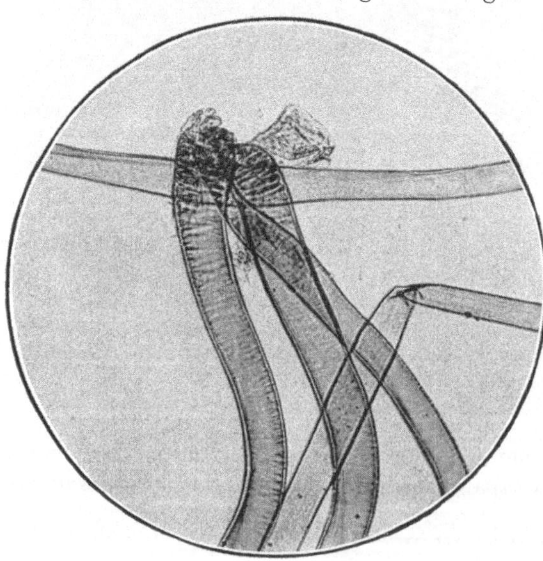

Abb. 95. Wurzelpartie von Kapok (Herzog).

der Basis ein verändertes
Aussehen zeigt. Dort ist
die Faser meistens keu-
lenförmig erweitert, und
die Zellmembran ist netz-
artig verdickt (Abb. 95).
Das Lumen ist inhaltlos,
und nur stellenweise, be-
sonders an der stumpfen
Spitze, kann man einen
körnigen Inhalt konsta-
tieren. Sehr häufig werden
Zelleinschlüsse dadurch
vorgetäuscht, daß bei der
Präparierung das Wasser
nicht vollständig in das
leere Lumen eindringen
kann, so daß Luftblasen
entstehen, die als lange,
schwarz umränderte Ein-
schlüsse mit abgerunde-

ten Enden und oft auch bogenförmigen Einbauchungen an einer der
Längsseiten zu sehen sind (Abb. 96).

Mikrochemisch geprüft zeigt die Faser schwache Verholzung, indem

sie mit Phlorogluzin-Salzsäure mäßige Rotfärbung gibt. Jod-Schwefelsäure deutet das Vorhandensein einer Kutikula an. Kupferoxydammoniaklösung läßt die Faser häufig faltig werden und einrollen, mitunter sind
runde Aufbruchstellen zu
konstatieren.

c) Pflanzenseiden.

Zur Gruppe der Pflanzen-
seiden wird eine Anzahl sei-
dig glänzender Samenhaare
mit gelber bis weißer Farbe
gezählt, die von verschiedenen tropischen Pflanzen
stammen. Sie zeigen in ihrem
makro- und mikroskopischen
Aussehen alle mehr oder
weniger untereinander große
Ähnlichkeit.

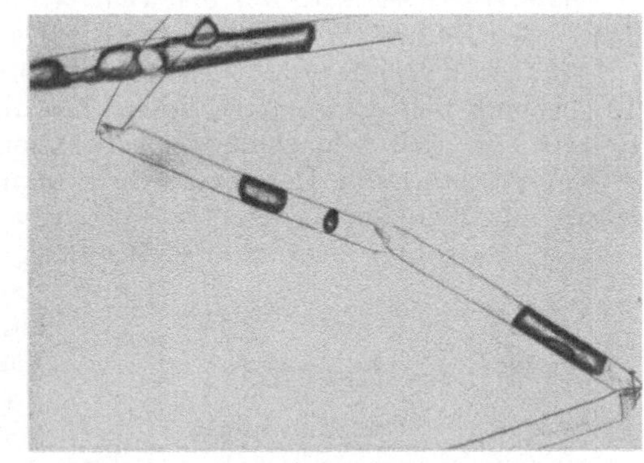

Abb. 96. Kapokfasern mit Lufteinschlüssen.

Eine zylindrisch röhrenförmige Faser mit breitem Lumen und dünner
Wand ohne jede Drehung, mit gleichmäßigem Verlauf und längs angeordneten Verdickungsleisten. Sie sind verholzt und geben daher posi-
tive Holzstoffreaktionen.
Mit Jod-Schwefelsäure
bräunliche Färbung und
mit Kupferoxydammo-
niak nur geringe Verän-
derung.

Die wichtigsten hierher
gehörenden Fasern sind:
die aus dem tropischen
Amerika stammende As-
klepias, die in Asien und
Afrika heimische Kalo-
tropis, welche im Han-
del als Akonfaser be-
zeichnet wird (Abb. 97),
und die aus Westafrika
stammende *Kickxia ela-
stica* Preuss. Auch diese
Fasern konnten ihrer
großen Sprödigkeit und
Glattheit wegen lange

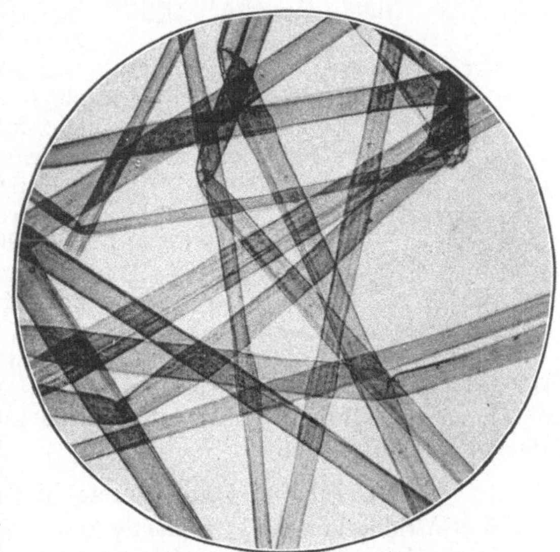

Abb. 97. Akonfaser (Kalotropis) (Matthews).

nicht versponnen werden, bis es eben einer sächsischen Textilfabrik ge-
lang, die Fasern für den Spinnprozeß geeignet zu machen. Als Beispiel sei
das mikroskopische Bild der Akonfaser angeführt. Es sind die genannten
allgemeinen Charakterzeichen der Pflanzenseiden zu sehen. Daneben fallen
noch starke Verdickungen oberhalb der Basis mit zahlreichen Tüpfeln auf.

Die Länge der Faser beträgt 3—4 cm, die Breite durchschnittlich 20 μ.

d) Neuseeländischer Flachs.

Diese Hartfaser wird aus den Blättern der in Neuseeland und Australien (Neu-Südwales) kultivierten neuseeländischen Flachslilie (*Phormium tenax*) gewonnen. Sie wird vornehmlich zur Herstellung von Tauen und Seilen, im gereinigten Zustande auch für Gespinste und Gewebe, die sich rein weiß bleichen lassen, verwendet.

Ein Präparat der Reinfaser erhält man durch Mazeration von Rohfasern mit Kalilauge.

Das Mikroskop zeigt eine gleichmäßig verlaufende Faser ohne Verschiebungen mit dicker Wand und engem Lumen. Häufig haften der Faser Parenchymreste an, die starke Tüpfelung zeigen. Die Enden sind spitz und stark verdickt, doch finden sich daneben auch stumpfe, meißelförmige und spatelförmige Abschlüsse.

Ein aus Glyzeringummi geschnittener Querschnitt zeigt polygonale, eng aneinanderliegende Zellen mit abgerundeten Ecken. Das von einer dicken Zellwand eingeschlossene Lumen ist in den einzelnen Fasern auffallend verschieden groß (Abb. 98).

Mikrochemische Reaktionen. Phlorogluzin-Salzsäure färbt die Faser rot; diese Färbung wird manchmal auch mit konzentrierter Salzsäure erreicht, eine Reaktion, die bei der gereinigten Faser ausbleibt. Jodkali färbt verschieden stark gelb bis dunkelbraun. Es ist zweckmäßig, vor Ausführung der Reaktionen die Luft aus dem Präparat mit Alkohol zu verdrängen.

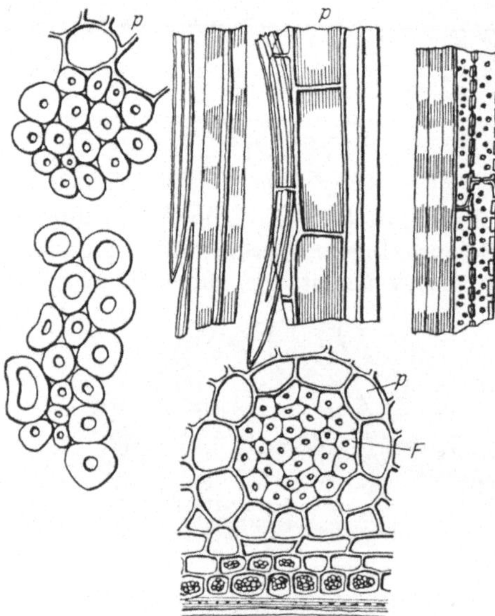

Abb. 98. Neuseeländischer Flachs (Matthews).
F Faserbündel mit anliegenden Fasern.
p Parenchymzellen.

e) Crin d'Afrique (Vegetabilisches Roßhaar).

Crin d'Afrique kommt in zopfartig zusammengedrehten Bündeln von graugrüner Farbe in den Handel und dient als Stopfmaterial bei der Polstermöbelerzeugung.

Die derben Rohfasern des Handels werden durch Zerschlitzen der Blätter von *Chamaerops humilis*, einer im westlichen Mittelmeergebiet gedeihenden Fächerpalme gewonnen. Ein Präparat der Rohfaser zeigt sehr wenig Einzelheiten.

Die in der Rohfaser fest zusammengepackten Einzelfasern kann man mit der Präpariernadel ohne sie zu verletzen nur schwer isolieren. Man mazeriert am besten mit Salpetersäure und Kaliumchlorat, worauf die Isolierung leicht erfolgen kann. Es ist dann eine glatte, dickwandige Faser mit sehr ungleichem Lumen zu sehen. Hin und wieder ist eine der Längsseiten eigentümlich gewellt. Die Spitzen sind lang ausgezogen, manchmal stumpf, manchmal spitz, und das Lumen reicht nicht weit in die Enden. Oft sind an der Faser noch anhaftende Gewebeteile zu erkennen.

Mikrochemische Reaktionen. Mit Phlorogluzin-Salzsäure und Anilinsulfat ist deutliche Verholzung nachzuweisen.

Jod-Jodkali färbt den spärlichen Zellinhalt gelbbraun und die Wände gelb.

10. Schafwolle[1].

Die Schafwolle ist vermutlich die älteste Spinnfaser der Menschheit, da auch die Schafzucht bis in die ersten Anfänge der Kultur zurückverfolgt werden kann. Ursprünglich wurde das Schaf wohl zur Fleischgewinnung gezogen und das wärmende Fell als willkommener Abfall zu Bekleidungszwecken verwendet. Mit steigender Kultur lernte man das Verspinnen der Faser und wurde dadurch angeregt, die Schafzucht nach zwei Richtungen hin zu betreiben, nämlich zur Fleischgewinnung und zur ausgesprochenen Wollgewinnung. So entstanden durch Kunst des Züchters eine große Anzahl von Schafrassen, von welchen allein die wollgebenden eine Bedeutung für den Welthandel haben.

Man kann zwei Hauptgattungen von Wollschafen unterscheiden: 1. Höhen- oder Landschafe, 2. Niederungsschafe.

Die erstere Art liefert kurze Wollen (25—40 mm) mit starker Kräuselung, die als „Streichwolle" bezeichnet und ob ihrer guten „Filzoder Krimpfähigkeit" zu Tuchen verarbeitet wird. Zu dieser Gruppe gehört das Merinoschaf, das zu den verschiedensten Kreuzungen verwendet wurde und die Stammrasse vieler hochwertiger Wollschafarten wurde (z. B. Elektoralschaf in Sachsen, Imperialschaf in Österreich). Die zweite Gattung liefert lange, schlichte Wollsorten (100—300 mm) mit wenig Kräuselung, aber schönem Glanz. Hierher ist das englische Leicesterschaf, das deutsche Heidschnuckenschaf (Lüneburger Heide, Ostfriesland) und das Zackelschaf Ungarns, Rumäniens und Südrußlands zu zählen.

Die Wolle dieser Schafe wird als Kammwolle zu den Kammgarnstoffen verarbeitet.

Bei Schafwolle, die ja ein Welthandelsgut überragender Bedeutung darstellt, haben sich feststehende Handelsgebräuche und Qualitätsbezeichnungen ausgebildet.

Man unterscheidet im Schafwollhandel vornehmlich zwischen den Merinowollen und den Crossbredwollen, die von Kreuzzuchten zwischen englischen Böcken und Merinomutterschafen stammt.

Die Streichwollen werden in folgende 8 Klassen eingeteilt:

---

[1] Siehe auch I. Teil S. 47 und II. Teil Einleitung S. 101.

Tabelle 4.

1. Superelekta	SE	über 11	Kräuselungen je Zentimeter
2. Elekta	E	9—11	,, ,, ,,
3. Prima	P	7—9	,, ,, ,,
4. Sekunda	S	6—7	,, ,, ,,
5. Tertia	T	5—6	,, ,, ,,
6. Quarta	Q	4—5	,, ,, ,,
7. Quinta		weniger als 4	,, ,, ,,
8. Sexta		Beinahe keine Kräuselung mehr vorhanden.	

Mitunter wird die Bezeichnung der Qualität mit Großbuchstaben vorgenommen: z. B. bei der Australwolle in drei Hauptklassen: AAA, AA, A, wobei Zwischenstufen durch Zusatz weiterer Buchstaben gekennzeichnet werden (z. B. AAA/AA, AA/A).

Die makroskopische Prüfung, die man durch Auflegen einer Probe auf eine schwarze Unterlage vornimmt, hat sich auf folgende Punkte zu erstrecken:

Kräuselung. Aus der Tabelle 4 ist zu entnehmen, daß eine hohe Anzahl von Bogen auf den Zentimeter und eine große Gleichmäßigkeit ein Zeichen für gute Qualität ist.

Stapel. Die Wolle ist infolge der vielen Kräuselungen normalerweise kürzer als in gestrecktem Zustande. Als Stapel wird der natürliche Zusammenhang der Wolle in Flocken und Büscheln bezeichnet. Die Längenbestimmung wird an einer ungestreckten Flocke vorgenommen.

Treue oder Untreue der Wolle. Man versteht darunter die Gleich- oder Ungleichmäßigkeiten der Wolle in ihrem Faserverlauf und Aussehen.

Zur Übung ist die makroskopische Prüfung an englischer Leicesterwolle, Imperialwolle und gewöhnlicher Landwolle vorzunehmen.

Das mikroskopische Bild einer guten Merinowolle zeigt folgende charakteristische Merkmale: Bei schwacher Vergrößerung sieht man ein zartes, gleichmäßiges Haar mit schwach zackigem Rande und feinen, über die Breite der Faser reichenden Streifen.

Stärkere Vergrößerungen zeigen, daß der zackige Rand und die Querstreifen durch übereinandergreifende Schuppen gebildet werden, welche die äußere Schichte, die Epidermis des Haares bilden. Das Innere ist von der Fasermasse erfüllt, welche an der deutlichen Längsstreifung des Haares zu erkennen ist. Die Schuppen haben bei den feinsten Sorten zylindrische Form, so daß sie die Faser in ihrem ganzen Umfange

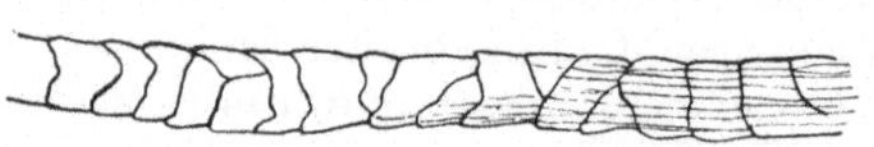

Abb. 99. Schafwolle bei stärkerer Vergrößerung (Höhnel). Fast zylindrische Schuppen. Im unteren Teil Faserstreifung. Vergrößerung 340.

umschließen. Seltener ist die halbzylindrische Form, bei der dann zwei Schuppen auf den Umfang zu liegen kommen. Die großen zylindrischen Schuppen erscheinen schachtelartig ineinandergesteckt. Ein Markstrang ist nicht vorhanden. Die Breite von Merinowollhaaren schwankt je nach der Qualität zwischen 12—17 μ (Super Elekta) und 40 μ (Quarta).

Betrachtet man ein Präparat einer gewöhnlichen Landwolle bei schwächerer Vergrößerung, so fällt vor allem auf, daß die Wolle aus zwei Arten von Haaren besteht. Neben dünneren, feineren Haaren beobachtet man weitaus dickere und derbere, die sich auch in ihrem Aufbau charakteristisch von den ersteren unterscheiden.

Der Haarbestand gewöhnlicher Landschafe besteht aus den weichen, stark gekräuselten Wollhaaren und aus den langen, starken und derben Grannen- oder Hundshaaren, die nur eine schwache oder gar keine Kräuselung besitzen und sich steif, oft beinahe borstenartig anfühlen. Für hochgezüchtete Wollschafe ist das Fehlen der Grannenhaare im Vlies charakteristisch, und gute Streichwolle soll frei von solchen sein. Neben

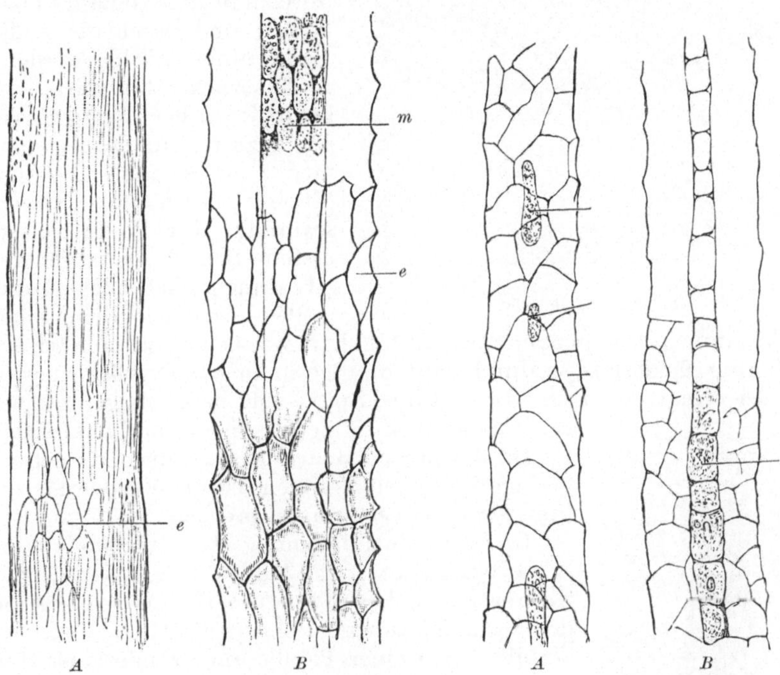

Abb. 100. Landwolle, Grannenhaare (Höhnel).
A Nahe der Spitze, ohne, oder mit nur angedeuteter Schuppung (*e*) und grober Faserstreifung. *B* Aus der Mitte des Haares, *m* mehrreihiger Markzylinder, *e* muschlig konkave, plattenförmig aneinanderstoßende Epidermiszellen. Vergrößerung 340.

Abb. 101. Leicesterwolle (Höhnel).
A Grannenhaar mit Markinsel, *B* mit zusammenhängendem Markkanal. Vergrößerung 340.

ihrer großen Breite von 60—90 μ zeigen die Grannenhaare auch eine verschiedene Form der Schuppen (Abb. 100). Diese sind weder ganz- noch halbzylindrisch, sondern viel kleiner als der Haarumfang, um den sie zu 8—14 dachziegelartig angeordnet sind. Während die Schuppen bei feinen Merinohaaren mehr breit als lang sind, ist dies bei Grannenhaaren in vielen Fällen umgekehrt; oft sind die Schuppen auch eigentümlich konkav gebaut (z. B. bei ungarischer Zackelwolle). Die Grannenhaare besitzen immer einen dicken Markkanal, der auch in einzelne längliche „Markinseln" aufgelöst sein kann. Das Mark erscheint manchmal auch aus der Mitte mehr gegen eine Wand hin verschoben.

Englische Leicesterwolle (Abb. 101) besteht nur aus Grannenhaaren, die aber feiner und dünner (30—60 μ) sind, als solche gemeiner Landwollen. Auch bei diesen Kammwollen kann man den charakteristischen Bau der Grannenhaare beobachten, also: dachziegelartige, dickrandige Schuppen, Markstrang, der oft zu Markinseln aufgelöst ist. Im Längsverlauf sind solche Wollen oft sehr ungleichmäßig. Feine Leicesterwollen lassen oft den Markstrang vermissen und können von Merinowollen nur durch ihre größere Länge (15 bis 20 cm) und durch die größere Dicke unterschieden werden.

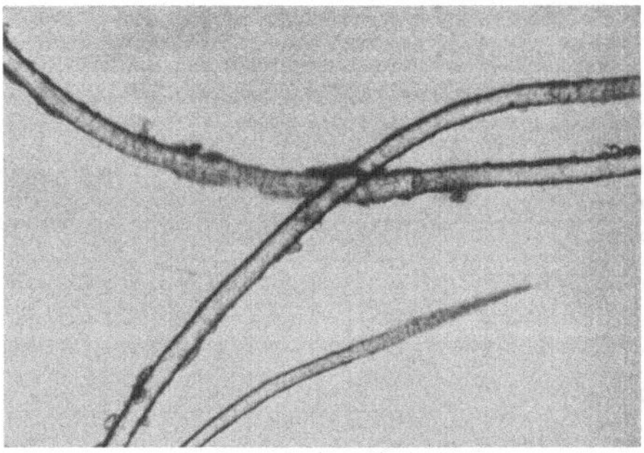

Natürliche Haarspitzen sind in qualitativ hochwertiger Wolle nie anzutreffen, da solche immer von Schafen, die schon öfters geschoren wurden, stammt. Nur Wolle von der ersten Schur — sogenannte „Erstlingswolle" oder „Lammwolle"—zeigt natürliche Enden,

Abb. 102. Lammwolle

auch Lammspitzen genannt (Abb. 102). Lammwolle hat oft eine teilweise verhornte Epidermis, wodurch dann die Schuppung undeutlich zu sehen ist. Die Haare endigen in eine dünne Spitze mit halb- bis ganzzylindrischen Schuppen, die niemals einen Markkanal enthält.

Da die jungen Haare der Lammwolle noch eine geringe Festigkeit besitzen, ist diese Wolle als qualitativ minderwertig anzusprechen.

Die normale Gewinnung der Schafwolle durch Schur bedingt auch das Fehlen der „Haarzwiebeln", worunter man jenen Teil des Haares versteht, mit dem es in der äußeren Schicht der Haut — der Epidermis — auf einer Papille am Grunde einer Haartasche sitzt. Diese Enden sind immer keulenförmig erweitert und bilden die Haarwurzeln. Sie können nur in solchen Wollen vorkommen, die durch „Raufen" gewonnen werden, d. h. durch Enthaaren umgestandener Tiere („Sterblingswolle") oder in Wollen, die beim Zurichten der Schafhäute für den Gerbprozeß durch Abschaben der Haare nach dem

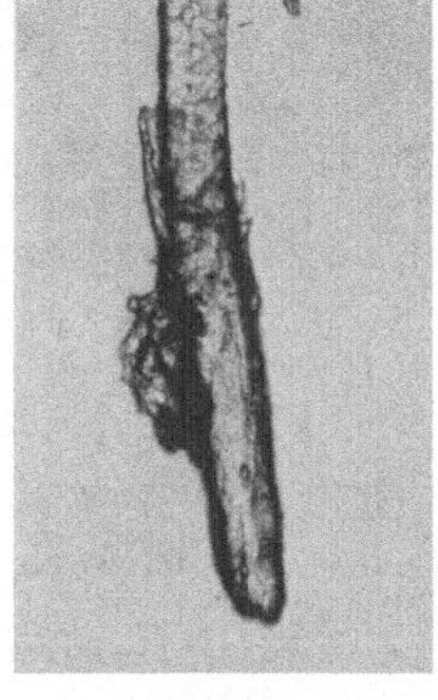

Abb. 103. Gerberwolle mit Haartasche.

Äschern gewonnen werden. Dieses Abfallprodukt der Gerbereien wird als „Gerberwolle" bezeichnet und ist durch die Behandlung mit der Äscherlauge (Kalkmilch) brüchig und daher qualitativ minderwertig geworden.

Gerber- und **Sterblingswollen** (Abb. 103) zeigen unter dem Mikroskop in großer Zahl die obengenannten Haarzwiebeln, an welchen oft noch vertrocknete Teile der Haartasche haften[1]. Gerberwolle wird auch viel-

---

[1] Haarzwiebeln können auch in normaler Schafwolle manchmal beobachtet werden, da beim Scheren auch vereinzelte Haare ausgerissen werden.

fach mechanische Verletzungen und manchmal auch Reste von eingetrocknetem, kohlensaurem Kalk aufweisen, den man an der Gasentwicklung erkennen kann, wenn man an den Rand des Deckglases einen Tropfen verdünnter Salzsäure bringt.

Mikrochemische Reaktionen. Jodlösung färbt Schafwolle durch Jodspeicherung braun, Pikrinsäurelösung färbt intensiv gelb, ganz besonders dann, wenn das Präparat erhitzt wird. Durch kochende Kalilauge wird Schafwolle rasch gelöst, während konzentrierte Salzsäure keine Einwirkung hat. Die Tierhaare, also auch Schafwolle, sind aus einer schwefelhaltigen Substanz aufgebaut. Versetzt man eine Probe mit Kalilauge, erhitzt sie und fügt nachher einen Tropfen einer Bleizuckerlösung zu, so entsteht durch Bildung von Schwefelblei eine Braun- bis Schwarzfärbung.

Sehr empfindlich ist auch der vom Verfasser angegebene Schwefelnachweis[1]. Die Probe wird auf dem Objektträger mit einigen Tropfen Natronlauge versetzt und über einer kleinen Flamme zur Trockene verdampft. Hierauf wird die Operation nach Zusatz einiger Tropfen einer 0,1 %igen Zyankaliumlösung (Vorsicht) wiederholt und der Rückstand nach Befeuchten mit verdünnter Schwefelsäure mit einer sehr verdünnten Eisenchloridlösung versetzt. Die Anwesenheit von Schwefel verrät sich durch eine deutliche Rotfärbung. Mit Salpetersäure befeuchtet, färben sich tierische Haare gelb, ganz besonders schön nach Zusatz von Kalilauge.

Mikrotrockendestillation nach E. Beutel[2] (Abb. 104). Man legt einige Fasern zwischen zwei Deckgläschen, die — mit einer Pinzette gehalten — an einem Rande in einer kleinen Flamme

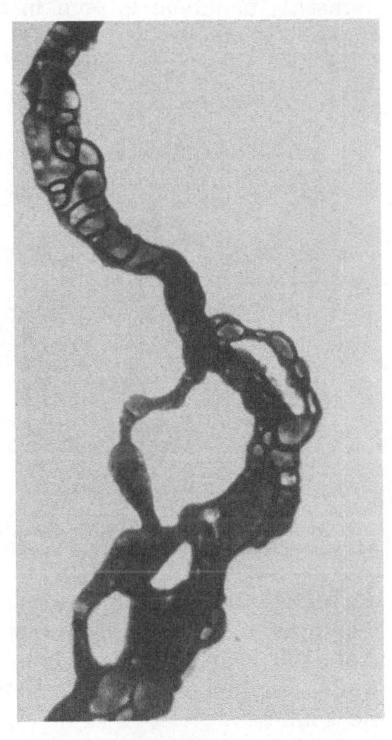

Abb. 104. Mikro-Trockendestillation von Schafwolle.

(am besten an einem Mikrobrenner) zusammengeschmolzen werden. Dies gelingt nach kurzer Übung bald, ohne daß die Gläschen zerspringen, wenn man sie langsam anwärmt. Bedeutend erleichtert wird die Arbeit durch Verwendung von Quarzgläsern, die aber sehr teuer sind.

Betrachtet man die so behandelte Probe unter dem Mikroskop bei schwacher Vergrößerung, so wird man folgende eigentümliche Erschei

---

[1] Grünsteidl, E.: Eine mikrochemische Farbreaktion auf Schwefel. Z. anal. Chem. **76**, H. 7—8.

[2] Beutel, E.: Morphologie einiger Textilfasern bei ihrer trockenen Destillation. Z. Die Kunststoffe **10** (1913).

nungen beobachten. Auf der der Erhitzungsstelle gegenüberliegenden
Seite wird die Wolle noch ihr unverändertes Aussehen zeigen. Gegen den
erhitzten Deckglasrand zu nehmen die Haare stufenweise eine hell-, gold-
dunkelgelbe, dann braune und schließlich schwarzbraune Farbe an. In
den ersten hell- und goldgelben Partien treten dei Schuppen deutlich
hervor. Dann ist das Auftreten von blasigen Einschlüssen zu beobachten,
die immer größer werden, bis es zum Austritt eines braunen Destillates
kommt, das sich rings um die ehemalige Faser verbreitet und charakteristische runde oder polygonale, zellenartige, aneinanderliegende Blasen
bildet. Schließlich tritt Verkokung ein, der Koks bekommt Risse und
verascht, nachdem er sich in einzelne, nach den ursprünglichen Blasen
scharf begrenzte Teile aufgelöst
hat.

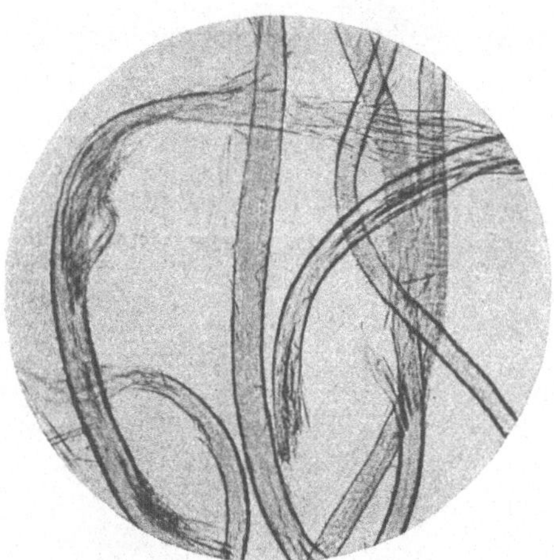

An den Kreuzungsstellen
zweier oder mehrerer Haare kann
man eine Verschmelzung derselben beobachten, was bei pflanzlichen Fasern nie vorkommt.
Letztere zeigen auch niemals die
eben beschriebenen Blasenbil-
dungen, so daß mit Hilfe der
Mikrotrockendestillation die Möglichkeit der Unterscheidung von
pflanzlichen und tierischen Fasern auch bei kleinsten Probe-
mengen gegeben ist.

Kunstwolle. Kunstwolle wird
durch Zerreißen alter Gewebe,
Garne und Textilabfälle gewonnen. Es ist klar, daß durch die

Abb. 105. Schafwolle[1], stark beschädigt.
Aus einem Kunstwollpräparat. Vergrößerung 100.

derbe Behandlung die Fasern schwere mechanische Verletzungen erleiden und außerdem ihr Stapel bedeutend herabgesetzt wird (1—3 cm).
Abb. 105 zeigt die typischen pinselartig zerrissenen Enden der Kunstwolle, die neben vielfachen Knickstellen die einzigen Merkmale für
sie sind.

Die Entscheidung, ob in einem Garn oder Gewebe Kunstwolle mit-
verarbeitet wurde, ist nicht immer leicht zu fällen, da mechanische Verletzungen auch beim normalen Spinnprozeß nicht zu vermeiden sind.

Erst wenn derartige Deformationen in einem Produkte besonders
häufig vorkommen, und wenn im Vergleiche zur Hauptfarbe des Pro-
duktes vielfach verschieden gefärbte andere Fasern auftreten, kann man,
gestützt auf den Nachweis von vielen ungleichmäßigen, kurzstapeligen
und auch fremden Fasern (wie Baumwolle u. a.) einen sicheren Schluß
auf Kunstwolle ziehen.

---

[1] Nach H e e r m a n n: Encyklopädie. Berlin 1930.

11. Wolle anderer wollgebender Tiere.

a) Ziegenwollen.

Die gewöhnlichen Ziegenhaare, von der gemeinen Ziege stammend, sind meist 40—100 mm lang und weiß, gelblich, braun bis schwarz gefärbt. Sie bestehen zum größten Teil aus Grannenhaaren. Die gerauften Haare lassen unter dem Mikroskop häufig die Haarzwiebel erkennen (Abb. 106). Sie sind an der Basis 80—90 μ dick und werden dann bis zu 100 μ breit. Der Markzylinder ist auffallend breit (oberhalb der Basis etwa 50 μ), so daß für die deutlich längsgestreifte Faserschichte nur ein schmaler Zylinder übrigbleibt. Der Markstrang besteht aus mehreren parallellaufenden Zellreihen, verschmälert sich nach oben hin, um sich dann in einzelne

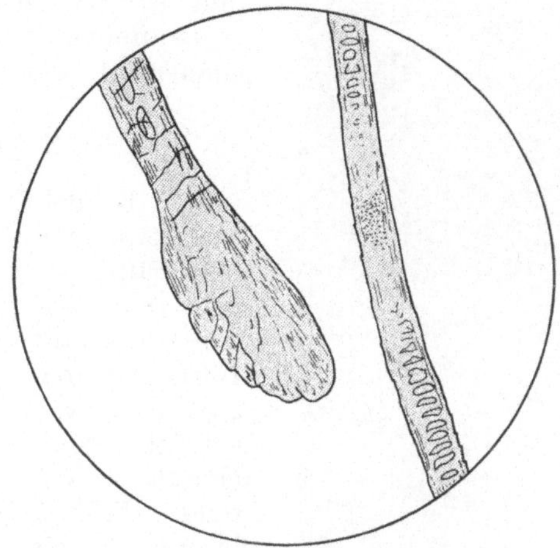

Abb. 106. Gewöhnliches Ziegenhaar (Matthews). Links eine Haartasche zeigend.

Markinseln aufzulösen und schließlich ganz zu verschwinden. Die Epidermis besteht aus querbreiten Schuppen, von welchen mehrere auf den Haarumfang kommen.

Zu den feinsten und edelsten tierischen Fasern gehört die Angorawolle, auch Mohär genannt, aus der die echten, durch ihren herrlichen Seidenglanz ausgezeichneten Lüsterstoffe hergestellt werden. Die Haare der aus Kleinasien stammenden Angoraziege sind wenig gekräuselt, bis zu 250 mm lang, von rein weißer Farbe mit schönem Seidenglanz und bestehen fast zur Gänze aus Wollhaaren.

Das Mikroskop zeigt ein markfreies Haar, mit überaus zarten Epidermisschuppen, deren Übereinandergreifen am Haarrand oft kaum zu erkennen ist. Die Schuppen bestehen aus besonders hohen, halben oder ganzen Zylindern. Breite und regelmäßig verteilte Faserspalten und eine starke Längsstreifung fallen besonders auf (Abb. 107).

Abb. 108 zeigt die edle Kaschmirwolle, auch Tibetwolle genannt, aus der die überaus wertvollen Kaschmirschals hergestellt werden.

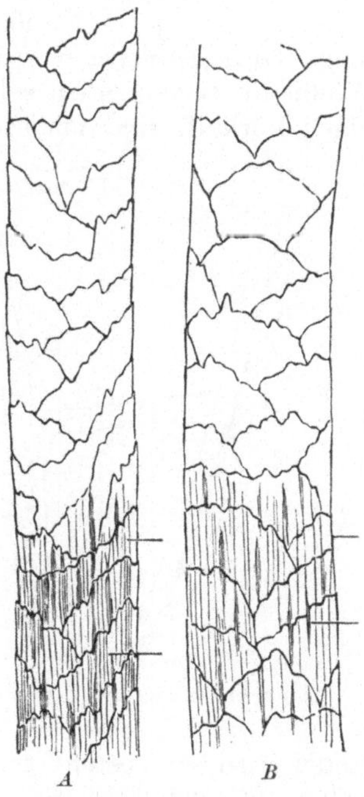

Abb. 107. Angorawolle (Höhnel). *A* Prima-, *B* Sekundasorte.

Man sieht 13—26 μ breite, markfreie Fasern mit fein gezähnten Schuppen, die an den manchmal vorkommenden Spitzen so zart werden, daß sie kaum zu sehen sind; mitunter können sie auch ganz fehlen. Faserspalten sind häufig und deutlich zu erkennen.

Grannenhaare führen einen zusammenhängenden Markkanal; ihre Breite ist etwa 40 μ.

b) Kamelwolle (Abb. 109).

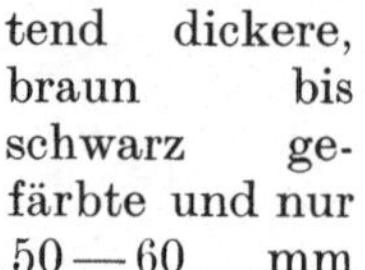

Abb. 108. Kaschmirwolle.

In Kamelwolle kann man regelmäßig neben sehr feinen, ungefähr 100 mm langen, grau bis braun gefärbten Wollhaaren bedeutend dickere, braun bis schwarz gefärbte und nur 50—60 mm lange Grannenhaare beobachten. Die Wollhaare zeigen einen sehr gleichmäßigen Verlauf, sind markfrei und mit

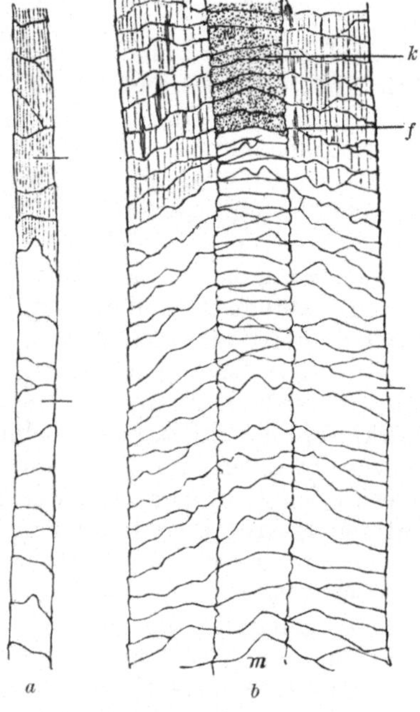

Abb. 109. Kamelhaar (Höhnel).
a Markfreies Wollhaar; *b* Grannenhaar mit Markzylinder (*m*) aus flachen Zellen (*k*) bestehend, *f* Braune Farbknoten.

großer Regelmäßigkeit zart längsgestreift. Ihre Dicke beträgt 10 bis 25 μ. Die Schuppen sind ganz zylindrisch, mehr hoch als breit und zeigen einen schiefen Verlauf. Die Grannenhaare haben eine Dicke von 70—80 μ und einen sehr großen zusammenhängenden Markzylinder. Dieser besteht aus flachen, meist einreihig angeordneten Markzellen, die den Farbstoff in Form kleiner Körnchen oder auch als derberen Knoten enthalten.

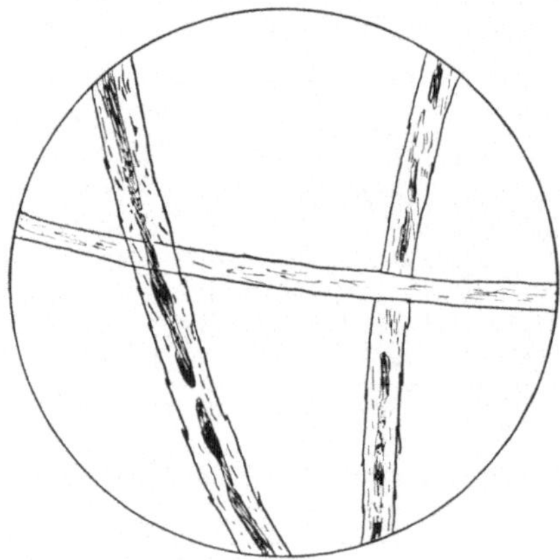

Abb. 110. Vikunjawolle (Matthews).

c) Wolle der Kamelschafe.

Zu den im südamerikanischen Hochgebirge lebenden Kamelschafen zählt man das Lama, Alpaka, Guanako und Vikunja, die teils als Haustiere gehalten werden, teils wild leben (Vikunja).

Ihre Wollen zeigen untereinander sehr große Ähnlichkeit und bestehen ebenfalls aus Woll- und Grannenhaaren.

Im Handel sind nur Vikunja- und Alpakawolle anzutreffen. Die Wollhaare der Vikunjawolle sind farblos bis hellgelb, markfrei und haben zarte, undeutlich zu sehende Schuppen (Abb. 110). Die Grannenhaare besitzen einen kontinuierlichen Markkanal und sind dicker als die Wollhaare. Häufiger als die Wollhaare des wildlebenden, durch die Jagd sehr dezimierten Vikunja ist die Alpakawolle (Abb. 111) im Handel anzutreffen. Die Wollhaare mit einer Breite von 12—18 μ haben deutlicher sichtbare Epidermisschuppen mit glattem Rande, und der Verlauf der Faser ist nicht sehr gleichmäßig. Die Grannenhaare besitzen einen mit einer grobkörnigen grauen Masse gleichmäßig erfüllten Markkanal. Grobe Längsstreifen und häufige Faserspalten sind vorhanden. Oft sind auch Übergänge von Woll- zu Grannenhaaren zu beobachten, wobei der zusammenhängende Markkanal zu Inseln aufgelöst erscheint.

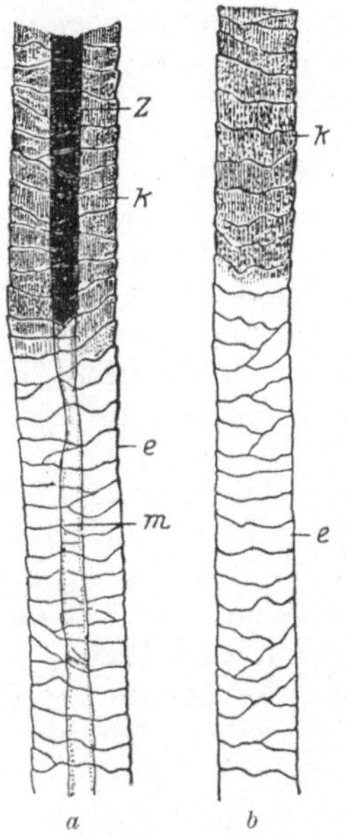

Abb. 111. Alpakawolle (Höhnel).

a markhaltiges Grannenhaar; *b* markfreies Wollhaar, *e* dünne, breite Epidermisschuppen, *K* Faserschicht mit Körnchenreihen, *m* Markzylinder, *Z* Markzellen.

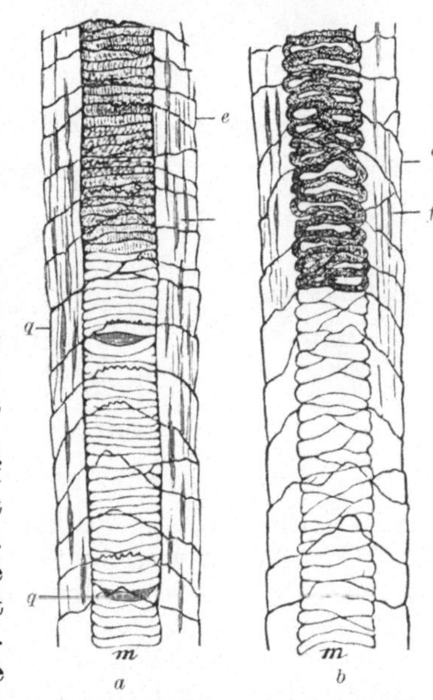

Abb. 112. *a* Kuhhaar. *q* Querspalten, *m* Mark, *f* Faserspalten, *e* Epidermisschuppen. *b* Ein Ziegenhaar zum Vergleich. (Höhnel.)

12. Kuhhaare.

Kuhhaare bestehen aus dreierlei Arten von Haaren: den Wollhaaren, den feineren Grannenhaaren und den dicken, steifen Grannenhaaren. Die Wollhaare sind meistens markfrei, besitzen derbe Epidermisschuppen und daher einen deutlich gesägten Rand. Faserspalten sind vorhanden. Die feinen Grannenhaare weisen eine Dicke von etwa 75 μ auf, haben kurze, zylindrische Schuppen und enthalten einen aus dünnwandigen, schmalen Zellen bestehenden Markkanal; dieser bildet im unteren Teile einen zusammenhängenden Strang, löst sich dann in Markinseln auf, fehlt in der Mitte des Haares ganz, kommt wieder zum Vorschein und reicht in einer Markzellenreihe bis knapp an die Spitze.

Die groben Grannenhaare können bis zu 130 μ breit werden und enthalten einen auffallend breiten, einreihigen Markzellenstrang (Abb. 112). Seine Zellen sind niedrig und schmal, öfters durch lufthältige Spalten getrennt und besitzen einen feinkörnigen Inhalt. Die Epidermisschicht ist oft schwer sichtbar. Da die Kuhhaare meist in den Gerbereien geäscherte Raufhaare darstellen, sind sehr häufig Haarzwiebeln zu beobachten.

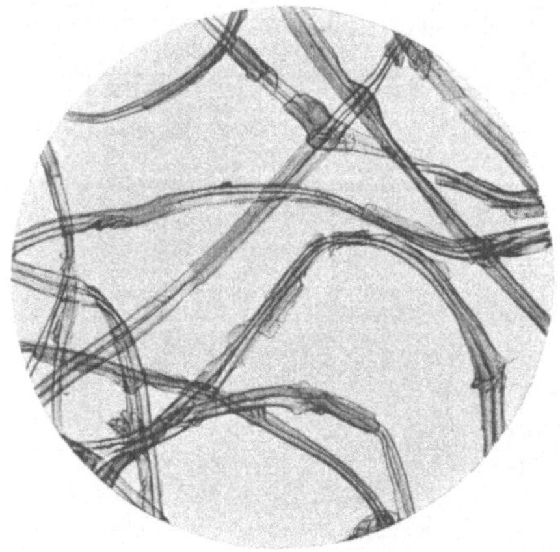

Abb. 113.   Rohseide von Bombix mori (Herzog).

Von Ziegenhaaren unterscheiden sich Kuhhaare durch den einreihigen Markstrang.

13. Seiden[1].

Die echte Seide stellt ein Drüsensekret der Raupe des Maulbeerspinners (*Bombix mori*) dar. Die Raupe spinnt sich zur Verwandlung in den kleinen Schmetterling in einen Kokon ein. Sie hat am Kopfe zwei Drüsen, aus welchen sie eine Flüssigkeit auspreßt, die an der Luft zu zwei zarten Fäden erstarrt. Diese sind durch den Seidenleim miteinander verklebt, so daß die Rohseidenfaser aus zwei Teilen besteht. Die Eiweißmasse der Fäden heißt „Fibroin", die des Leimes „Serizin". Vom Kokon wird die Seide durch Abhaspeln gewonnen. Von dem ungefähr 3700 m langen Rohseidenfaden kann man aber höchstens 400 bis 700 m abhaspeln. Man bezeichnet diese Seide auch als Haspelseide, und der Rohseidenfaden wird Grège genannt. Die am Kokon zurückbleibende Seide wird durch Zerreißen desselben gewonnen und nach dem Streichspinnverfahren zur Florett- und Schappseide versponnen.

Wird die Rohseide mit Seifenlösung gekocht, so löst sich der Seidenleim auf und die Fibroinfäden werden isoliert. Die so behandelte Seide wird als entbastet, gekocht oder degummiert bezeichnet.

Rohseide erscheint unter dem Mikroskop als ein Doppelfaden von überaus gleichmäßigem Verlauf (Abb. 113). Bei oberflächlicher Betrachtung kann das Bild zu einem groben Irrtum führen, da die Fibroinfäden mit ihren beiden zusammenstoßenden Flächen ein Lumen einer breiten Faser vortäuschen. Man kann den Seidenleim als eine zartbegrenzte Hülle deutlich erkennen. Oft hat er auch Falten und Sprünge, unregelmäßige Risse, mitunter auch wulstige Ausbauchungen. Die spröde Serizinschichte kann stellenweise auch ganz fehlen, da sie bei stärkerer mechanischer Beanspruchung leicht abspringt. Der Verlauf der beiden Fibroinfäden ist nicht immer voll-

---

[1] Siehe auch I. Teil S. 56 ff.

kommen parallel, so daß durch Ausbauchung eines Elementarfadens Hohlräume im Rohseidenfaden beobachtet werden können, manchmal auch der seltenere Fall eintreten kann, daß ein Fibroinfaden den anderen spiralig umwindet.

Zur Beobachtung einer entbasteten Seide ist ein Präparat von feiner, gekochter Organsinseide herzustellen, die als bestes Material zu Kettgarnen verarbeitet wird, während die etwas schlechtere Tramaseide als Schußmaterial Verwendung findet.

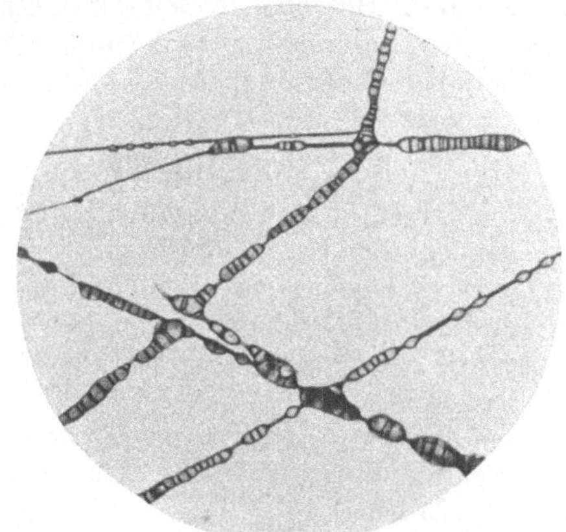

Abb. 115. Mikrotrockendestillation von echter Seide (Herzog).

Entbastete Seide zeigt unter dem Mikroskop eine strukturlose weiße Faser, die nur selten irgendwelche Ausbuchtungen oder Verschmälerungen hat. Die Dicke der Fibroinfaser schwankt zwischen 8 und 24 μ (Abb. 114).

Mikrochemische Reaktionen. Seide speichert als Eiweißstoff J o d und färbt sich dadurch gelb bis rotbraun. Pikrinsäure färbt intensiv gelb. Eine Lösung von Zucker in konzentrierter Schwefelsäure färbt Seide in der Kälte rosa (Eiweißreaktion).

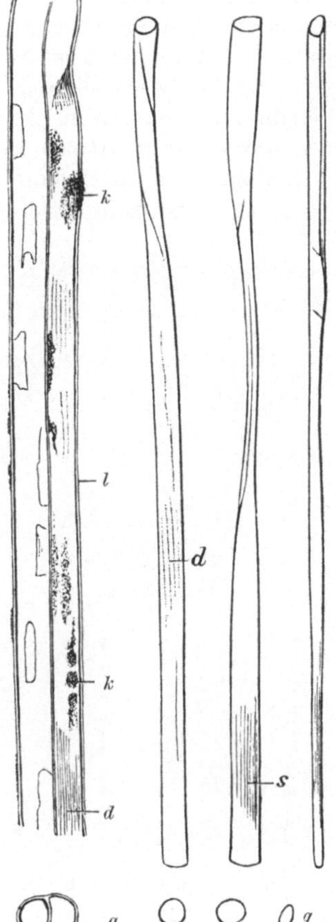

Abb. 114. Organsinseide (Höhnel). *A* ungekochte, *B* gekochte Seide. *k* Körnerhäufchen, *l* Serizinschicht, *d* Fibroinfaden, *s* zarte Längsstreifung, *q* Querschnitte.

In kochender konzentrierter S a l z s ä u r e löst sich echte Seide in einer halben Minute. Wird die Reaktion mit Rohseide ausgeführt, so lösen sich nur die Fibroinfäden, während das Serizin als stark gequollener und vielfach gewundener Schlauch zurückbleibt. Im Gegensatz zur Wolle fällt bei Seide die Schwefelreaktion negativ aus. Salpetersäure ruft Gelbfärbung hervor.

Mikrotrockendestillation. Seide gibt bei der Mikrotrockendestillation ebenfalls charakteristische Bilder, die sie leicht von pflanzlichen Fasern,

Schafwolle und Kunstseide unterscheiden lassen (Abb. 115). An den schwach
erhitzten Stellen werden die Fasern gelb, dann graubraun. Näher gegen
den erhitzten Rand zu quellen sie auf, und es kommt zur Bildung langgestreckter, quergeteilter Blasen. An den Kreuzungsstellen zweier über-
einanderliegender Fasern bilden sich runde Blasen, die meistens allein
stehen und in engeren oder weiteren Abständen — durch den glatten
nur schwach gequollenen Faden getrennt — sich wiederholen können.
Werden die Fasern nach dem Verkoken weitergeglüht, so hinterlassen
sie eine kaum sichtbare Aschenspur.

Selbstverständlich sind die ebenen besprochenen Destillationserschei-
nungen nur bei reiner Seide zu beobachten. Beschwerte Seide gibt keine
Blasen, sondern verascht unter Bei-
behaltung der ursprünglichen Form.

14. Tussahseide.

Neben der Seide der künstlich
gezüchteten Raupe des Maulbeerspinners werden noch die Kokonfäden
anderer wildlebender Schmetterlings-
raupen gewonnen, die als wilde Seiden
in den Handel kommen. Als Beispiel
sei die wichtigste, auch bei uns im
Handel anzutreffende Tussahseide
angeführt.

Auch die wilden Seiden bestehen
in rohem Zustande aus zwei, durch
eine sehr spröde Serizinschichte
zusammengehaltenen Fibroinfäden.
Diese Seidenarten sind immer mehr
oder weniger dunkel gefärbt und
haben eine bandartige Form. Die
Fibroinfäden sind immer breiter als
bei den echten Seiden.

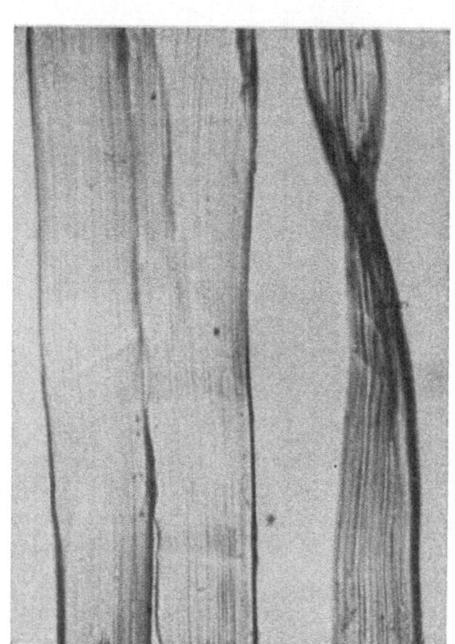

Abb. 116. Tussahseide (Reinthaler).

Betrachtet man Tussahseide unter dem Mikroskope, so wird man die
aufgezählten Merkmale auch an ihr erkennen (Abb. 116). Sie zeigt sehr
auffallende Längsstreifung, die von den dichten und festen in einer
Grundmasse eingelagerten Fibrillen stammen. Wird eine Tussahseiden-
faser mit Chromsäure behandelt, so löst sich die Grundmasse auf, während die Fibrillen längere Zeit der Auflösung widerstehen. Außer der
feinen und zarten Fibrillarstruktur zeigt der Faden mitunter dunklere
Streifen, die von eingeschlossenen Luftkanälen stammen. Nicht selten
kann man schräg verlaufende, dünnere und hellere Zonen an der Faser
beobachten, die Kreuzungsstellen zweier schief im Kokon zueinander
liegender Fasern darstellen.

Mikrochemische Reaktionen. Mit konzentrierter Salzsäure gekocht,
färbt sich Tussahseide schmutzig- bis reinviolett. Nach 2 Minuten

währendem Kochen löst sie sich auf, echte Seide hingegen ist schon nach einer halben Minute gelöst.

Während sich echte Seide in Kalilauge löst, ist dies bei Tussahseide nicht der Fall.

In Chromsäure ist echte Seide löslich, Tussahseide nicht.

15. Kunstseide[1].

Die Definition für Kunstseide wurde bereits im ersten Teil, S. 56, gegeben.

Die ständig wachsende Bedeutung der Kunstseide für die Textilindustrie und die ganze Weltwirtschaft, ihr Aufstieg von einem Ersatzstoff zu einer selbständigen Textilfaser mit eigenen Qualitätseigenschaften und Vorzügen, zwingt den Warenkundigen zu immer größerer Berücksichtigung dieses für unsere Zeit typischen Kunstproduktes, und ihr Studium muß eingehender sein, als es vor nicht allzulanger Zeit der Fall sein konnte.

Die glatte Oberfläche der Kunstseidenarten verleiht ihnen einen mehr oder weniger starken Glanz, eine Eigenschaft, die man als besonderes makroskopisches Merkmal angesehen hat. Heute vermag

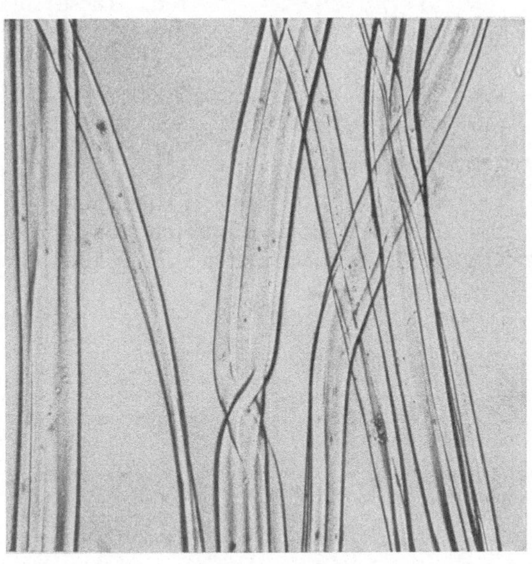

Abb. 117. Trocken gesponnene Nitroseide (Reinthaler).

man aber ganz matte Kunstseiden herzustellen, so daß dieses Charakteristikum hinfällig geworden ist.

Im ersten Teil wurden bereits mehrere Methoden angegeben, die eine rasche und einwandfreie Erkennung der Kunstseide auf makroskopischem Wege gestatten. Aber auch das Mikroskop wird in vielen Fällen ein wichtiges Hilfsmittel für derartige Bestimmungen sein, doch ist zur Erzielung einwandfreier Resultate große Erfahrung und Übung notwendig, da die mikroskopischen Bilder einzelner Kunstseidenarten große Ähnlichkeiten aufweisen. Dies trifft besonders für ihre Längsansichten zu, weshalb meistens noch die besondere Merkmale zeigenden Quer-

---

[1] Literatur für eingehendere Studien: Herzog, A.: Die mikroskopische Untersuchung der Seide und der Kunstseide. Berlin: Julius Springer 1924. — Siehe auch Fußnote S. 57 im ersten Teil.

schnitte beobachtet werden müssen. Diese fertigt man am besten nach der Paraffinmethode von Herzog an, über welche bereits gesprochen wurde.

Da der verkaufsfertige Kunstseidenfaden immer aus mehreren Primärfäden zusammengedreht ist, muß man ihn aufdrehen und erst die erhaltenen Einzelfasern der Präparation unterziehen.

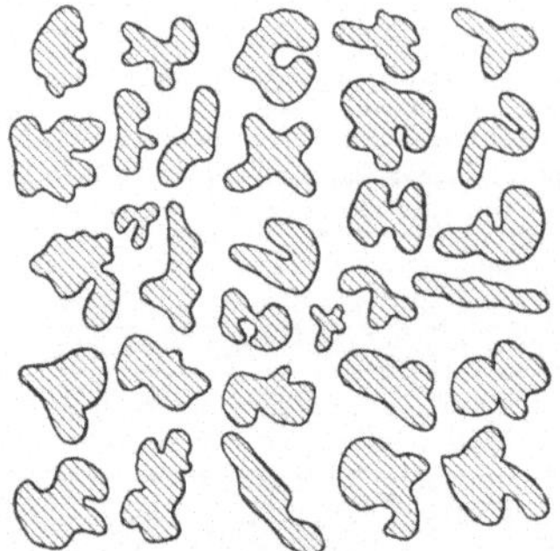

Abb. 118. Querschnittsformen von Nitroseide, Obourg (Reinthaler).

a) Nitroseide (Chardonnetseide).

Die durchscheinende Faser zeigt wenige, aber kräftige Längsstreifen (Abb. 117). Mitunter ist auch ein Scheinlumen zu beobachten. Dieses entsteht dadurch, daß sich die Ränder der öfters bandartigen Faser nach derselben Richtung einrollen, wodurch dann auf der Oberfläche der Faser eine Rinne entsteht, die das Bild eines Lumens vortäuscht. Dieselbe Erscheinung ist auch bei anderen Kunstseidenarten zu beobachten.

Es können wirkliche Lumina vorkommen, die durch Verschmelzen zweier zu langsam erstarrter Primärfäden entstanden sind. Viele Fasern zeigen bandartige Form.

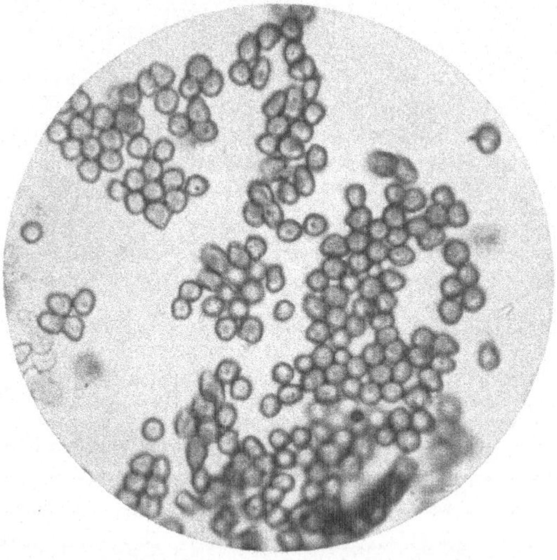

Die Querschnittformen sind sehr mannigfach und hängen unter anderem auch von der Spinnart, Trocken- oder Naßspinnverfahren, ab (Abb. 118). Sie können bandartig flach, biskottenförmig und unregelmäßig sternartig mit tiefen Einbuchtungen sein, wobei alle möglichen Übergänge zwischen diesen Formen noch vorkommen können. Niemals sind nach Herzog[1] kreisförmige Querschnitte zu beobachten.

Abb. 119. Querschnitte von feinfädiger Kupferseide, Adlerseide, bei 300 facher Vergrößerung (Reinthaler).

b) Kupferseide.

Fasern dieser Art, deren typischester Vertreter die Streckspinnseide der Bemberg A.-G. ist, erscheinen bei der mikroskopischen Betrachtung als glatte, homogene durchscheinende Fasern von großer Gleichmäßigkeit, ohne besondere Merkmale. Man kann an ihnen

---

[1] l. c.

in der Längsansicht höchstens eine überaus zarte Längsstreifung beobachten. Die Querschnitte sind immer abgeplattet und besitzen runde Formen (Abb. 119), doch kommen hier bei weitem nicht so viele Varianten wie bei den anderen Arten vor. Bei genügend starker Vergrößerung kann man am Umfang der Querschnitte eine feine Zähnung beobachten, wodurch die oben genannte zarte Längsstreifung erklärt wird.

c) Viskoseseide.

In der Längsansicht bietet die Viskoseseide nur sehr wenig unterschiedliche Merkmale gegenüber der Kupferseide (Abb. 120).

Dagegen sind die Querschnittbilder weitaus abwechslungsreicher (Abb. 121). Die Formen hängen vor allem von der Natur des Fällungsbades ab. Sie sind bei modernen Arten nie rund, meistens grob gelappt oder stark eingekerbt, halbmondförmig oder länglich und besitzen ebenfalls oft einen fein gezähnten Rand.

d) Azetatseide.

Diese vorzügliche, erst in der Nachkriegszeit im Großbetriebe erzeugte Kunstseide, bietet in der Längsansicht ebenfalls das Bild eines glänzenden, durchsichtigen Fadens ohne besondere Merkmale, der öfters auch ein Scheinlumen zeigen kann (Abb. 122). Von den übrigen Kunstseiden unterscheidet sie sich durch ihr bedeutend geringeres Quellungsvermögen, was man unter dem Mikroskop sehr gut durch vergleichende Messungen an Trocken und Wasserpräparaten beobachten kann. Man wird bei den übrigen Kunst

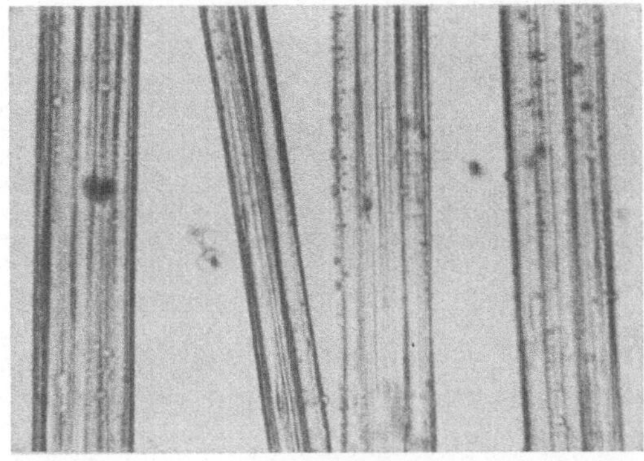

Abb. 120. Feinfädige Viskoseseide, Elberfeld (Reinthaler).

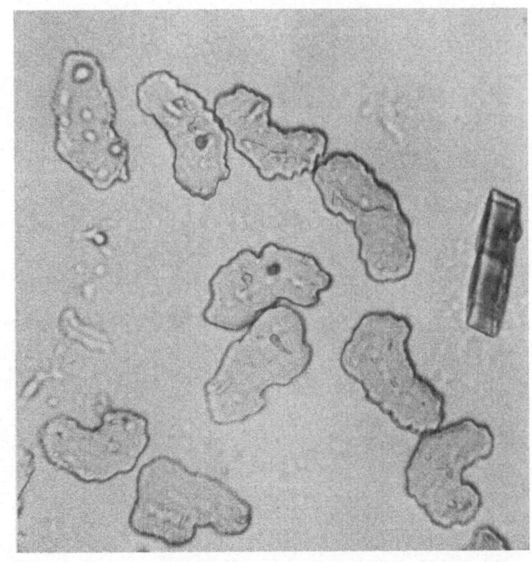

Abb. 121. Querschnitte von feinfädiger Viskoseseide,
Elberfeld (Reinthaler).

seiden Quellungen bis zu 30 und 40% konstatieren können. Die Querschnitte sind ähnlich der Viskoseseide (Abb. 123).

Mikrochemische Reaktionen. Die Kunstseiden geben als Zelluloseprodukte die bereits bekannten Zellulosereaktionen. Mit Chlorzinkjod Violettfärbung, mit Jod und Schwefelsäure violette, blaue, bis blau-

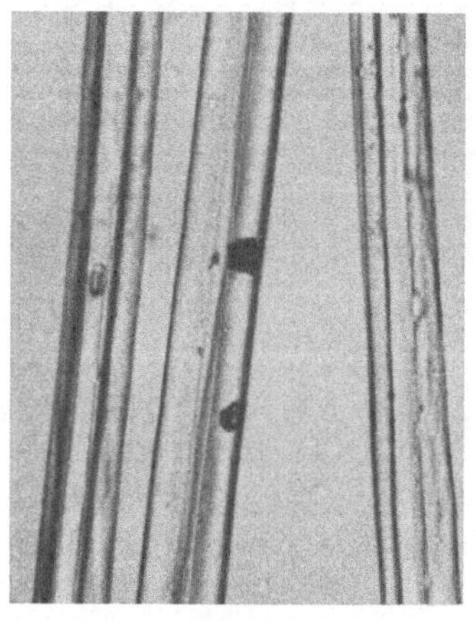

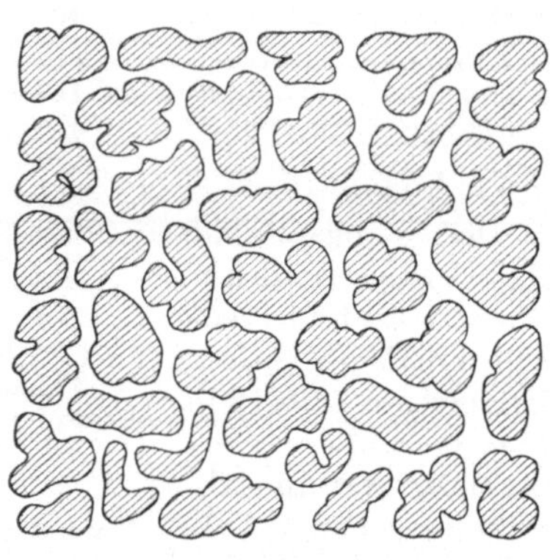

Abb. 122. Azetatseide, trocken gesponnen, „Celanese" (Reinthaler).

Abb. 123. Querschnittsformen von trocken gesponnener Azetatseide, „Celanese" (Reinthaler).

schwarze Färbungen. Kupferoxydammoniak löst sie auf, ebenso konzentrierte Schwefelsäure und heiße Kalilauge.

Azetatseide ist in Azeton löslich, wobei verseifte Produkte einen zarten Schlauch zurücklassen.

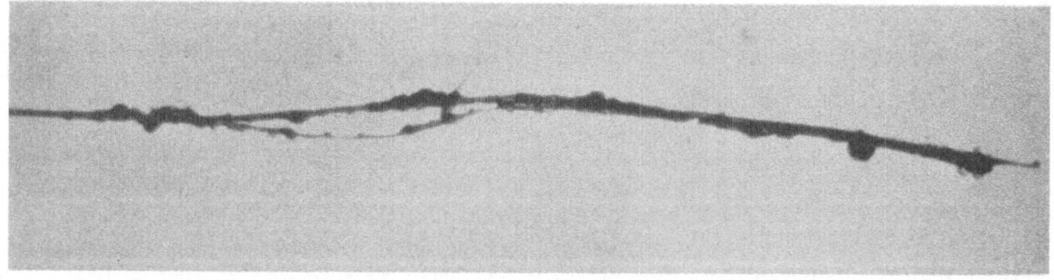

Abb. 124. Mikrotrockendestillationsprobe bei Nitroseide.

Mikrotrockendestillation. Die mikroskopische Betrachtung der einzelnen Kunstseiden hat gezeigt, daß sich ihre Unterscheidung hauptsächlich auf die verschiedenen Querschnittformen gründet, ein immerhin zeitraubendes und umständliches Verfahren.

Neuere Untersuchungen[1] haben ergeben, daß die Mikrotrocken-

---

[1] E. Beutel, u. E. Grünsteidl: Die Unterscheidung einiger Kunstseidenarten mit Hilfe der Mikrotrockendestillation. Kunststoffe **1930**, Nr 4.

destillation mit Erfolg zur Erkennung der einzelnen Kunstseidenarten herangezogen werden kann. Dabei kann man folgende unterschiedliche Merkmale konstatieren:

Nitroseide zeigt ihr eigentümliche, blasige Auftreibungen (Abb. 124); die größeren Gebilde sind bei entsprechender Vergrößerung als Ansammlung kleiner und kleinster Bläschen zu erkennen. Wenn man nicht zu stark erhitzt, so kann zu beiden Seiten verschiedener Fasern das Auftreten kleiner, brauner Tröpfchen beobachtet werden, was nur bei Nitroseide vorkommt.

Azetatseide gibt charakteristische Schmelzerscheinungen; übereinanderliegende Fasern verlaufen an den Kreuzungsstellen ineinander. Abb. 125 zeigt ein typisches Bild, an dem die in gleichmäßigen Abständen angeordneten tonnenförmigen Gebilde besonders auffallen.

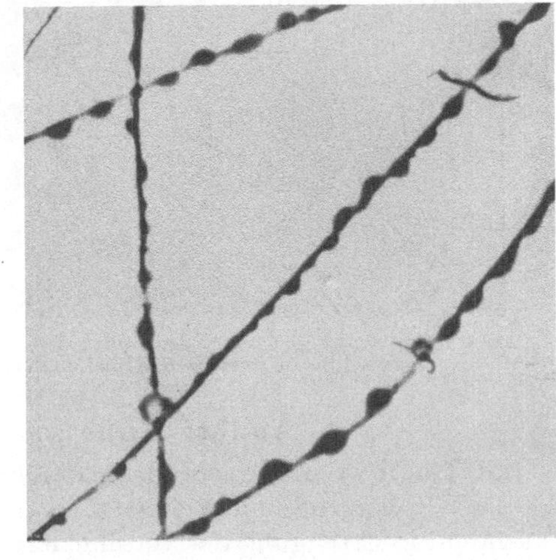

Abb. 125. Mikrotrockendestillation von Azetatseide („Calanese").

Wird höher erhitzt und stärkere Vergrößerung angewendet, so bekommt man Bilder, wie sie Abb. 126 zeigt, die das Auftreten blasiger Einschlüsse und das Verschmelzen sich kreuzender Fasern deutlich erkennen läßt.

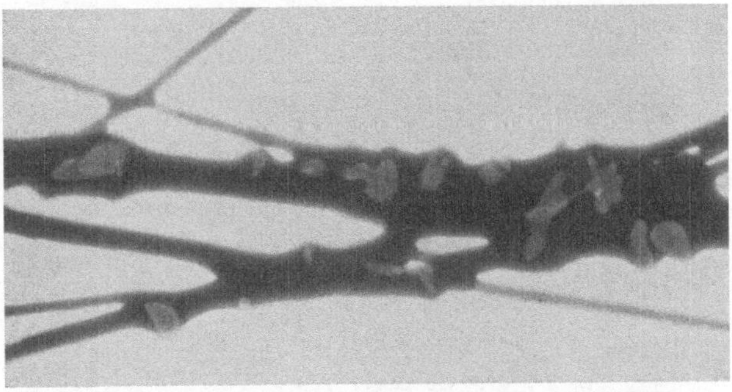

Viskose- und **Kupferseide** zeigen für sie charakteristische Verkohlungserscheinungen.

Abb. 126. Mikrotrockendestillation von Azetatseide („Setilose") bei stärkerer Vergrößerung und stärkerer Erhitzung. Es ist das Verschmelzen der kreuzenden Fäden und das Auftreten blasiger Einschlüsse deutlich erkennbar.

Bei Kupferseide erscheinen die Fasern in straffer Spannung mit scharfeckigem Linienverlauf. Manchmal kann man auch schwache Auftreibungen an den Fäden konstatieren (Abb. 127).

Die Fasern der Viskoseseide liegen nach der Operation in schwach welligen und gekrümmten Linien, so daß bereits das Allgemeinbild einen Unterschied zeigt. Außerdem ist bei Viskoseseide das häufige Auftreten

von scharfkantigen und warzenförmigen Auswüchsen an den einzelnen
Fasern zu beobachten (Abb. 128). Erhitzt man bis zur Veraschung, so zeigen
die Aschenteile die charakteristische Anordnung der Wirbel des Rückgrates.

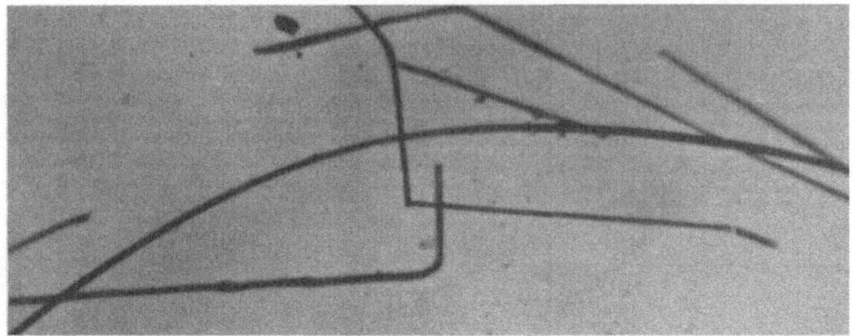

Abb. 127. Mikrotrockendestillation von Kupferseide („Bemberg“).

e) Andere Kunstseidenprodukte.

Das Prinzip der Kunstseidenherstellung ermöglicht durch geeignete
Wahl der Spinndrüsenquerschnitte, der Fällungsbedingungen und anderer
Faktoren die Erzeugung der verschiedensten Produkte. So können durch
Anwendung länglicher Düsen, bastähnliche Bändchen — Viskabändchen —
hergestellt werden. Runde Düsen mit großem Durchmesser führen zu

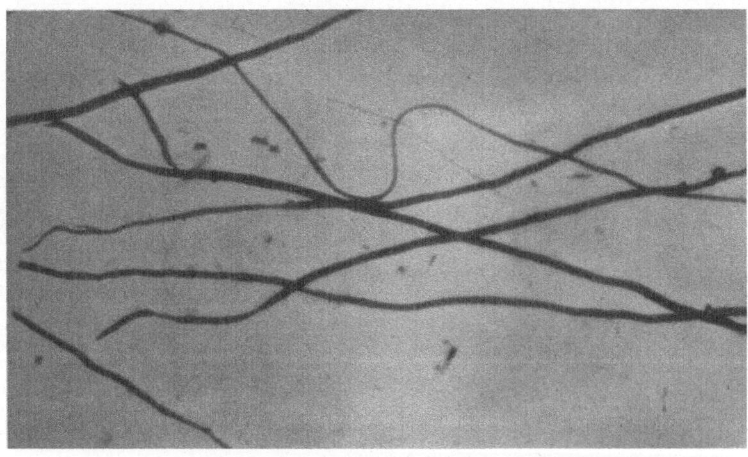

Abb. 128. Mikrotrockendestillation von Viskoseseide („Küttner“).

dicken Fäden, die als Roßhaarersatz ausgedehnte Verwendung finden.
Durch verschiedene Methoden kann man zu ganz matten Fäden mit
baumwoll- oder wollähnlichem Aussehen kommen. Die Primärfäden
können auch mit Lufteinschlüssen hergestellt werden, ein Produkt, das

als Luftseide, auch „Celtaseide"
bezeichnet wird und großes Wärme-
isolierungsvermögen besitzt.

Abb. 129 zeigt ein Bild von
Celtaseide. Die dunkel umrahm-
ten, länglichen Gebilde im Innern
der Fasern sind die eingeschlossenen Luftblasen.

f) Künstliches Roßhaar.

Unter dem Mikroskop erscheinen die dicken Fasern als glasige
durchsichtige Stäbchen, ohne jegliche innere Struktur. Die Oberfläche zeigt derbe Längsstreifung,
manchmal auch zartere, kurze,
längliche Streifen (Abb. 130).

Die Unterscheidung von echtem
Roßhaar ist durch die Verbrennungsprobe wohl makroskopisch

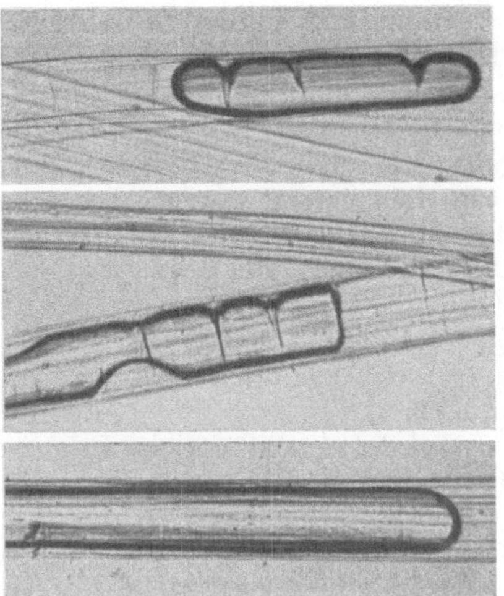

Abb. 129. Celtaseide (Reinthaler).

ohne weiteres möglich. In Fällen, da zu dieser Untersuchungsart nicht
genügend Material vorhanden ist, gelingt die Unterscheidung leicht
auf mikroskopischem Wege.

Das echte Roßhaar (Dicke meist 80—400 μ) zeigt
immer eine gewisse Struktur (Abb. 131). Neben einer
überaus feinen, oft kaum sichtbaren, aus schmalen Zellen bestehenden Epidermis sieht man einen mächtigen
Markzylinder. Dieser besteht aus
dünnwandigen, schmalen, blätt-
chenförmigen Zellen mit feinem,
körnigem Inhalt. Die Markzellen
sind in 1—2 Reihen angeordnet.
Die Oberfläche der Faser zeigt viele
kurze und breite Spalten. Klare
Bilder erhält man nur dann, wenn
das Haar von der Präparierflüs-
sigkeit genügend stark durch-
drungen ist.

B. Papier[1].

Die mikroskopische Prüfung
von Papier hat die Feststellung des

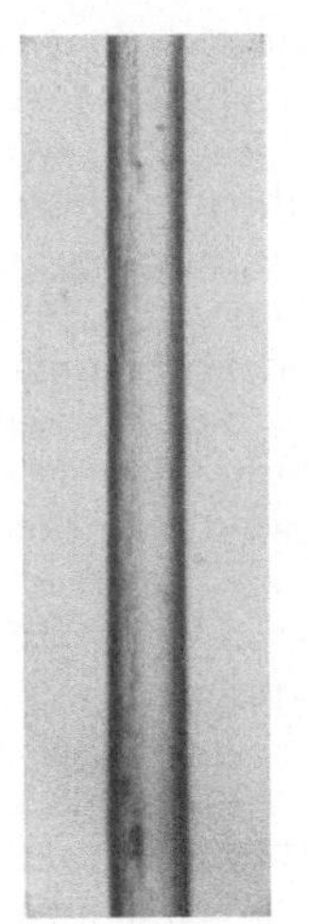

Abb. 130.
Künstliches Roßhaar.

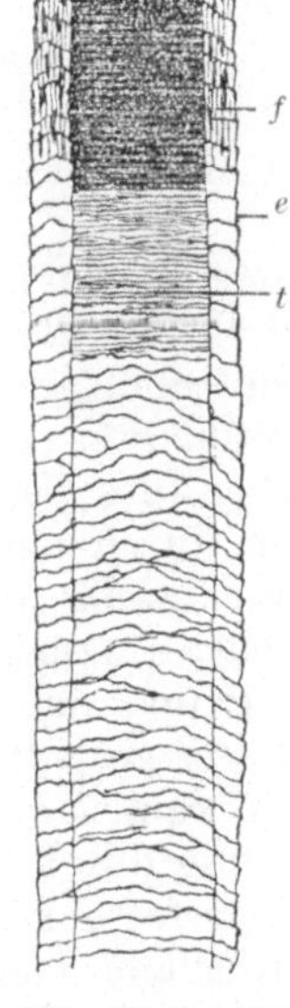

Abb. 131. Weißes Roß-
haar (Höhnel).

m Markzylinder aus
schmalen dünnwandigen
Zellen (*t*) bestehend.
e Epidermisschichte, *f* Faserspalten.

[1] Literatur für eingehendere Studien:
Herzberg, W.: Papierprüfung. Berlin:
Julius Springer 1927. 6. Auflage. —
Heuser und Opfermann: Technik
und Praxis der Papierfabrikation.
2. Auflage. Berlin: Otto Elsner 1929.

Rohmateriales in qualitativer und bei Mischstoffen auch in quantitativer Hinsicht zur Aufgabe.

Als Papierrohfasern kommen in Betracht die Halbzeugfasern, die aus Hadern (von Flachs-, Hanf-, Jute- und Baumwollgeweben) gewonnen werden, und die Hadernersatzstoffe, die durch bestimmte Bearbeitung von Holz erzeugt werden, der Holzschliff und die Holzzellulose. Daneben haben noch Strohstoff, Strohzellulose und einige ausländische Fasern, wie z. B. Reisstrohstoff, Esparto, dann die japanischen Gampi-, Mitsumata- und Kodsufasern einige Bedeutung. Kodsu ist der japanische Name für die Papiermaulbeerbaumfaser (Broussonetiafaser), der technisch wichtigste unter den zuletzt genannten Papierrohstoffen.

Soll die mikroskopische Prüfung zum gewünschten Ziele der einwandfreien Erkennung des Rohmateriales führen, so ist eine entsprechende Vorbereitung der Proben notwendig, die in der vollständigen Isolierung der auf dem Papiersiebe verfilzten Fasern besteht und daneben auch die störenden Füll- und Leimstoffe entfernen muß. Daher genügt ein einfaches Zerfasern mit der Präpariernadel nur in den seltensten Fällen, und es ist besser, immer — auch bei ungeleimten Papieren — in folgender bewährten Art vorzugehen[1]. Einige schmale Streifen des zu untersuchenden Papieres werden in einem Reagenzglas mit 5%iger Natronlauge mehrere Minuten gekocht. Dabei gibt sich bereits Holzschliff durch Gelbfärbung zu erkennen. Man kühlt die Eprouvette ab, verschließt sie mit dem Daumen und schüttelt so lange kräftig durch, bis die Papierstreifen vollständig zerfasert sind. Dann gießt man den Inhalt durch ein kleines, feinmaschiges Spülsieb (Abb. 132) und wäscht den zurückbleibenden Faserbrei gut mit Wasser aus. Je gründlicher dies besorgt wird, um so klarer sind die mikroskopischen Bilder. Um durch das Waschen nicht feinere Gewebeteile zu verlieren, ist es zweckmäßig, die ersten trübe ablaufenden Anteile so lange auf das Sieb wieder aufzugießen, bis das Wasser möglichst klar abfließt.

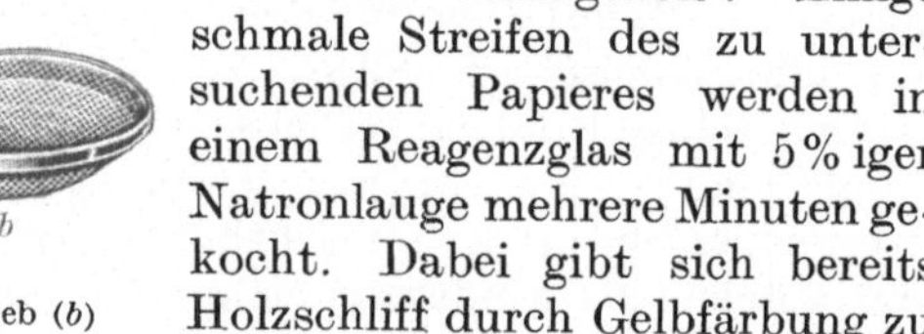

Abb. 132. Spültrichter (a) und Spülsieb (b) (L. Schopper, Leipzig).

Pappe und Preßspan wird vor dem Kochen mit Lauge in dünne Blätter gespalten, um so die Auflösung zu erleichtern. Bemerkt man auf dem Spülsieb noch feste Stücke, so knetet man sie mit den Fingern tüchtig durch und schüttelt den Rückstand mehrmals mit Wasser. Derartige feste Proben kann man zur schnelleren Auflösung auch in einem mit einem Glasstöpsel verschließbaren Glaszylinder mit Wasser unter Zusatz von Granaten schütteln. Nur muß man dabei acht geben, daß die Fasern durch allzulanges und kräftiges Schütteln nicht so zerstört werden, daß sie dann unter dem Mikroskop nicht mehr erkannt werden können.

---

[1] Herzberg, W.: Papierprüfung. Berlin: Julius Springer 1927. 6. Auflage.

Sehr erleichtert wird die Identifizierung des Fasermateriales durch Färbung mit Hilfe mikrochemischer Reaktionen. Man kann dazu folgende Reagenzien verwenden[1]: 1. Jod-Jodkaliumlösung, 2. Chlorzinkjodlösung, 3. Jod-Jodkaliumlösung und Papierschwefelsäure nach v. Höhnel. Die auftretenden Färbungen sind aus folgender Tabelle zu entnehmen.

	Lösung 1	Lösung 2	Lösung 3
Hadern	schwachbraun bis dunkelbraun	schwach bis stark weinrot	rotviolett
Zellstoff aus Holz Zellstoff aus Stroh	grau bis braun grau	blau-rotviolett blau bis blauviolett	rein blau
Holzschliff und rohe Jute	leuchtend gelb bis gelbbraun	zitronengelb bis dunkelgelb	dunkelgelb
Strohstoff	gelbbraun, gelb und grau	gelb, blau bis blauviolett	

Für die Färbungen mit Chlorzinkjod muß man den Faserbrei vorerst vom größten Teile des anhaftenden Wassers durch Abpressen auf einem unglasierten Tonteller befreien, da sonst die Lösung zu stark verdünnt wird und keine einwandfreie Färbung zu erlangen ist.

Die Färbung nach v. Höhnel wird so vorgenommen, daß der Faserbrei zuerst mit der Jod-Jodkaliumlösung versetzt wird, diese nach ihrer Einwirkung mit Fließpapier abgesaugt wird, und erst dann mit Schwefelsäure befeuchtet wird.

Zur Präparation wird ein wenig von dem ausgedrückten Faserbrei mit ein bis zwei Tropfen einer der drei Lösungen versetzt und nach Auflegen des Deckglases die ausgetretenen Flüssigkeitsmengen peinlichst mit Filtrierpapier abgetupft.

1. Hadernpapiere.

a) Halbzeug aus Baumwolle (Abb. 133).

Die mikroskopischen Merkmale der Baumwolle, die von der Besprechung der Textilfasern her bekannt sind, werden in diesem Präparat nur zum Teil wiedererkennbar sein. Die weitgehenden und tiefgreifenden Veränderungen des Stoffes im Mahlholländer bewirken, daß nur kurze Faserstückchen im Präparat zur Beobachtung gelangen. Man wird vor allem die typischen Korkzieherwindungen der Baumwolle nur selten erkennen. Doch ist die Unterscheidung von Flachs und Hanf, den zwei anderen häufig verwendeten Halbzeugfasern, leicht möglich. Es fehlen die von Flachs und Hanf her bekannten Knoten und Verschiebungen. Weiter kann man oft über die ganze Länge der Faser eine eigenartige gittermäßige Zeichnung beobachten. Die Ränder sind stellenweise zu einem Hohlkanal zusammengerollt, was leicht zu Verwechslungen mit Flachs Anlaß geben kann. Die Enden sind meist grob gezackt.

---

[1] Die Herstellung wird auf S. 189, 190 im Verzeichnis der zum Mikroskopieren notwendigen Reagenzien beschrieben.

b) Halbzeug aus Leinenfasern (Abb. 134).

Die bekannten Details, die Verschiebungsstellen, Knoten und das enge
Lumen sind im mikroskopischen Bild (Abb. 134) wiederzufinden. Durch
die mechanische Bearbeitung kommt es oft zum Bruch der Faser an den
Knotenstellen, und das Lumen kann ganz zusammengedrückt sein, so

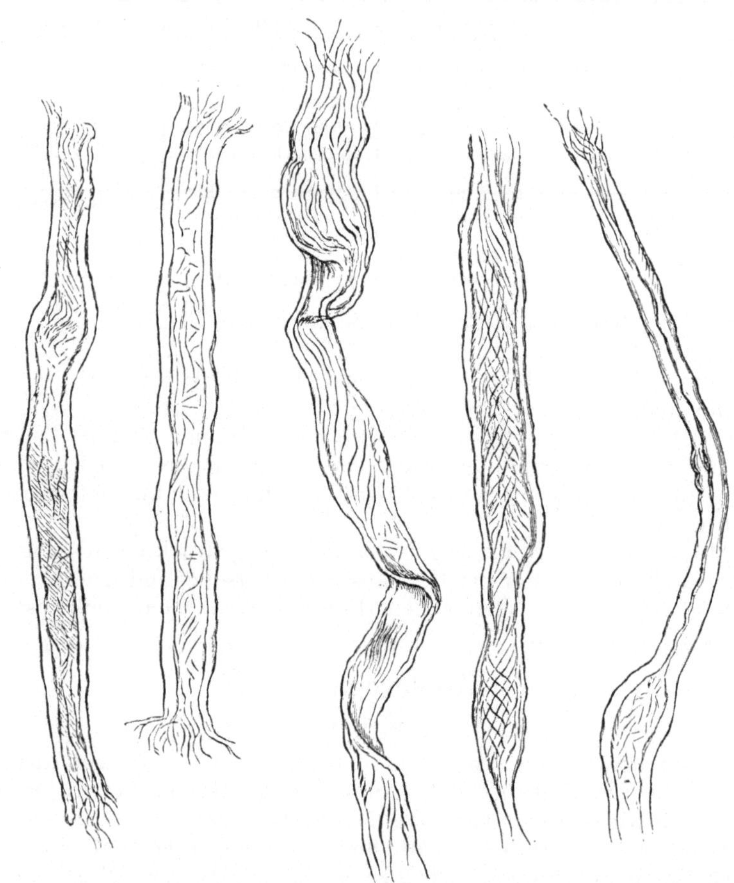

Abb. 133. Baumwolle aus schwedischem Filterpapier (V. Litschaner).

daß es gar nicht zu sehen ist. Vielfach sind in der Faserwand Poren zu
beobachten. Die Enden sind meistens pinselartig zerfasert.

c) Hanfhalbzeug.

Die Identifizierung dieses Halbzeuges ist oft sehr schwierig, da die
ohnehin dem Flachs sehr ähnlichen Hanffasern durch die Verarbeitung
noch schwerer von diesen zu unterscheiden sind. Die Längsstreifung und
Faserspalten sind manchmal noch zu erkennen. Knoten und Verschie-

bungen sind den entsprechenden Bildern bei Flachs überaus ähnlich und kaum zu unterscheiden. Die Enden sind ebenfalls meistens pinselartig.

Von groben Leinen- und Hanflumpen können Schabeteilchen in das Papier gelangen, die dann mit Chlorzinkjod rein blaue Färbung geben und somit Anlaß zur Verwechslung mit Strohzellfasern bieten können. Man darf daher auf letztere nur bei Anwesenheit der noch zu besprechenden gezähnten Epidermiszellen schließen.

2. Papiermaulbeerbaumfaser (*Broussonetia papyrifera*).

Diese vorzügliche Papierrohfaser wird hauptsächlichst in China und Japan zur Papiererzeugung verwendet, ist aber auch in europäischen Papieren, welche große Festigkeit besitzen sollen, anzutreffen.

Broussonetia (Abb. 135) gehört zu den Bastfasern; die Bastzellen besitzen eine Länge von 6—25 mm und eine Dicke von 12—35 μ, sind entweder dickwandig, mit engem Lumen, glatt und gestreift, oder bandförmig an die Form von Baumwolle erinnernd, mit korkzieherartigen Windungen. Letztere Art besitzt auch eine dünne Faserwand mit breitem Lumen. Bei den dickwandigen Fasern ist das Lumen in der Längsansicht oft nur sehr schwer zu erkennen. Die Enden sind scharf spitzig und haben in den engen Lumina manchmal einen gelben Inhalt.

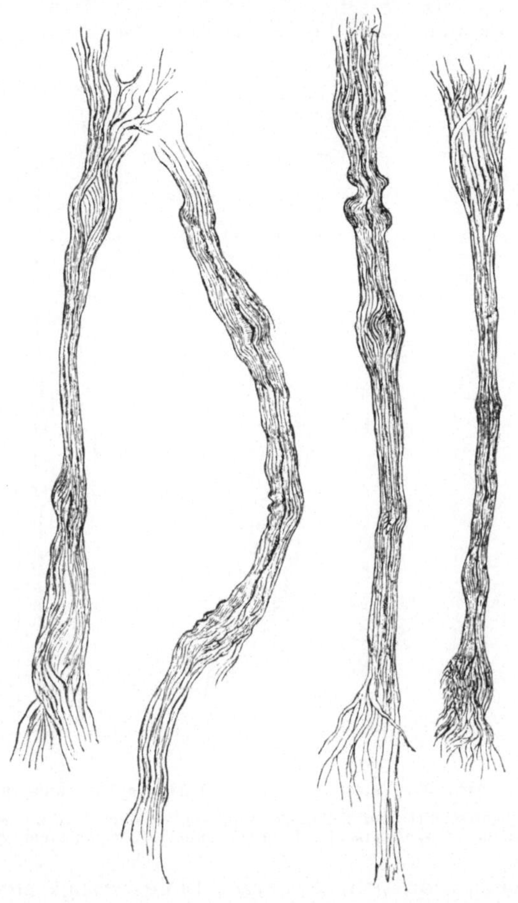

Abb. 134. Leinenfasern aus Zigarettenpapier (V. Litschaner).

3. Gampifaser.

Die Gampifaser wird, wie die noch zu besprechende Mitsumatafaser, hauptsächlichst in Japan zur Papiererzeugung verwendet. Bisweilen kann man diese Fasern infolge von Altpapierverarbeitung auch in europäischen Papieren antreffen.

Die aus japanischen Papieren präparierten Fasern lassen ihre Strukturverhältnisse meistens noch sehr gut erkennen, da keine Hadern, sondern
die frischen Fasern zur Erzeugung verwendet werden.

Die walzenförmige Gampifaser hat gewisse Ähnlichkeit mit Jute oder
auch den Bastfasern des Strohzellstoffes.

Auffallend und charakteristisch ist das überaus unregelmäßige Lumen,
das manchmal die Hälfte der Faserbreite einnimmt, kurz darauf sich zu

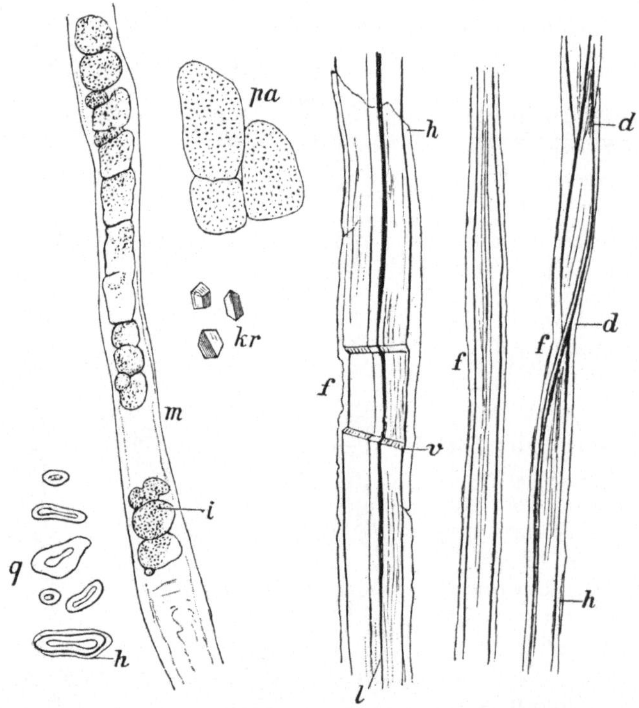

Abb. 135. Papierfaserstoff vom Papiermaulbeerbaum (Broussonetia papyrifera). (Höhnel.)

q Querschnitte mit Hüllenmembran (*h*), *m* Milchröhre mit koaguliertem Inhalte (*i*), *pa* Bastparenchym, *kr* Oxalatkristalle, *f* Bastfasern mit Hülle (*h*), *v* Verschiebungen, *l* Lumen, *d* Drehungsstellen.

einer schmalen, schwarzen Linie verengt, stellenweise ganz verschwindet,
um im nächsten Abschnitt sofort wieder zur vollen Breite anzuwachsen.

Deutliche Längsstreifung ist zu beobachten, sowie auch das stellenweise Auftreten von knotenförmigen Verdickungen, wie sie von Flachs
und Hanf her bekannt sind. Hie und da sind auch Poren, welche die
Faserwand durchdringen, erkennbar. Durch Färbung mit einem der
auf S. 141 genannten Reagenzien werden die geschilderten Strukturverhältnisse besonders deutlich. Die Faserenden sind stumpf oder kolben-
förmig. Mit Kupferoxydammoniak gibt die Faser eine charakteristische
Reaktion, indem sie — wie Höhnel sagt — ein perlenschnurartiges
Aussehen annimmt.

4. Mitsumatafaser.

Diese Faser zeigt wie Gampi ebenfalls ein sehr ungleichmäßiges Lumen, daneben ist aber auch als bezeichnendes Merkmal der unregelmäßige Verlauf der Faserkonturen zu erwähnen, welche zahlreiche Ein- und Ausbuchtungen aufweisen. Das Lumen bricht oft jäh ab und gibt dadurch dann der Faser ein eigentümliches, gefächertes Aussehen. Die Enden sind meistens keulenförmig verdickt und nur selten spitz. Verzweigungen der Faser sind mitunter zu beobachten. Manchmal erfährt sie durch die Bearbeitung Zerstörungen und Verdrehungen, so daß baumwollartige Bilder entstehen.

5. Strohstoff- und Strohzellulose.

Zur Papiererzeugung können alle Getreidearten verwendet werden. In unseren Gegenden wird wohl hauptsächlichst Roggenstroh verarbeitet. Da es für die Papierprüfung meistens nur darauf ankommt, ob überhaupt Strohstoff (oder -zellulose) vorliegt und die Art des verwendeten Strohes belanglos ist, seien nur die allgemeinen Merkmale dieses Rohmateriales angeführt.

Abb. 136. Verdickte und verkieselte Oberhautzellen aus Strohstoff (Herzberg).

Strohstoff ist leicht an der Gegenwart verschiedener Gewebeteile (Leitelemente), wie Bündeln und Bruchstücken von Spiral- und Netzgefäßen, großen leeren Parenchymzellen, Ringen u. ä. zu erkennen.

Das mikroskopische Bild zeigt ferner dicke, teilweise verkieselte Oberhautzellen (Abb. 136) mit welligem Rande und

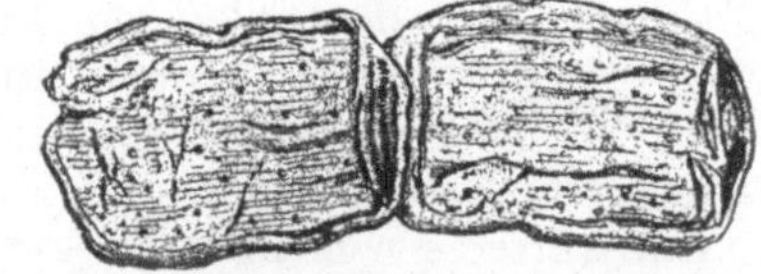

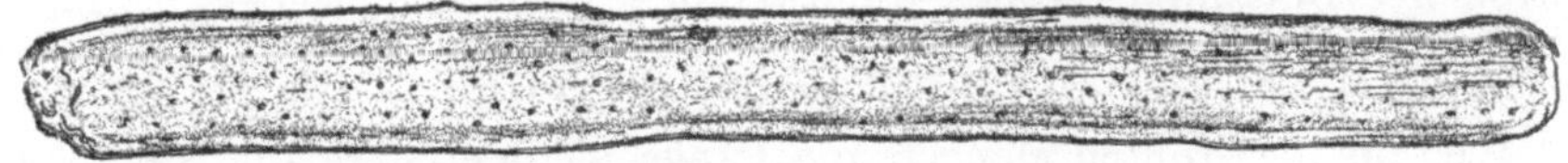

Abb. 137. Parenchymzellen aus Strohstoff (Herzberg).

die Bastfasern, die unverholzt, verhältnismäßig dünnwandig sind und spitze, häufig gegabelte Enden besitzen. Sie weisen deutliche Knotenbildung auf,

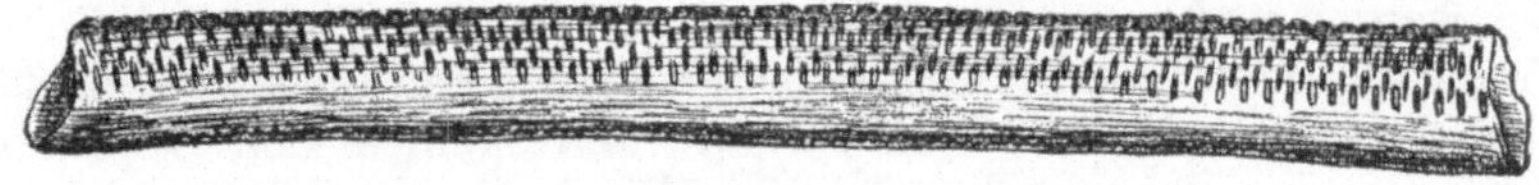

Abb. 138. Tüpfelgefäße aus Strohstoff (Herzberg).

die ins Innere der Faser weitergreift und zur Verengerung des Lumens führt. Auch Poren sind in ihrem Verlaufe als dunkle, von innen nach außen reichende Linien zu beobachten.

Besonders die langen und schmalen, beiderseits gesägten Epidermiszellen und die plumpen, abgerundeten, leeren Parenchymzellen (Abb. 137) sind charakteristisch für Strohstoff. Die Spiralgefäße sind meistens nicht mehr in ihrer ursprünglichen Form vorhanden, sondern sind durch die Verarbeitung zu wurmartigen Gebilden ausgezogen (Abb. 139).

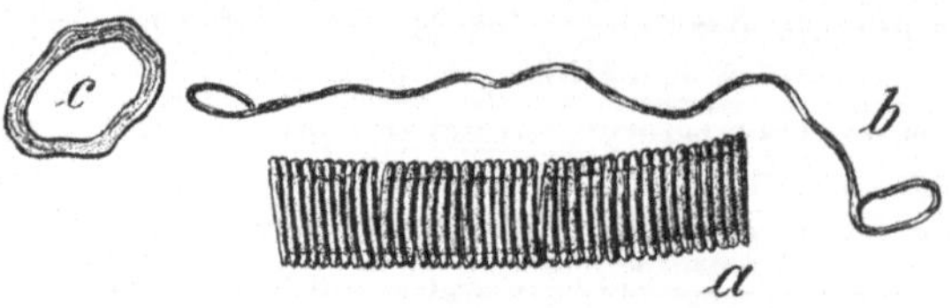

Abb. 139. Unverletzte (*a*) und deformierte (*b*) Spiralgefäße. *c* isoliertes Ringgefäß (Herzberg).

Die Ringgefäße sind ebenfalls meistens zerstört und die Ringe aus den Gefäßen ausgetreten, so daß sie isoliert im Präparat erscheinen.

6. Esparto- oder Alfastroh.

Dieser Papierrohstoff wird aus den Blättern zweier in Spanien und Nordafrika gedeihender Gräser (*Stipa tenacissima* und *Lygeum spartum*) gewonnen.

Die Ähnlichkeit mit Strohstoff ist sehr groß, so daß die Unterscheidung manchmal auf Schwierigkeiten stoßen wird.

Die Zellen des Alfastrohes sind im allgemeinen weniger derb als beim gemeinen Stroh, und die Unregelmäßigkeiten des Lumens, wie sie bei diesem manchmal beobachtet werden, kommen hier nicht vor.

Als Charakteristika für Esparto gelten die Zähnchen oder Borsten (Abb. 140), welche Gebilde der Oberhaut darstellen, ein keulenförmiges, basales Ende haben und in eine Spitze auslaufen. Sie sind teilweise kurz und gedrungen, teilweise lang und schlank, manchmal auch hakenförmig umgebogen.

Abb. 140. Borsten von Alfastroh (Herzberg).

Ein weiteres wichtiges Merkmal ist das vollständige Fehlen der vom Stroh her bekannten großen dünnwandigen Parenchymzellen.

7. Holzschliff- und Holzzellulose.

Weitaus die größten Mengen von Papier werden heute aus Holz, entweder durch bloßes Zerreiben, oder durch chemische Veredelung desselben gewonnen. Die erste Art liefert den billigen Holzschliff, während nach dem zweiten Verfahren durch Kochen der Holzspäne mit Sulfit- oder Natronlauge die für die Qualität des Papieres schädlichen Teile herausgelöst werden und nur die reine Zellulose weiterverarbeitet wird.

Das Hauptkontingent für die Papiererzeugung liefern die verschiedenen Nadelhölzer, vornehmlich Föhre, Fichte und Tanne. Von Laubhölzern kommt das der Pappel, Birke, Linde, Weide u. a. in Betracht.

Da für die Mikroskopie der Holzpapiere die Kenntnis des Feinbaues von Holz notwendig ist, soll vorerst dieser besprochen werden.

Unter Holz versteht man für gewöhnlich den von der Rinde bedeckten Teil der Stämme und Äste von Bäumen und Sträuchern, den sogenannten Holzgewächsen. Genau genommen kommen verholzte Teile an vielen anderen Stellen der Pflanzen vor, da im wissenschaftlichen Sinne alle Gefäße als Holz bezeichnet werden, welchen vor allem die Wasserführung obliegt. Die typischesten Bestandteile des Holzes sind die Gefäße, worunter man röhrenförmige Gebilde mit eigentümlichen Wandverstärkungen versteht. Sie sind in einem Holzquerschnitt oft schon mit freiem Auge wahrnehmbar.

Die mikroskopische Betrachtung von Holz hat sich räumlich nach drei Richtungen im Holzkörper zu erstrecken, wozu drei Schnittarten notwendig sind: 1. Querschnitt, 2. Radial- oder Spiegelschnitt, 3. Tangentialschnitt (Abb. 141). Abb. 142 gibt eine Übersicht über den Bau eines Stammes. Man kann von innen nach außen deutlich drei verschieden aufgebaute Teile unterscheiden.

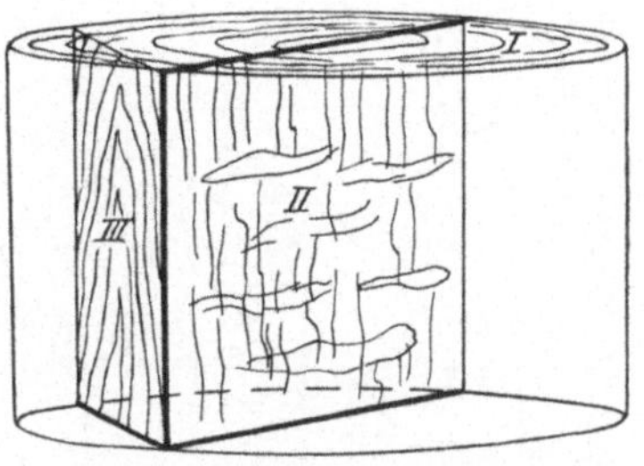

Abb. 141. Holzschnitte: *I* Querschnitt, *II* Radial- oder Spiegelschnitt, *III* Tangentialschnitt.

Der innerste Teil wird Mark genannt; mit fortschreitendem Wachstum der Pflanze engt er sich fast bis zum Verschwinden ein. Von ihm aus durchziehen in radialer Richtung die **Mark**strahlen den Stamm. An das Mark schließt sich der Holzkörper, der deutlich die Jahresringe (im Bild sind es drei) erkennen läßt. Diese bestehen in ihrer inneren Hälfte aus weiten und großen, im äußeren Teile aus englumigen Gefäßen. Der innere Teil bildet das im Frühjahr rasch wachsende Frühlingsholz, während der äußere durch das langsam wachsende Herbst- oder Spätholz gebildet wird. Das auf die Winterruhe einsetzende Frühlingswachstum bedingt die scharfe Trennung zwischen den einzelnen Ringen. Der Holzkörper ist von einer mehrfachen Reihe recht-

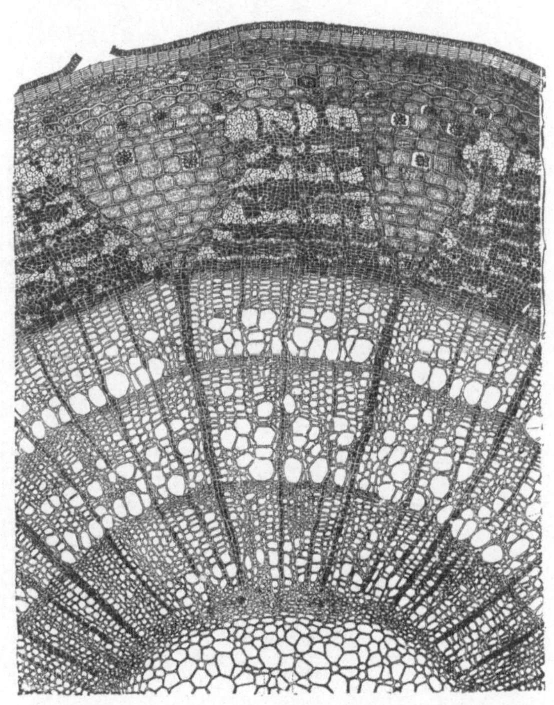

Abb. 142. Querschnitt durch einen dreijährigen Lindenzweig (nach Kny).

eckiger, flacher Zellen umschlossen, die das Kambium bilden. Dasselbe stellt ein Bildungsgewebe dar, da von ihm aus nach innen das Holz und nach außen die Rinde wächst. Es besteht daher aus zarten, was-

serreichen Zellen, die leicht zerrissen werden können, weshalb in dieser
Zone die als äußerste Schicht liegende Rinde leicht abgeschält werden

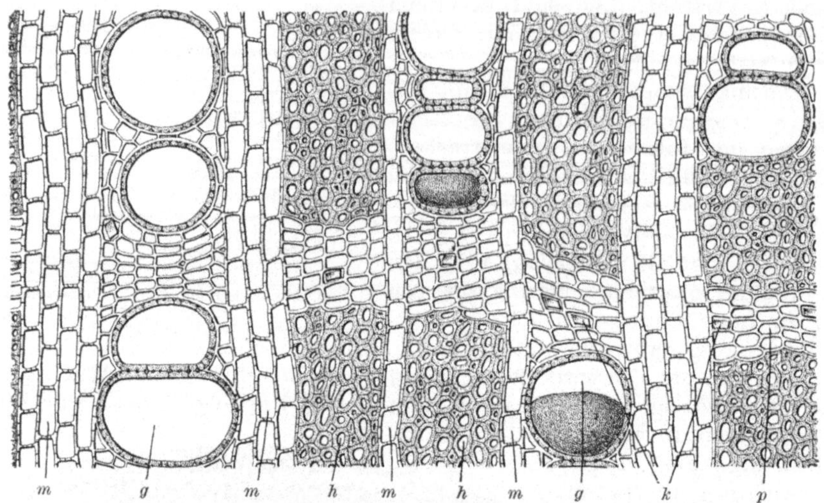

Abb. 143. Schematischer Querschnitt eines Laubholzes (Gilg).
m Markstrahlen, g Gefäße, h Fasern, p Parenchym, k Kristalle.

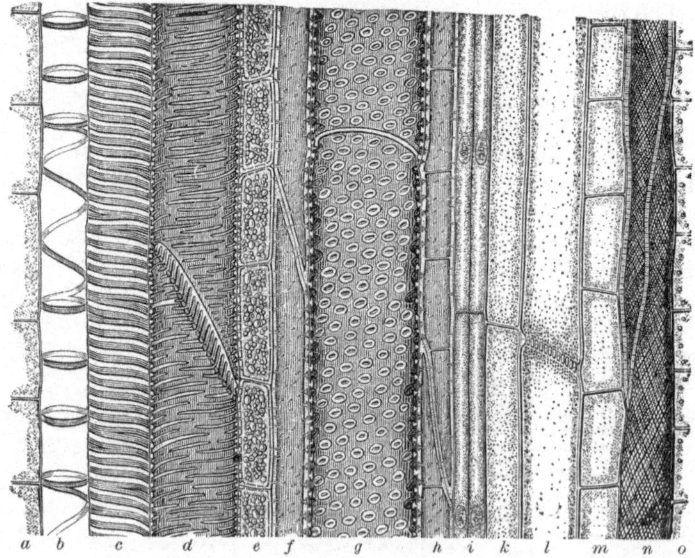

Abb. 144. Schematischer Längsschnitt durch ein Leitbündel (nach Kny).
a Markzellen, b Ringgefäß, c Spiralgefäß, d Netzgefäß, e Holzparenchym, f Holzfasern, g Tüpfel-
gefäß, h Holzparenchym, i Kambium, k Geleitzellen, l Siebröhren, m Siebparenchym, n Bastfasern,
o Rindenparenchym.

kann. Diese besteht wieder aus drei Teilen: der Außenrinde (Epidermis),
der Mittelrinde (Rindenparenchym) und der Innenrinde (Phloëm oder

Bastteil). Da die Hölzer für die Papier- und Zelluloseerzeugung entrindet werden, kann auf eine genaue Besprechung des Rindenteiles verzichtet und die folgende Betrachtung vornehmlich auf den Holzkörper beschränkt werden.

Um ein Präparat zu erhalten, welches die charakteristischen Bestandteile des Holzes zeigen soll, kocht man einige Späne der betreffenden Holzart mit Salpetersäure und Kaliumchlorat und gießt das mazerierte Holz in eine dunkel glasierte, mit Wasser gefüllte Schale, aus der die Fasern mit der Präpariernadel auf den Objektträger gebracht werden.

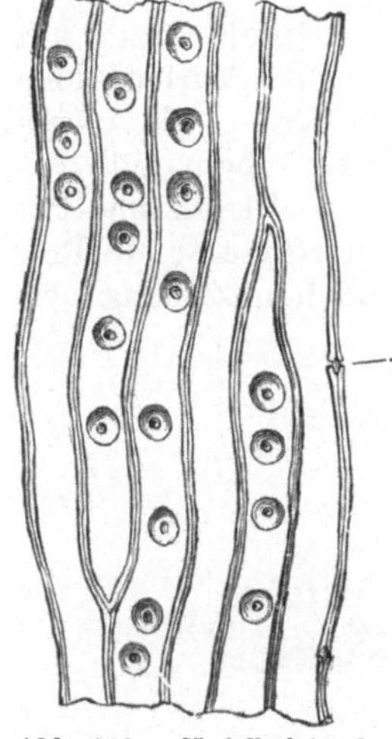

Abb. 146. Nadelholztracheiden (nach Hartig), bei * ein Hoftüpfel durchschnitten.

Der Holzkörper besteht aus zwei Gewebssystemen: den Markstrahlen und den Holzsträngen, die bei Laub- und Nadelholz verschieden gebaut sind, so daß eine Unterscheidung leicht möglich ist.

Abb. 143 zeigt einen schematischen Querschnitt durch ein Laubholz mit seinen vier charakteristischen Merkmalen: Die Gefäße mit weitem Lumen (g), die mehrreihigen, radial verlaufenden Markstrahlen (m), die der Menge nach überwiegenden dickwandigen und englumigen Fasern (h) und das Parenchym mit dünnwandigen, daher großlumigen Zellen. Die Gefäße sind nicht so häufig und können verschiedene Formen haben, die in Abb. 144 in einem idealisierten Längsschnitt dargestellt sind. Ein Querschnitt durch ein Nadelholz bietet dagegen das Bild eines viel einfacheren Baues (Abb. 145). Es besteht zum größten Teil aus einer einzigen Zellform, den für Nadelhölzer typischen Tracheïden

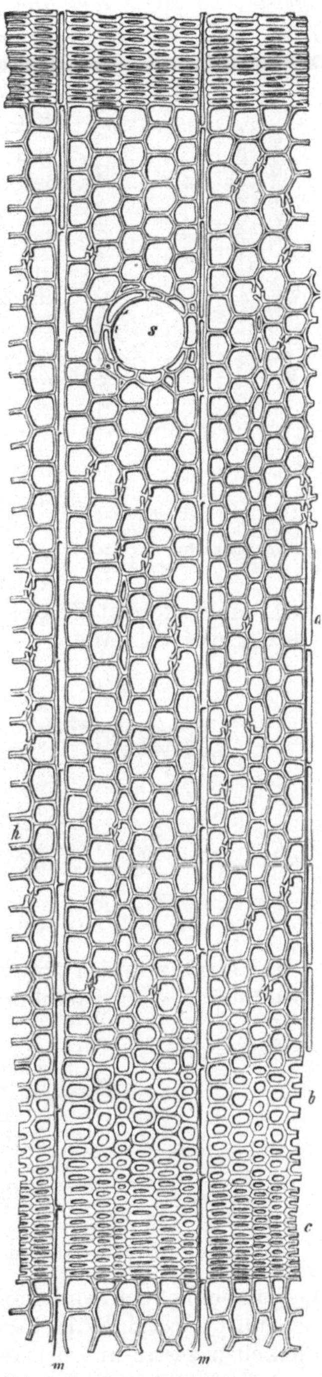

Abb. 145. Querschnitt eines Nadelholzes (nach Hartig).

(Abb. 146). Es sind dies faserförmige Zellen von langgestreckter Form mit dünner Wand und weitem Lumen, die viele in einer Reihe stehende Hoftüpfel besitzen. Die Entstehung der Hoftüpfel ist so zu denken, daß die Ver-

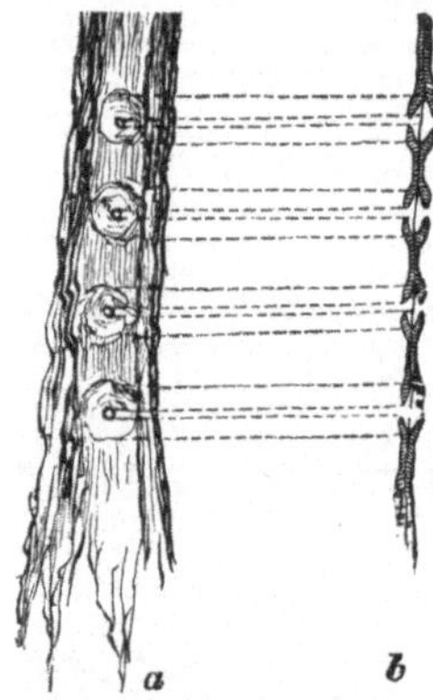

Abb. 147. Schematische Darstellung der Tüpfel. *a* Flächenansicht, *b* Seitenansicht (Herzberg).

dickungsschichten der Zellwand sich überwölben und so den Hof bilden, der in der Aufsicht als größerer Kreis erscheint; in der Mitte enthält dieser konzentrisch einen kleineren, welcher dem eigentlichen Tüpfel (der Pore) entspricht. Die Tüpfel sind durch eine dünne Membran verschlossen, durch die Zellflüssigkeit ausgetauscht werden kann, was der Zweck dieser Tüpfel ist: Es sind durch sie Verbindungsstellen zwischen den einzelnen Gefäßen geschaffen, ohne die Festigkeit des Baues der Pflanze zu beeinträchtigen.

Tannen-, Fichten- und Föhrenholz kann nur durch den anders gearteten Bau der Markstrahlen unterschieden werden, eine Aufgabe, die einem spezielleren Studium überlassen bleiben muß.

Wir wenden uns nunmehr der Mikroskopie der Holzpapiere zu und betrachten zunächst ein Präparat eines Holzschliffpapieres, das aus jeder gewöhnlichen Zeitung hergestellt werden kann.

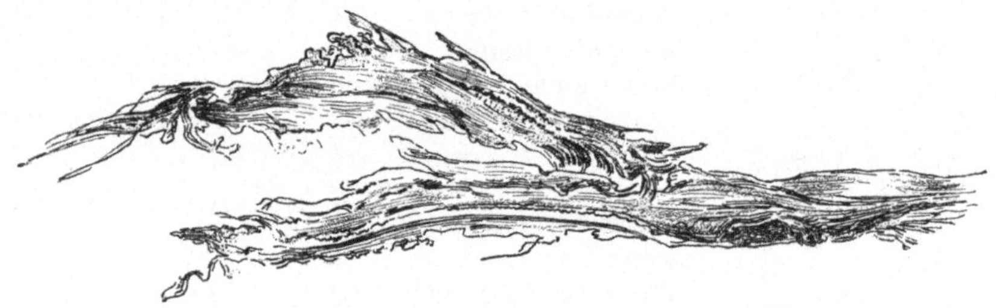

Abb. 148. Zertrümmerte Zellen aus Holzschliff (Herzberg).

Im Holzschliff treten uns nicht einzeln freigelegte Zellen, sondern Bruchstücke von Faserbündeln entgegen. Da als Rohmaterial bei uns

Abb. 149. Unverletzte Zellen aus Holzschliff mit deutlich erkennbaren Tüpfeln (Herzberg).

fast ausschließlich Nadelholz verwendet wird, fallen vor allem die bereits bekannten, reichgetüpfelten Holzzellen auf (Abb. 147). Meistens werden die Zellen zertrümmert sein und ein Bild zeigen wie Abb. 148, doch wird man in jedem Präparat auch unverletztere Zellen (Abb. 149) finden, welche die Tüpfel noch erkennen lassen. Oft wird man im Holzschliff auch noch Reste von Markstrahlenzellen finden (Abb. 150).

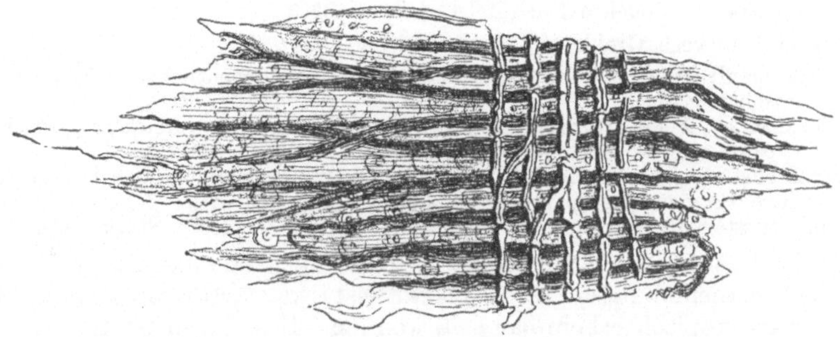

Abb. 150. Markstrahlzellen mit darunter liegenden Holzzellen aus Holzschliff (Herzberg).

Holzzellstoff zeigt ein dem Holzschliff ähnliches Bild, nur daß der Aufbau der Zellen durch den erlittenen Kochprozeß in allen Einzelheiten nicht so genau wahrnehmbar ist. Die Tüpfel erscheinen meistens als hellere Kreise, ohne daß man die beiden konzentrischen Kreise so deutlich

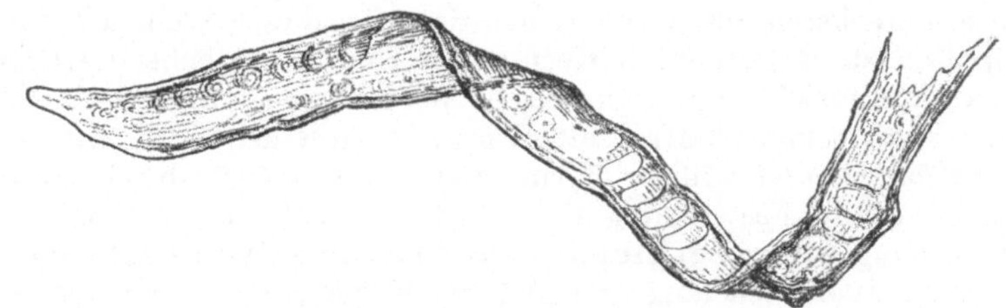

Abb. 151. Faser aus Nadelholzzellstoff.

wie bei Holzschliff erkennen kann. Häufig treten neben den behoften auch einfache Tüpfel auf.

Manchmal können auch Zellen beobachtet werden, die mit ihrem spiralig gewundenen Verlaufe und der durch viele Spalten hervorgerufenen gitterartigen Zeichnung an Baumwolle aus Hadernpapier erinnern (Abb. 151).

C. Stärke.

Die Stärke ist als Reservestoff im Pflanzenreich weit verbreitet; ihre technische Gewinnung beschränkt sich aber auf verhältnismäßig wenig Pflanzen, weshalb die Zahl der für den Warenkundigen in Betracht kommenden Stärkesorten gegenüber den in der Natur vorkommenden eine geringe zu nennen ist. Die Kenntnis des mikroskopischen Feinbaues der Stärke — die in der Praxis eine vielseitige Verwendung findet — ist vor allem zur Mikroskopie der Mehle und der daraus hergestellten Waren notwendig; da die Mehle zum größten Teile aus Stärke bestehen und die Formen der einzelnen Stärkekörner für ihre Herkunft charakteristisch

sind, ist mit deren Hilfe die Identifizierung einer Mehlart unschwer
möglich. Stärke, die zum Unterschied von Mehl durch einen Schlämm-
prozeß gewonnen wird, kommt in folgenden Arten in den Handel:

Grüne Stärke: Feuchte Kartoffelstärke.

Stärke kurzweg: Grobkörnig bis feinkörnig.

Stärkemehl: Fein gepulverte Stärke; ist also kein eigentliches Mehl im technischen Sinne.

Blockstärke: Feine Stärke, die naß verpackt, und so vorsichtig getrocknet
wurde, worauf eine zweite Verpackung erfolgte.

Strahlenstärke: Durch Zerfallen der Blockstärke entstanden; je scharfkantiger
ihre Formen, um so reiner ist das Produkt.

Appreturstärke: Mit Zusätzen versehen, eventuell gefärbte Stärkesorten.

Stärke besteht aus Körnern, die je nach der Art mikroskopisch klein
sind, bei manchen Arten (z. B. Kartoffelstärke, Arrowrootstärke) aber
noch makroskopisch erkennbar sein können. Ihre Form ist für die einzelnen Pflanzen typisch, doch zeigen sie untereinander oft große Ähnlichkeiten, so daß ihre Erkennung ein gewisses Maß von Übung und Erfahrung
erfordert. Jedes Korn hat einen meistens exzentrisch gelagerten Kern,
um den sich mehr oder weniger sichtbare Schichten lagern können, die
durch verschiedenen Wassergehalt zu erklären sind. Der Kern stellt den
wasserreichsten Teil des Kornes dar und schrumpft als solcher beim
Lagern am stärksten ein; es entstehen dann an dieser Stelle Höhlungen
oder Spalten, die sogenannten Kernspalten, die für manche Stärkearten
sehr charakteristisch sind, während sie bei anderen wieder ganz fehlen
können. Erhitzt man Stärke mit Wasser, so quellen die Körner unter
Wasseraufnahme und völliger Formveränderung auf, wodurch mitunter
eine einwandfreie Feststellung der Stärkeart nicht mehr möglich ist.
Dieser Vorgang wird „Verkleisterung" genannt. Man muß bei einem
derartigen Präparat so lange suchen, bis Körner erscheinen, die durch
geringere Quellung die ursprünglichen Formen so weit erkennen lassen,
daß auf die Stärkeart Schlüsse gezogen werden können. Durch bloßes
Erhitzen oder Kochen mit Säuren erfährt die Stärke eine stoffliche Umwandlung[1], indem aus ihr Dextrin — ein technisch wichtiger Stoff —
entsteht. Die Jodreaktion gibt uns neben der Formveränderung die
Möglichkeit zu entscheiden, ob Stärke oder Dextrin vorliegt, da Stärke
durch Jod blau, Dextrin hingegen rot gefärbt wird.

Die makroskopische Prüfung bezieht sich bei Stärke vor allem auf
die Feststellung von groben Verunreinigungen und die Beurteilung der
Farbe, die einen Schluß auf den Grad der Reinheit zuläßt und rein weiß
sein soll. Ein grauer oder gelber Stich deutet auf einen geringen Rei-
nigungsgrad. Die Feinheit des Stärkepulvers kann man durch Reiben
zwischen den Fingern begutachten. Schließlich muß man noch eine einfache Sinnenprobe vornehmen, ob Geruch und Geschmack einwandfrei
oder dumpf sind. Stärke wird am besten in Wasser mikroskopiert; dabei
muß man beachten, daß sie bei allzulangem Liegen in Wasser Quellungserscheinungen zeigt, welche dann die Erkennung erschweren.

---

[1] Siehe I. Teil, S. 71.

1. Kartoffelstärke (Abb. 152).

Die großen Körner der Kartoffelstärke sind schon bei schwacher Vergrößerung zu erkennen. Sie zeigen eine eigenartige elliptische Form mit einer breiteren und einer spitzigeren Seite. Bei stärkerer Vergrößerung wird im letzteren Teile der Kern sichtbar, und auch die Schichten treten ziemlich deutlich hervor. Kartoffelstärke besteht vorwiegend aus einfachen Körnern. Nur selten kommen 2-, 3- oder 4fache Körner vor. Es sind dies Körner mit mehreren Kernen, um die gesonderte Schichtenlinien verlaufen. Mitunter sind auch halbzusammengesetzte Körner zu finden, die zwei oder

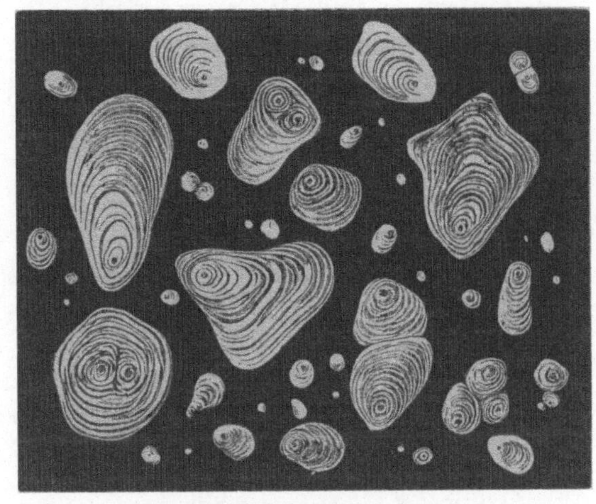

Abb. 152. Kartoffelstärke (J. Möller).

drei Kerne mit eigenen Schichtenlinien besitzen, welche aber von gemeinsamen Schichten umschlossen sind. Verquollene Körner (z. B. bei Verfälschungen in Wurst, Brot usw.) sind an ihrer ungewöhnlichen Größe zu erkennen und zeigen oft unregelmäßige Windungen und Spalten (Abb. 153).

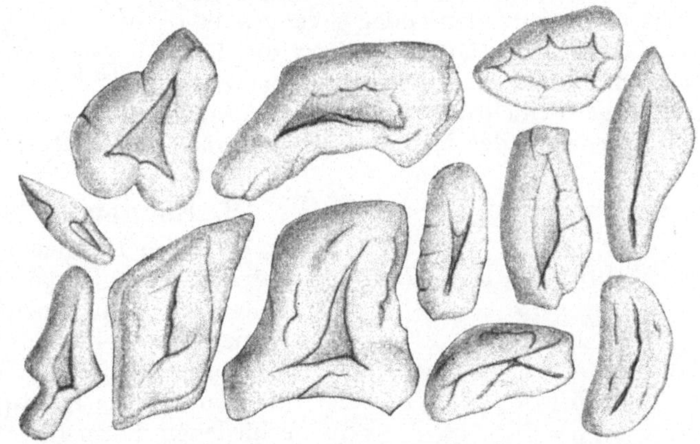

Abb. 153. Verquollene Kartoffelstärke in Brot (T. F. Hanansek).

2. Weizenstärke (Abb. 154).

Weizenstärke wird aus geschrottetem Weizen oder Weizenmehl durch Schlämmen gewonnen, nachdem man den Kleber entfernt hat, der ein wertvolles Nebenprodukt bildet. Sie kommt als Strahlen- oder Kristallstärke, als Bröckelstärke oder in Pulverform in den Handel.

Deutlichere Einzelheiten kann man erst bei stärkerer Vergrößerung erkennen, da die Größe der Körner zwischen 3 und höchstens 45 μ schwankt.

Für Weizenstärke ist die Erscheinung der Groß- und Kleinkörner charakteristisch. Man sieht zwischen vielen kleinen Körnern (3—15 μ) solche von einer Größe zwischen 30 und 40 μ. Sie haben Linsenform und sind meistens ohne deutliche Schichtung. Kernspalten treten

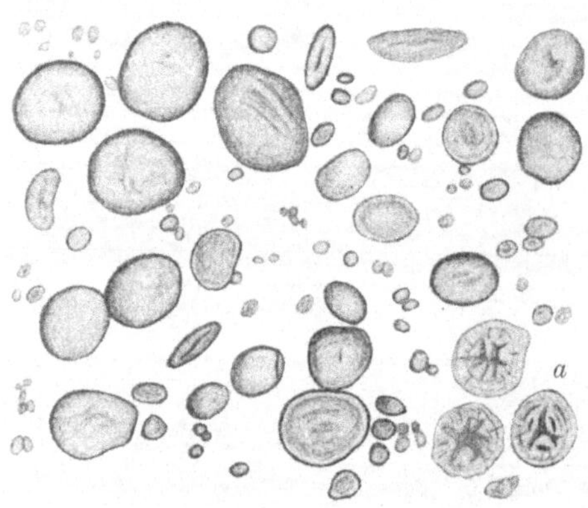

Abb. 154. Weizenstärke (A. Scholl).
Bei *a* Körner aus gekeimten Weizen.

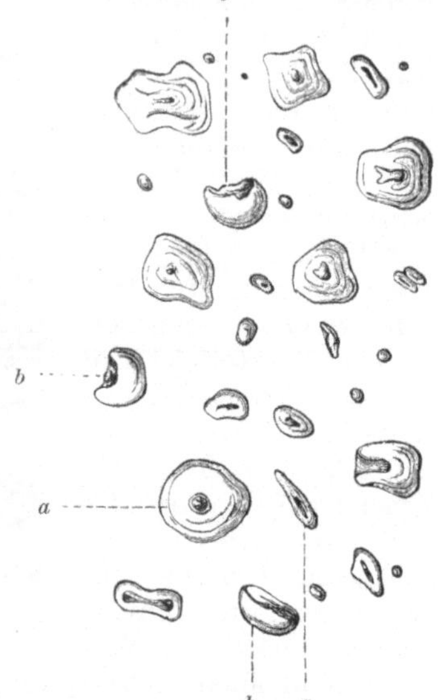

Abb. 155. Stärkekörner aus Weizenbrot (J. Möller).
a typische, kaum veränderte Formen,
b durch Quellung veränderte Formen.

nur ganz vereinzelt auf. Handelt es sich jedoch um gequollene oder gekeimte Weizenstärke (Abb. 155), so zeigen die Körner am Rande eine deutliche, aber ziemlich enge Schichtung und beinahe regelmäßige tiefe und breite Spalten, die von der Mitte ausgehend das ganze Korn zerrissen haben.

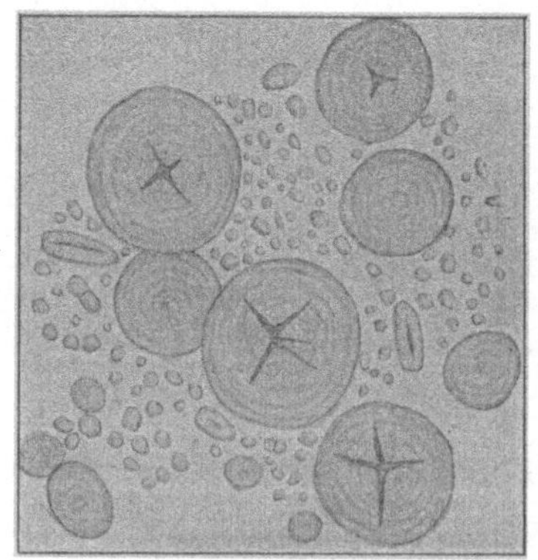

Abb. 156. Roggenstärke (C. Mez).

3. Roggenstärke (Abb. 156).

Zwischen Roggen- und Weizenstärke herrscht eine große Ähnlichkeit. Als Unterschiede sind anzuführen: die Großkörner haben einen größeren Durchmesser (bis zu 55 μ), vor allem zeigen sie aber meistens Kernspalten von verschiedenen Formen.

4. Gerstenstärke (Abb. 157).

Gersten- ist ebenso wie Roggenstärke selten im Handel zu finden, und ihre mikroskopischen Eigenschaften müssen hauptsächlichst wegen der Prüfung der beiden Mehlsorten studiert werden.

Gerstenstärke zeigt mikroskopisch eine große Ähnlichkeit mit Roggenstärke. Die Unterschiede bestehen in den kleineren Ausmaßen der Großkörner, die durchschnittlich 20—30 μ, jedoch niemals mehr als 35 μ

messen, eine unregelmäßige, manchmal nierenförmige Gestalt haben und selten Kernspalten aufweisen.

5. Maisstärke (Abb. 158).

Ein Präparat dieser Stärke läßt zwei Arten von Körnern erkennen: scharfkantig polyedrisch und mehr rundlich geformte. Die ersteren stammen aus dem äußeren, hornigen Teil des Maiskornes, dem

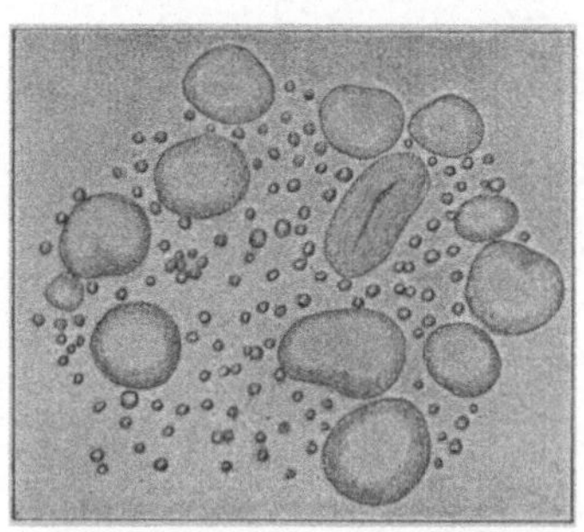

Abb. 157. Gerstenstärke (C. Mez).

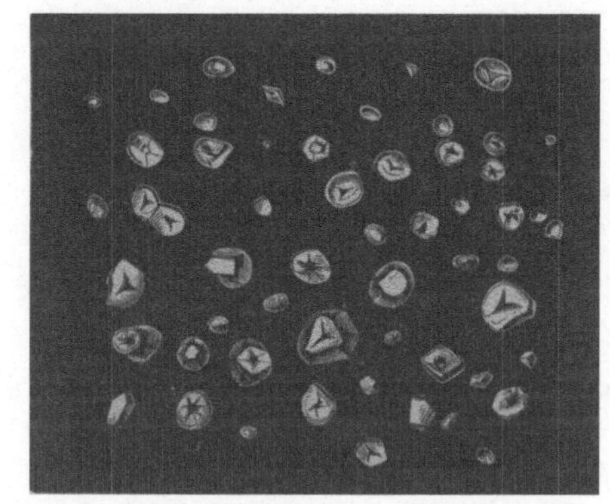

Abb. 158. Maisstärke (J. Möller).

Hornendosperm, in dem die Stärkekörner fest gepreßt aneinandergelagert sind, während letztere dem inneren, lockeren Mehlendosperm entstammen.

Die Stärkekörner haben ungefähr gleiche Größe, die zwischen 10 und 18 μ schwankt. Sie sind schichtenlos und weisen fast immer eine sternartige, 3—5strahlige Kernspalte auf.

6. Reisstärke (Abb. 159).

Reisstärke ist im Handel als „Kristallstärke“ in Form kurzer, kantiger Stäbchen oder zu Tafeln gepreßt, anzutreffen. Sie bietet in der Verwendung gegenüber Weizen- und Kartoffelstärke den Vorteil einer raschen Verkleisterung, die schon bei verhältnismäßig niederer Temperatur eintritt, während man letztere zu diesem Zwecke kochen muß, daher auch deren im Handel geläufige Bezeichnung als „Kochstärke“.

Die aus einem dicht gepackten Stärkeparenchym stammenden Teilkörner zeigen, wie bei der Maisstärke, scharfkantige, polyedrische Formen, bleiben aber in

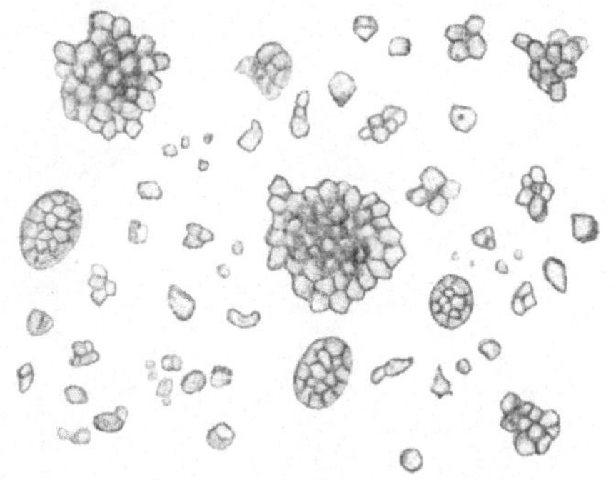

Abb. 159. Reisstärke (A. Scholl).

der Größe hinter dieser zurück (2—10 μ). Charakteristisch sind dreikantige, scharfspitzige Körner.

Hat man das Präparat aus Kristallstärke durch Abschaben ein wenig

Pulvers von einem Stengelchen hergestellt, so findet man auch noch die Verbände der Teilkörner, in welchen sie zu 2—10 angeordnet sind.

7. Haferstärke (Abb. 160).

Haferstärke zeigt sehr große Ähnlichkeit mit Reisstärke und kann von dieser durch das Auftreten von spindelförmigen Teilkörnern unterschieden werden.

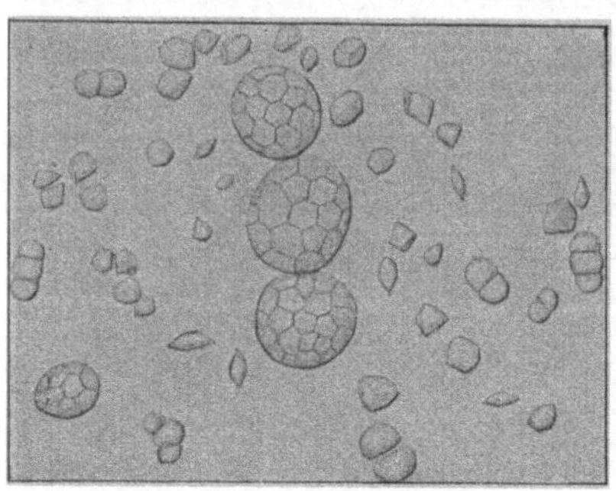

Abb. 160. Haferstärke (C. Mez).

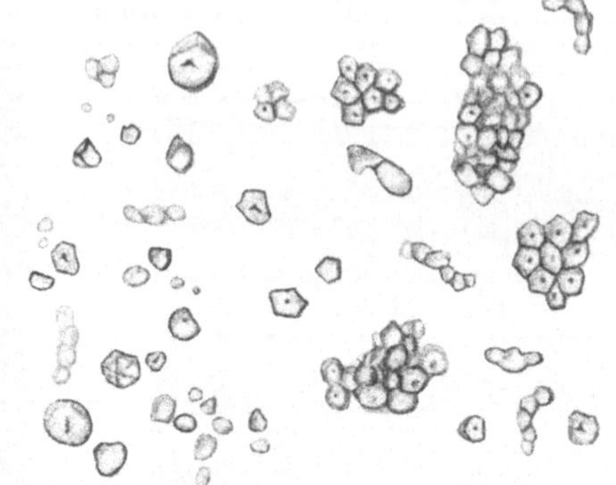

Abb. 161. Buchweizenstärke (A. Scholl).

8. Buchweizenstärke (Abb. 161).

Diese stammt von einem Knöterichgewächs und kommt nicht als solche in den Handel, sondern bildet den Hauptbestandteil des Buchweizenmehles, das auch „Heidemehl" genannt wird.

Das mikroskopische Bild zeigt kleine, gewöhnlich $6—12\,\mu$ große, rundliche oder polyedrische, abgerundete Stärkekörner, die oft einen hellen Kern oder eine Kernhöhle erkennen lassen. Typisch sind einreihige, stäbchenförmige Anordnungen von Teilkörnern. Die Begrenzungslinien der Einzelkörner in den größeren Verbänden sind oft nicht sehr deutlich wahrnehmbar. Behandelt man derartige Stücke mit Lauge, so bleibt ein netzartiges Gebilde zurück, dessen Maschen die Begrenzungslinien der Körner andeuten.

Abb. 162. Marantastärke (A. Scholl).

9. Arrowrootstärke.

Mit „Arrowroot" wurde ursprünglich nur die Stärke der amerikanischen Pfeilwurzel bezeichnet; der Name wurde aber später auf alle aus den Tropen oder Subtropen stammenden Stärkeprodukte übertragen, wobei zur Unterscheidung der Name des Produktionslandes hinzugefügt wird.

a) Westindisches Arrowroot (Marantastärke), Abb. 162.

Diese Stärke heißt auch St. Vincent- oder Natalarrowroot und wird hauptsächlichst in diesen Gegenden aus dem fleischigen Wurzelstock der Pfeilwurzel gewonnen.

Sie besteht nur aus Einzelkörnern, die eiförmige, rhombische oder spindelförmige, manchmal auch kugelige Form und im Durchschnitt eine Größe von 30—40 μ haben. Im stumpfen Teil des Kornes liegt der Kern, der von einer zarten, jedoch gut erkennbaren Schichtung umgeben ist. Häufig treten Kernspalten mit einer sehr bezeichnenden Form, die von einem anderen Autor[1] in treffender Weise mit einem schwebenden Vogel verglichen wurde, auf.

Von Kartoffelstärke, mit der westindisches Arrowroot große Ähnlichkeit besitzt, unterscheidet sich dieses durch die geringere Größe, durch die typische Kernspalte und vor allem durch die Lage des Zellkernes, der bei Kartoffelstärke im spitzen Teil, bei Marantastärke im stumpfen Teile liegt.

b) Ostindisches Arrowroot (Kurkumastärke), Abb. 163.

Aus den knolligen Wurzelstökken von *Curcuma angustifolia* und *Curcuma leukorrhiza* und verschiedenen anderen Pflanzen wird eine Stärke gewonnen, die neben dem oben angegebenen Namen auch noch als Tikmehl, Tikor, Tikur,

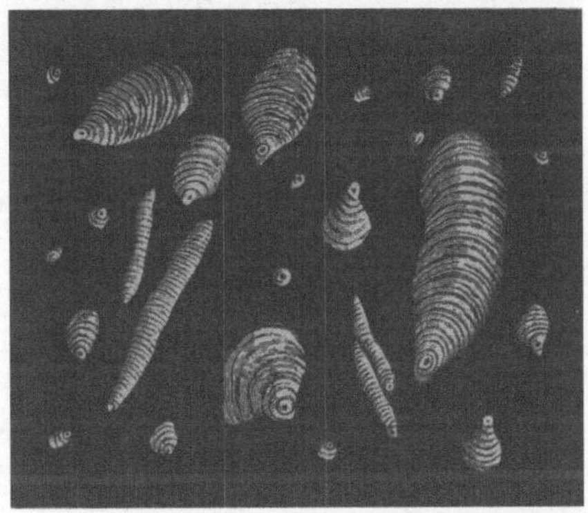

Abb. 163. Kurkumastärke (J. Möller).

Travankora und Bombay- oder Malabar-Arrowroot bezeichnet wird.

Sie zeigt einfache, elliptische, eiförmige, längliche Körner, die an ihrer schmalen Seite einen kurzen, stumpfen Ansatz tragen, in welchem sich der Kern befindet. Da um diesen herum eine nicht immer deutliche Schichtung liegt, ist deren Verlauf ausgesprochen exzentrisch. Die Körner sind scheibenförmig flach, weshalb sie von der Seite gesehen ein längliches, spindelförmiges Bild zeigen. Ihre Größe ist nach der Stammpflanze verschieden. Von *Curcuma angustifolia* haben sie 35 bis höchstens 70 μ, von *Curcuma leukorrhiza* können die Ausmaße bis zu 140 μ betragen.

c) Cannastärke (Queensland-Arrowroot), Abb. 164.

Diese Stärkeart besitzt — wie die von A. E. Vogl entworfene schematische Zeichnung zeigt (Abb. 165) — die größten Körner, gewöhnlich über 70 μ bis zu 130 μ. Diese sind immer einfach, flach elliptisch, oft am schmäleren Ende abgestumpft. Ein oder zwei Kerne liegen exzentrisch auf der Schmalseite und sind immer von einer deutlichen Schichtung umgeben.

---

[1] Möller-Griebel: Mikroskopie der Nahrungs- und Genußmittel aus dem Pflanzenreiche. S. 36. 3. Auflage. Berlin: Julius Springer 1928.

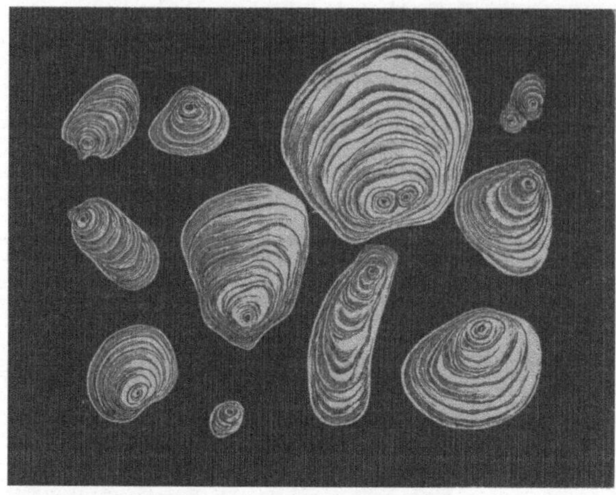

Abb. 164. Cannastärke (J. Möller).

d) **Brasilianisches Arrowroot** (Manihotstärke, Maniok, Tapiokastärke), Abb. 166.

Diese Stärke wird aus den Wurzelknollen des zu den Euphorbiazeen gehörenden Maniok gewonnen.

Ein aus der Handelsware hergestelltes Präparat zeigt Einzelkörner, die durch Zerfall größerer Gebilde entstanden, folgende eigenartige Formen besitzen. Auf einer Seite haben sie immer eine gewölbte Fläche, während die beiden anderen, mit welchen sie an einem Nachbarkorn zu zweit oder dritt angepreßt waren, scharfkantig erscheinen. Nur ganz kleine Körner zeigen kugelige Formen. Fast immer ist ein beinahe zentral gelegener Kern oder an dessen Stelle eine sternförmige Kernspalte zu beobachten. Das Vorhandensein einer sichtbaren Schichtung ist nicht die Regel.

e) **Guyana-Arrowroot.**

Mit diesem Namen wird Bananenstärke bezeichnet, deren mikroskopisches Bild in Abb. 167 gezeigt wird.

10. Leguminosenstärken.

Von den aus Hülsenfrüchten gewonnenen Stärken haben lediglich die der Bohnen und Erbsen größere Bedeutung.

a) **Bohnenstärke** (Abb. 168).

Die 30—50 μ großen Körner zeigen elliptische oder

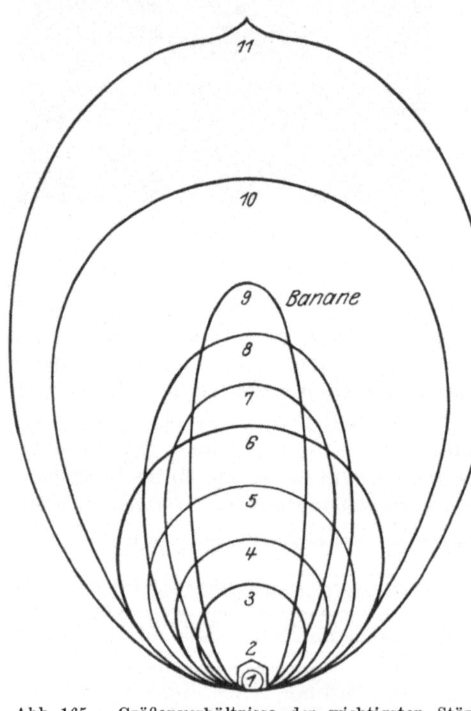

Abb. 165. Größenverhältnisse der wichtigsten Stärkesorten (nach A. E. Vogl).

1 Hafer, *2* Reis, *3* Mais, *4* Gerste, *5* Weizen, *6* Roggen, Maranta, *7* Dioscorea B, *8, 9* Kurkuma, Musa, *10* Kartoffel, Dioscerea A. *11* Canna.

nierenförmige Formen. Der Rand läßt eine zarte Schichtung erkennen, und die meisten Körner weisen eine über die ganze Länge reichende, stark verästelte Kernspalte auf. Diese großen Kernspalten sind sehr charakteristisch für die Leguminosenstärken.

b) Erbsenstärke.

Die Körner sind etwas kleiner als die der Bohnenstärke. Ihre Form ist ebenfalls elliptisch nierenförmig oder auch kugelig, daneben kommen auch unregelmäßig gestaltete, mit wellenförmigen Aus- und Einbuchtungen versehene Körner vor. Sie zeigen meistens eine ausgeprägte große Kernspalte und eine deutliche Schichtung.

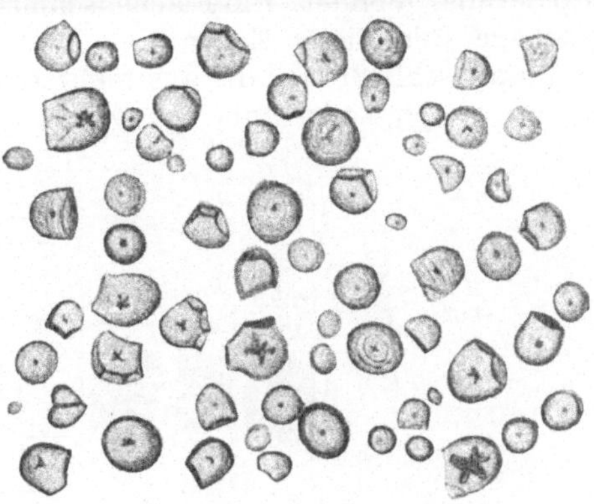

Abb. 166. Manihotstärke (A. Scholl).

D. Zerealien und daraus gewonnene Mehle.

1. Weizen.

Die wichtigste Brotfrucht des Welthandels ist der Weizen, von dem mehrere Spielarten unterschieden werden: der englische Weizen, der Hart- oder Glasweizen und der Zwergweizen.

Das Weizenkorn zeigt eine eiförmige Gestalt, an der Unterseite eine Furche, während die Oberseite gekielt erscheint. Am oberen Ende trägt es ein charakteristisches Bärtchen, dessen Haare ausschlaggebend für die Mikroskopie von Weizenmehl sind. Das untere Ende

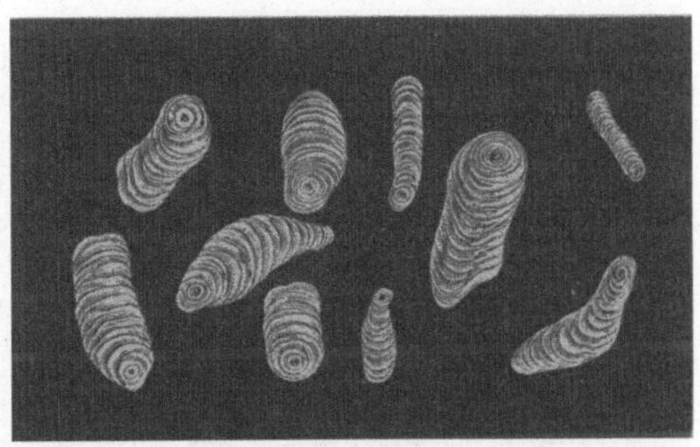

Abb. 167. Bananenstärke (J. Möller).

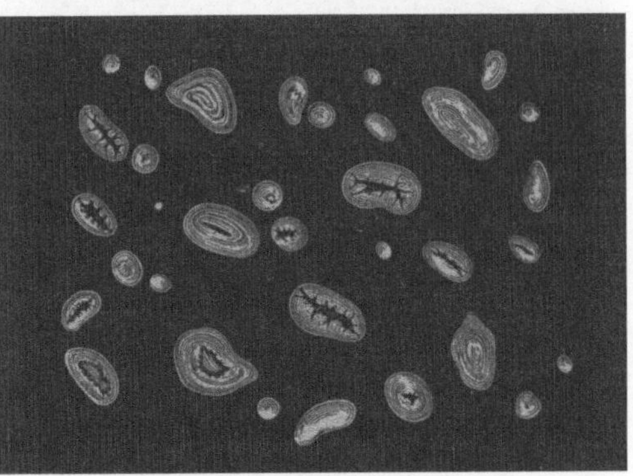

Abb. 168. Bohnenstärke (J. Möller).

trägt den Keimling, an welcher Stelle das Korn eingebuchtet ist. Ein Schnitt durch ein Weizenkorn (Abb. 169) läßt deutlich sieben

Schichten erkennen. Die oberste Schicht (*ep*) wird durch die Oberhaut (Epidermis) gebildet. Ein Flächenschnitt zeigt uns das in Abb. 170 wiedergegebene Bild dieser Zellen.

Daran schließt sich die aus mehreren Lagen bestehende Mittelschichte (*m*) an, deren Zellen mit der Epidermis große Ähnlichkeit besitzen.

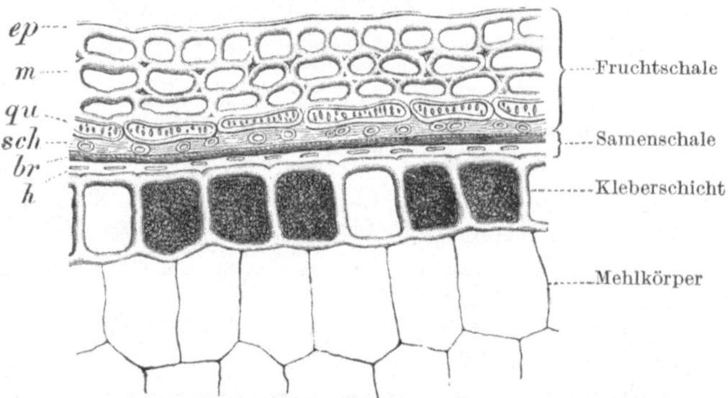

Abb. 169. Randschicht des Weizens im Querschnitt (J. Möller).
ep Oberhaut, *m* Mittelschicht, *qu* Querzellen, *sch* Schlauchzellen, *br* Samenhaut, *h* hyaline Schichte.

Nun folgt eine Lage von Zellen, welche quer zu den übrigen verlaufen und daher als Querzellen (*qu*) bezeichnet werden. Ihr Bild zeigt uns Abb. 171. Sie besitzen eine grob getüpfelte Wand und längliche, rechteckige Form und sind lückenlos aneinandergereiht, was als Unterschied gegenüber Roggen von Bedeutung ist.

Wieder in der Richtung der Kornachse gelagert, schließt sich die Schlauchzellenschicht an. Der Querschnitt zeigt diese Zellen natürlich als einzelne Ringe.

Darunter befindet sich die dünne, braune Samenhaut, die aus zwei Lagen sich kreuzender, äußerst zarter, langgestreckter Zellen besteht (*br*).

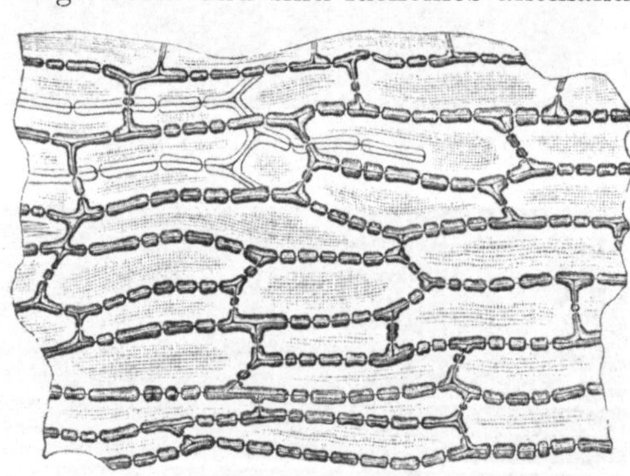

Abb. 170. Oberhaut der Weizenfrucht in der Flächenansicht (Abb. 46 *ep*) (J. Möller).

Die nächstfolgende, durchsichtige, strukturlose Membran wird hyaline Schichte (*h*) genannt und ist nur sehr schwer zu erkennen.

Unter dieser sieht man Zellen von beinahe quadratischem Querschnitt, die einen körnigen Inhalt aufweisen. Es ist dies die Aleuron- oder Kleberschichte.

Die innerste Schichte wird durch den Mehlkern dargestellt, der aus einem dichtgefügten Zellgebilde besteht. In den Zellen kann man deutlich die Formen der bereits bekannten Weizenstärke erkennen. Neben den Stärkekörnern sieht man noch Kleberkörner, die man durch Färbung mit Jod gut differenzieren kann, da die Stärke damit blau, der Kleber als Eiweißprodukt dagegen gelb gefärbt wird.

Ein besonderes Charakteristikum sind die Haare des Bärtchens, wovon ein Präparat durch Abschaben einiger Härchen leicht hergestellt werden kann.

Sie erscheinen schmal und lang, am unteren Ende besitzen sie eine keulenförmige Erweiterung; hier ist das Lumen weiter, und die Wände sind dementsprechend schwächer, während im übrigen Teil des Haares die Wandung sehr dick ist und das Lumen bloß als schwarzer Strich zu erkennen ist.

2. Weizenmehl.

Das Weizenmehl besteht zum größten Teile aus den bereits bekannten Stärkekörnern. Immer sind aber auch verschiedene Schalenteile zu finden, die dann erst, vor allem mit Hilfe der Haare, einen sicheren mikroskopischen Befund ermöglichen.

Sehr erleichtert wird die Beobachtung durch folgendes Verfahren: 2 g Mehl werden in einem kleinen Schälchen mit alkoholischer Naph-

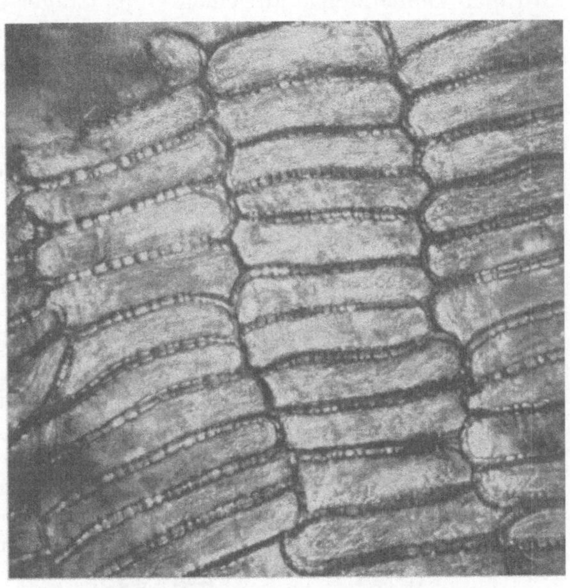

Abb. 171. Querzellen des Weizens (C. Griebel).

thylenblaulösung vermischt; man trägt von der Mischung mit einem feinen Haarpinsel eine möglichst dünne Schichte auf einen Objektträger auf, läßt eintrocknen, setzt einen Tropfen Sassafrasöl, Kreosot oder Guajakol auf und mikroskopiert nach Auflegen des Deckglases. Aufgetretene Luftblasen sind durch gelindes Erwärmen des Objektträgers leicht entfernbar. Durch diese Behandlung sind sämtliche Gewebsfragmente der Fruchtsamenhaut und eventuell der Spelzen gefärbt und heben sich von den ungefärbten Stärkezellen und Stärkekörnern, die durch das Einbettungsmittel überdies ganz durchsichtig geworden sind, besonders deutlich ab.

Die Zellmembranen der Oberhaut, der Mittelschicht, der Querzellen und der Spelzen und der Inhalt der Keim- und Aleuronzellen werden blau bis blauviolett gefärbt.

Je feiner die Mehlsorte ist, um so weniger wird man Teile der Fruchtschale und äußeren Aleuronschichte finden.

Um ein an Kleiebestandteilen angereichertes Präparat zu erhalten, kann man in folgender Weise vorgehen: Die Probe wird mit Wasser gekocht. Der dabei auftretende Schaum ist reich an leichten Schalenteilchen, Haaren und Haarteilchen und wird zur Präparation mit der Nadel abgenommen. Man kann auch die durch ihre dunklere Farbe erkennbaren Kleiebestandteile unter dem Präpariermikroskop mit der befeuchteten Nadel auslesen und in das Präparat bringen.

Charakteristisch für Weizen und wichtig für die Unterscheidung von Roggenmehl ist die Bahmilsche Kleberprobe. Von der Mehlprobe wird eine kleine Menge auf einen Objektträger gegeben und mit Wasser vermengt. Man bedeckt mit einem Deckglas und reibt dieses hin und her. Der Weizenkleber bildet dabei lange, elastische Stränge — Kleberspindeln genannt —, die bei Roggenmehl niemals auftreten, bei Maismehl nur kurz und klein sind. Letztere Mehlart ist aber schon durch die eigenartig geformten Stärkekörner zu erkennen. Mit der Bahmilschen Probe können noch 10% ige Verfälschungen von Weizen- mit Roggenmehl erkannt werden.

3. Roggen.

Roggen ist das typische Brotgetreide Mitteleuropas. Sein Samenkorn, das sich makroskopisch durch Form und Farbe auffallend von Weizen unterscheidet, zeigt in seinem Aufbau eine große Ähnlichkeit mit diesem, so daß zur Erkennung der wenigen Unterschiede ein genaues mikroskopisches Studium von Querschnitt- und Flächenpräparaten notwendig ist, die man günstigerweise mit Chloralhydrat aufhellt. Am besten kann man die Unterschiede an einem Vergleichspräparat studieren, indem man auf einem Objektträger je ein Weizen- und Roggenpräparat in entsprechendem Abstand anfertigt.

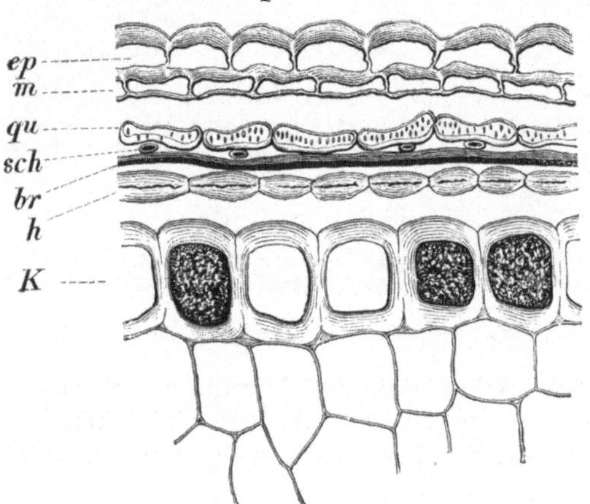

Abb. 172. Randschichten des Roggens im Querschnitt (J. Möller).
ep Oberhaut, *m* Mittelschichte, *qu* Querzellen, *sch* Schlauchzellen, *br* Samenhaut, *h* hyaline Schichte, *K* Kleberzellen.

Die bei Weizen stark getüpfelten Oberhautzellen sind bei Roggen weniger stark getüpfelt, außerdem sind sie länger und dünnwandiger. Die Mittelschichte ist nur ein- oder zweireihig. Wie bei Weizen bereits angedeutet wurde, schließen die Querzellen bei Roggen mit den Schmalseiten nicht fugenlos aneinander, sondern lassen Interzellularräume frei (Abb. 173). Die Schlauchzellen erscheinen dünnwandiger und kürzer als bei Weizen und sind nicht so zahlreich. Charakteristisch verschieden sind auch die Haare des Roggens (Abb. 173), die kürzer und breiter und daher gedrungener als bei Weizen sind; ihr Lumen ist breiter als die Dicke der Wand.

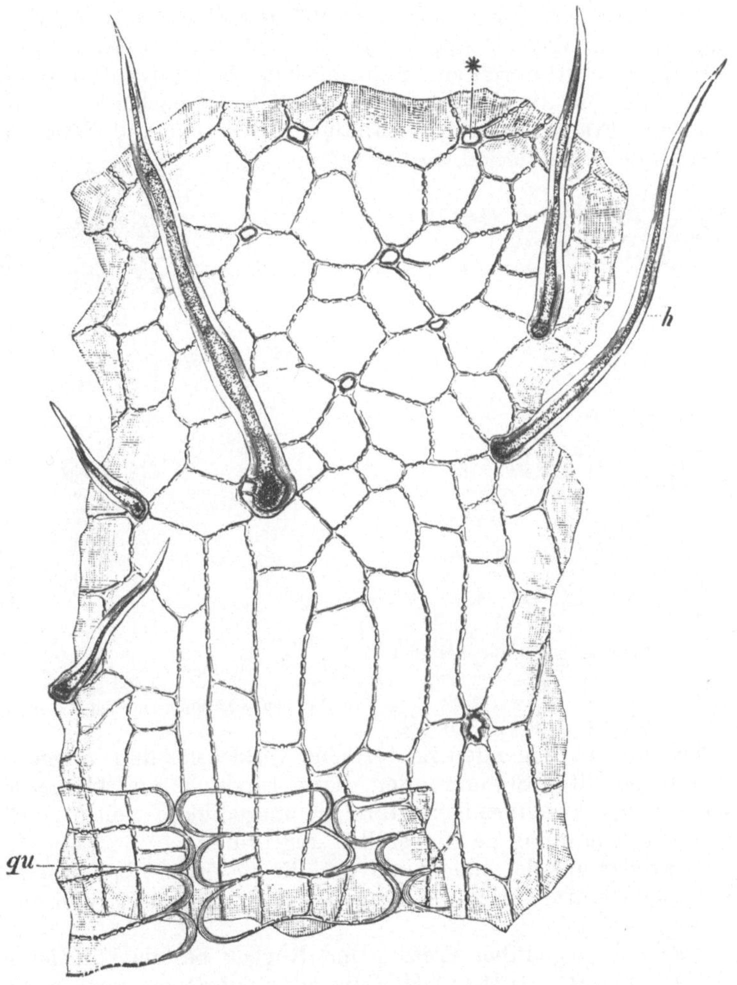

Abb. 173. Oberhaut vom Scheitel der Roggenfrucht (J. Möller).
qu Querzellen, *h* Haare, * Haarspuren.

Roggenmehl erscheint makroskopisch dunkler als Weizenmehl; die mikroskopische Betrachtung lehrt, daß dies von dem höheren Schalenanteil bewirkt wird, was mit Hilfe der Naphthylenblaufärbung deutlich erkennbar ist.

Die Kleberprobe nach Bahmil verläuft bei Roggenmehl negativ. Ein positiver Ausfall zeigt Vermengung mit Weizenmehl an.

11*

4. Gerste.

Die Gerste wird ebenfalls in mehreren Spielarten kultiviert, die sich vor allem durch die Anzahl der Körnerreihen in der Ähre unterscheiden. So kennt man sechs, vier- und zweireihige Gersten. Abgesehen von einigen weniger wichtigen Varietäten ist das Korn von der Spelze so fest umschlossen, daß sie durch Dreschen nicht zu entfernen ist.

Einen Querschnitt durch ein bespelztes Korn bietet das in Abb. 174 dargestellte Bild. Um die Einzelheiten deutlicher unterscheiden zu können, hellt man das Präparat durch Behandlung mit Lauge und Essigsäure auf und färbt mit Chlorzinkjod an.

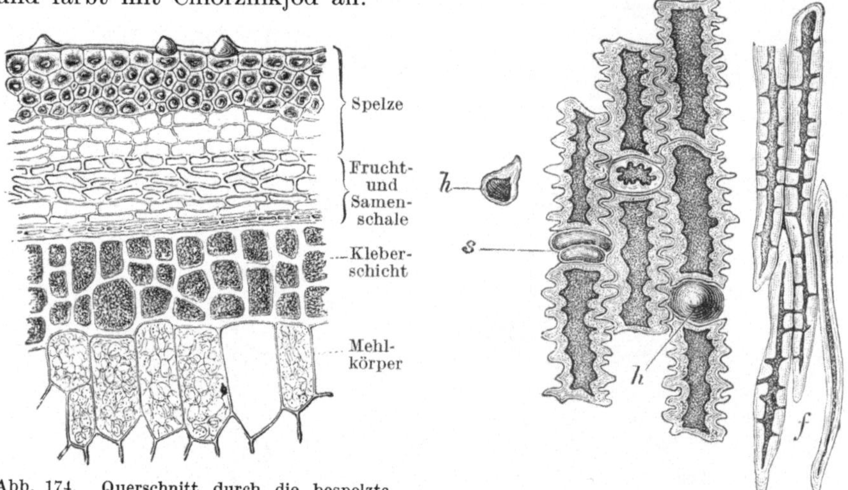

Abb. 174.   Querschnitt durch die bespelzte Gerste (J. Möller).

Abb. 175.   Oberhaut und Hypodermfasern der Gerstenspelze (J. Möller). *h* Härchen, *s* halbmondförmige Zellen, *f* Fasern.

Die Oberhaut (Abb. 175) der Spelze besteht aus folgenden Zellformen: verkieselte und langgestreckte Zellen, mit gewellten Seitenwänden, dann rundliche und kleine, manchmal zu kleinen, kegelförmigen Härchen ausgebildete Zellen und paarweise, zu sogenannten Zwillingszellen angeordnete. Von diesen ist immer eine größer als die andere und umfaßt die erstere halbmondförmig.

Der Querschnitt durch die Frucht selbst zeigt mit Weizen große Ähnlichkeit.

Unterschiede gegenüber Weizen und Roggen bestehen in der ein bis drei Reihen ungetüpfelter Zellen enthaltenden Querzellenschichte und in der mehrreihigen Aleuronschichte.

5. Gerstenmehl.

Gerstenmehl wird nur aus entschälten Körnern gewonnen und enthält daher nur wenige Spelzenteile. In unseren Gegenden spielt dieses Produkt als Brotmehl gar keine Rolle, wird aber für diesen Zweck in den nordischen Ländern viel verarbeitet. Bei uns dient Gerste hauptsächlich zur Malzgewinnung.

In Malz sind alle mikroskopischen Merkmale der Gerste noch zu erkennen.

Malzkaffee zeigt im Querschnitt eine große Höhlung, welche den echten, aus gekeimter Gerste gewonnenen Malzkaffee leicht von minderwertigerem Gerstenkaffee (aus ungekeimter Gerste hergestellt) unterscheiden läßt.

6. Unterscheidungsmerkmale für Weizen- und Roggenmehl.

	Weizen	Roggen
Oberhautzellen	Lang, gestreckt und reich getüpfelt	Länger und dünnwandiger, weniger getüpfelt
Mittelschichte	Besteht meistens aus 2—3 Lagen von Zellen	Nur ein- oder zweireihig, Zellwände dünner als bei Weizen
Querzellen	Schließen an allen Seiten lückenlos aneinander	Zwischen den schmalen Seiten treten mit Luft gefüllte Interzellularräume auf
Haare	Lang und schmal, Lumen enger als die Wanddicke	Kürzer und breiter, daher gedrungener, Lumen breiter als die Wandung
Kleberprobe	Positiv	Negativ

7. Verunreinigungen und Verfälschungen von Mehl.

a) Mineralische Verfälschungen

kommen in normalen Zeiten nur äußerst selten vor. In der Not der Kriegs- und Nachkriegszeit waren aber Verfälschungen mit Schwerspat, Ton, ungebranntem Gips, Kreide u. ä. sehr oft anzutreffen. Diese Beimengungen können durch makroskopische Proben bereits erkannt werden (siehe I. Teil, S. 70); mikroskopisch ist der Nachweis leicht durch die verschiedene Form der Stärke und Mineralteilchen und durch die Färbung mit Jod zu erbringen. Man kann in letzterem Falle sehr leicht die blaugefärbten Stärkekörner von den ungefärbten, meist zu dichten Haufen geballten Mineralteilen unterscheiden.

Wichtiger für die Mehlprüfung sind die vegetabilischen Verunreinigungen, die neben der Qualitätsverminderung wegen ihrer eventuellen Giftigkeit auch zu schweren Gesundheitsstörungen führen können. Aus der großen Anzahl der in dieser Hinsicht beobachteten Produkte seien „Mutterkorn" und „Kornrade" zur näheren Besprechung ausgewählt.

b) Mutterkorn[1].

Unter Mutterkorn versteht man das Dauermyzelium (Sklerotium) des Pilzes *Claviceps purpurea*, der sich im jungen Fruchtknoten des Roggens einnistet und sich statt dessen entwickelt. Es bildet sich ein schwarzviolettes, meist dreikantiges, nach den Enden zu sich verjüngendes 10—35 mm langes Korn, das mit Mehl vermahlen, nach dem Genusse

---

[1] Siehe auch I. Teil, S. 70.

die früher mitunter epidemisch aufgetretene „Kriebelkrankheit" hervorruft.

Ein Querschnitt durch ein Mutterkorn zeigt ein einzelliges Parenchym, das im Längsschnitt aus vielen, miteinander verschlungenen Schläuchen besteht (Abb. 176). Die stärkefreien Zellen enthalten ein fettes Öl; um klare Bilder zu erhalten, muß man es durch Erwärmen mit Alkohol und Äther entfernen.

Im Mehl erscheinen Mutterkornteilchen als meist strukturlose Klümpchen, die durch ihre violette Randschicht auffallen.

c) Kornrade.

Der Same der Kornrade (*Agostrema Githago*) (Abb. 177) enthält eine giftige Saponinsubstanz, weshalb die Erkennung einer derartigen Verunreinigung von großer Wichtigkeit ist.

Besonders charakteristisch ist der Bau der Samenschale, der in Abb. 178 wiedergegeben ist. Sie besteht aus dunklen, stark gebuchteten Zellen, die sägezahnartig dicht aneinandergereiht sind. Sie enthalten einen dunkelrotbraunen bis schwarzbraunen Farbstoff, der selbst durch kochende Lauge nicht zerstört wird, während der Farbstoff des Mutterkornes in Lösung geht.

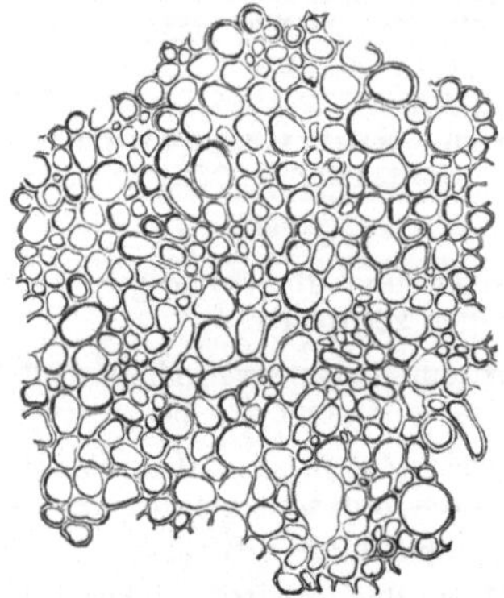

Abb. 176. Mutterkorn im Durchschnitt; das Fett ist extrahiert (J. Möller).

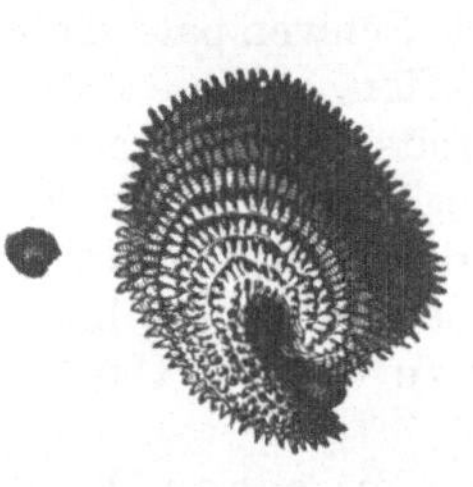

Abb. 177. Same der Kornrade, in natürlicher Größe und vergrößert (Nobbe).

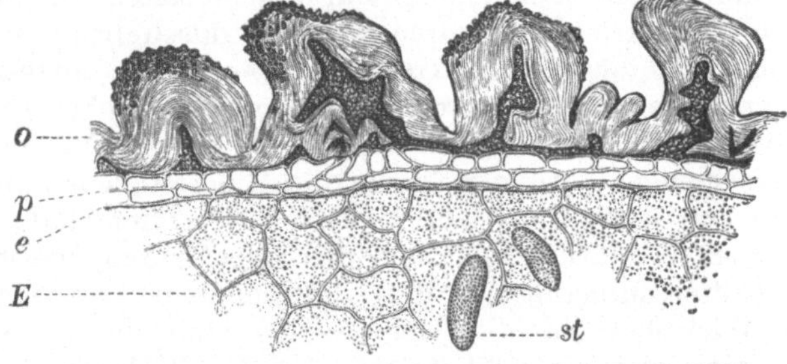

Abb. 178. Randschicht der Kornrade im Querschnitt (J. Möller). *o* Oberhaut, *p* Parenchym, *c* innere Oberhaut, *E* Sameneiweiß mit Stärkekörnern (*st*).

Im stärkereichen Endosperm fallen große, aus kleinen Körnern zusammengesetzte Stärkekörper (*st*) auf, die keulenförmige oder runde Formen besitzen.

Diese und Bruchstücke der Samenhaut dienen als mikroskopisches Beweismaterial für die Verunreinigung eines Mehles durch Kornrade.

E. Kakao.

Die von Schale und Keimlingen befreiten, teilweise entölten und zu einem Pulver vermahlenen Samen des Kakaobaumes werden im Handel kurzweg Kakao (Kakaopulver) genannt. Ein weiteres Kakaoprodukt stellt die Schokolade dar. Kakaopulver soll nur aus entschälten, reinen Samenkernen gewonnen werden; fremde Zusätze sind ohne Deklaration nicht erlaubt und gelten als Verfälschung. Eine der häufigsten Verfälschungen besteht im Mitvermahlen von Schalenteilchen, wodurch der Nährwert des Kakaopulvers bedeutend herabgesetzt wird. Die verläßlichste Prüfung nimmt man in einem solchen Falle mit dem Mikroskope vor.

Die Kakaobohne hat eine eiförmige, plattgedrückte Form und meistens eine Länge von 15—30 mm. Der Samenkern ist von einer dünnen und brüchigen Samenschale umschlossen; er besteht fast zur Gänze aus den dunkelbraunen, fetthaltigen Keimlappen (Kotyledonen), in deren tiefe Falten die innere Samenhaut (Nährgewebe, Perisperm) eindringt und dadurch den Kern vielfach unterteilt.

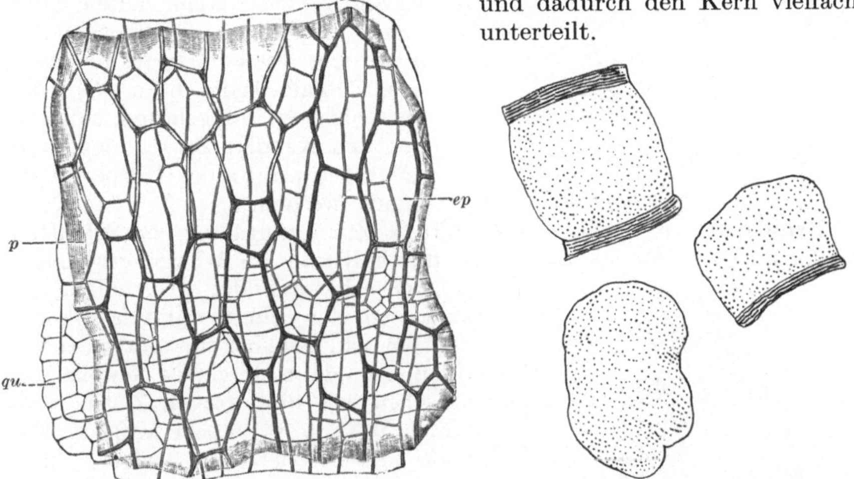

Abb. 179. Samenoberhaut und Parenchymschichten der Kakaoschale (J. Möller).

Abb. 180. Gequollene Schleimzellteilchen der Kakaoschale aus Kakaopulver (C. Griebel).

Kakaoschale. Man löst von einer Kakaobohne die Samenschale in möglichst großen Stücken mit dem Skalpell ab und erweicht sie durch Kochen in Wasser oder Einlegen in Lauge. Es ist dann leicht möglich, die Oberhaut durch Abziehen, die mittlere Schichte — das dünnwandige Schwammparenchym — durch Abschaben und zuletzt die übrigbleibende Innenschichte zur Präparation zu gewinnen.

Die Oberhaut *(ep)* wird durch starkwandige, 5—6eckige, langgestreckte Zellen gebildet (Abb. 179). Sehr oft haften an der Oberhaut noch Reste des Fruchtmuses an, die in der Flächenansicht als schmale, dünnwandige, querverlaufende Zellen *(qu)*, Querzellen, erscheinen. Der größte Teil der Samenhaut wird durch ein Schwammparenchym *(p)* gebildet, das charakteristische, überaus große Schleimlücken enthält, deren zart umrandete Zellen in Wasser mächtig aufquellen (Abb. 180).

Häufig findet man in dieser Schichte auch Gefäßbündel, und zwar

Spiralgefäße, und von diesen abgestreifte, zarte, schöne Spiralbänder. Die innerste Schichte enthält eine einfache Reihe von **Steinzellen** (Sklereidenschicht), die polygonal geformt, 12—30 μ lang sind und eine gleichmäßig verdickte Wand haben.

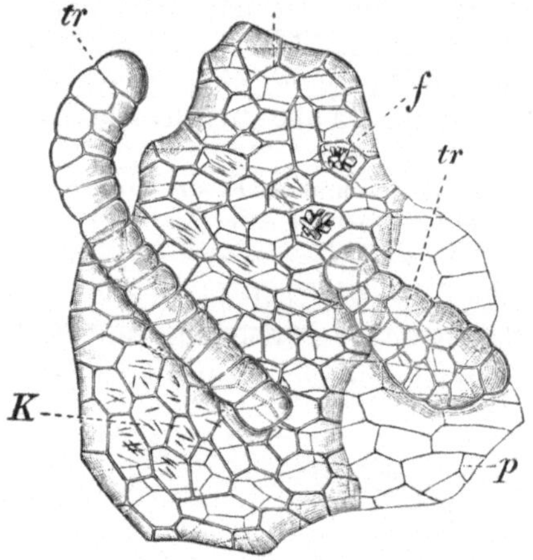

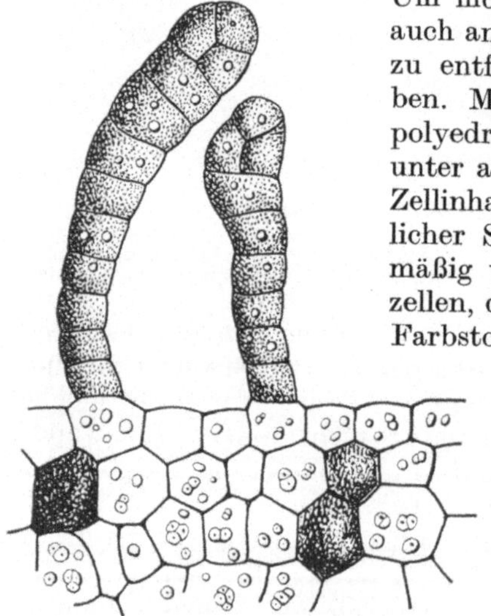

Abb. 181. Silberhäutchen der Kakaobohne mit Haaren (J. Möller). *tr* Haare, *f, K* Kristalle, *p* Parenchym.

Die innere Samenhaut, auch Silberhäutchen genannt, kann man mit der Präpariernadel leicht von den Keimlappen abheben und sie direkt in Wasser präparieren. (Abb. 181). Die Zellen sind nicht leicht zu erkennen, besser dagegen die klumpigen Sphärokristalle von Fett und die oktaedrischen Einzelkristalle von Kalziumoxalat. Nicht selten kann man auf der Silberhaut wurstförmige oder keulenförmige, mehrzellige Gebilde beobachten (*tr*), die aber nicht zu ihr gehören, sondern von den Keimlappen stammen und „Mitscherlichsche Körper" genannt werden.

Keimlappen (Kotyledonen, Abb. 182). Zur Anfertigung von Schnitten muß man den Samenkern vorerst durch Kochen in Wasser erweichen. Um möglichst klare Bilder zu erhalten, ist auch angezeigt, den Schnitt mit Ätheralkohol zu entfetten und nachher mit Jod anzufärben. Man sieht dann ein zartes Gewebe mit polyedrischen 20—40 μ großen Zellen, mitunter auch Mitscherlichsche Körper. Der Zellinhalt besteht aus kleinkörniger, rundlicher Stärke, Fett und Aleuron. Unregelmäßig verstreut findet man auch Pigmentzellen, die einen braunen bis dunkelvioletten Farbstoff enthalten. Dieser wird durch Essigsäure oder Schwefelsäure blaurot, durch Kalilauge vorübergehend grün und durch Eisensalze olivbraun gefärbt.

Zur Erkennung der Verfälschung eines Kakaopulvers mit Schalenteilen dienen die charakteristischen Gewebeteile der Schale, besonders die Schleimzellen, die Sklereiden und die Spiralgefäße. Letztere

Abb. 182. Querschnitt des Keimblattrandes der Kakaobohne (J. Möller).

bieten das in Abb. 183 dargestellte Bild.

Die Schleimzellen kann man auf folgende Art gut sichtbar machen: Man verteilt rasch etwas von dem entfetteten Pulver auf dem Objektträger in einem Tropfen verdünnter Tusche und bedeckt mit dem Deckglas. Die Schleimzellen werden aufquellen und als große, weiße, durchscheinende Stellen in dem sonst dunklen Gesichtsfeld erscheinen.

Von den übrigen Verfälschungen des Kakaopulvers kommen solche mit Mehl und verschiedenen Stärkearten häufig vor, die leicht durch die abweichende Form der Stärkekörner erkannt werden. Daneben sind noch viele andere Verfälschungsprodukte beobachtet worden, zu deren näherem Studium auf die Spezialliteratur verwiesen werden muß.

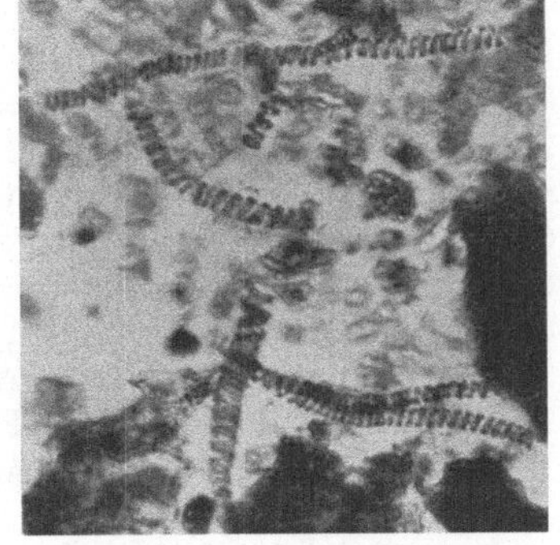

Abb. 183. Gefäßspiralen im Kakaoschalenpulver (C. Griebel).

F. Kaffee.

Unter **Kaffee** versteht man die ungerösteten und gerösteten Samen des zur Familie der Rubiazeen gehörenden Kaffeebaumes (*Coffea arabica*). Außer *Coffea arabica* wird noch *Coffea liberica* kultiviert; von beiden Arten gibt es eine große Anzahl von Kreuzungen, unter welchen *Coffea robusta* die wichtigste ist.

Die Kaffeefrucht ist von einer pergamentartigen Steinschale umschlossen; sie ist also zu den Steinfrüchten zu zählen.

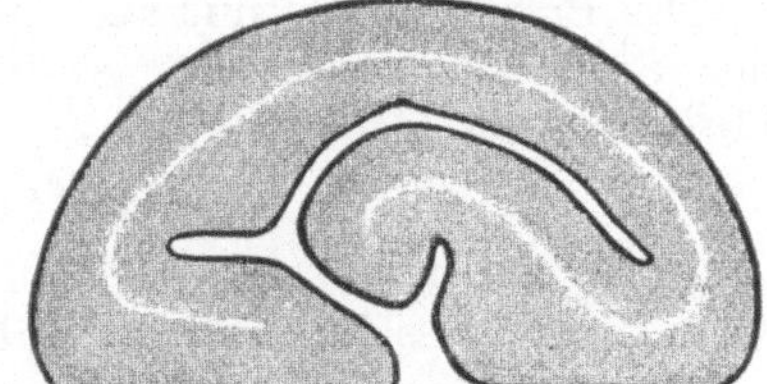

Abb. 184. Vergrößerter Querschnitt der Kaffeebohne (J. Möller).

Die Kaffeebohne besteht zum überwiegenden Teile aus einem beiderseits eingerollten Endosperm, wodurch auf der ebenen Seite eine Längsfurche entsteht, in der mitunter noch Reste des durch das Polieren entfernten Silberhäutchens zu finden sind (Abb. 184).

Wenn man die hornartig harten Bohnen durch einige Stunden in Wasser erweichen läßt, so kann man das Endosperm aufrollen und das Silberhäutchen leicht für die Präparation gewinnen. Es ist so dünn, daß es direkt in Wasser oder in Lauge mikroskopiert werden kann.

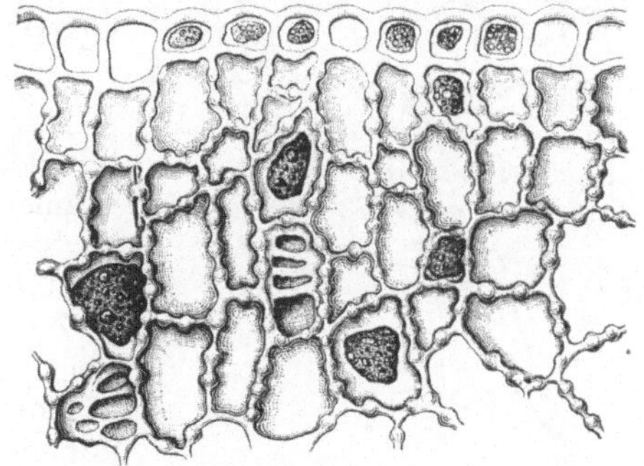

Abb. 185. Nährgewebe der Kaffeebohne im Querschnitt (J. Möller).

Man kann ein zartes, dünnwandiges Parenchym — mitunter nur schwer — erkennen, in dem zerstreut oder dichtgedrängt Steinzellen (Sklereiden) von eigentümlichen, spindelförmigen und unregelmäßigen

Formen zu finden sind. Diese Zellen besitzen eine sehr dicke, verholzte Wand (Probe mit Phlorogluzin-Salzsäure), die viele schiefgestellte Spaltentüpfel aufweist. Die Sklereiden treten im Trockenpräparat besser hervor.

Zur Beobachtung des Nährgewebes fertigt man von einer erweichten Bohne Querschnitte an, die ein überaus charakteristisches Bild zeigen (Abb. 185). Das farblose Parenchym besteht aus großen 4—6eckigen Zellen, deren Wandungen durch Knoten in regelmäßigen Abständen verdickt sind. Die Einschnürungen deuten die Tüpfel an, die man in der Aufsicht in leeren Zellen als ovale oder runde fensterartige Öffnungen erkennen kann. Der ungeformte Zellinhalt besteht aus großen Öltropfen oder Eiweiß.

Mikrochemische Reaktionen. Durch Jod färbt sich das Eiweiß gelbbraun, während kleine Stärkekörner blau werden.

Mit Jod und Schwefelsäure werden die aus Zellulose bestehenden Zellwände tiefblau.

Das Fett kann in bekannter Weise mit Sudan nachgewiesen werden. Gemahlener Kaffee muß zur mikroskopischen Untersuchung vorerst entfärbt werden, was man durch mehrmaliges Auskochen mit Wasser oder Bleichen mit Javellscher Lauge erreichen kann.

Das Präparat darf nur aus Teilen vom Endosperm (Nährgewebe) und der Silberhaut bestehen. Andere Gewebeelemente deuten eine Verfälschung an.

G. Kaffee-Ersatzmittel.

Diese Surrogate sind vielfach selbständige Produkte, die manchmal auch zur Verfälschung von gemahlenem Kaffee verwendet werden. Entsprechend deklariert stellen sie aber keine Verfälschung dar. Die bekanntesten aus der großen Menge dieser Ersatzmittel sind Feigen-, Zichorien- und Malzkaffee, die ihrerseits selbst oft Verfälschungen unterliegen.

1. Feigenkaffee.

Der aus den zuckerreichen Scheinfrüchten des Feigenbaumes durch Rösten gewonnene Feigenkaffee stellt ein qualitativ hochwertiges Kaffeeersatzmittel dar, das oftmals verfälscht wird.

Zur Präparation wird eine Probe von Feigenkaffee in Wasser und etwas Lauge wiederholt ausgekocht, bis das Wasser nur mehr schwach gefärbt wird. Größere Stückchen zerdrückt man auf dem Objektträger mit dem Messer. Folgende Gewebeteile können beobachtet werden.

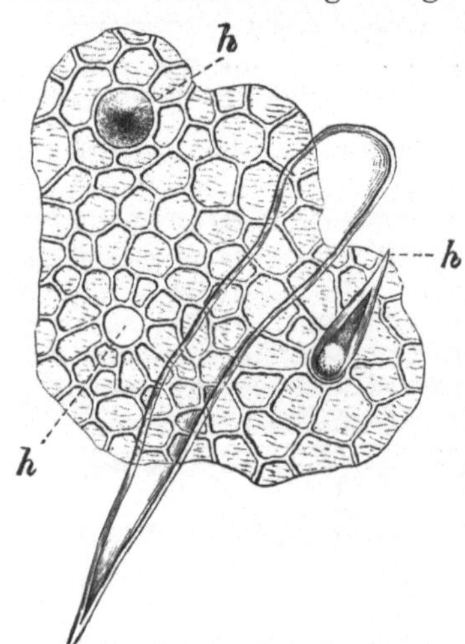

Abb. 186. Oberhaut der Feige mit Haaren (*h*) und Haarspuren (J. Möller).

Die Oberhaut besteht aus kleinen, polygonalen, platten Zellen; häufig sind auf ihr einzellige kurze Haare zu finden (Abb. 186).

Der größte Teil des Präparates wird von dem lockeren, zuckerreichen Parenchym gebildet, das aus dünnwandigen Zellen besteht. In einigen Zellen kann man Oxalatdrüsen beobachten. Typisch für Feigenkaffee sind die gabelig und reich verzweigten Milchröhren, die einen körnigen Inhalt (Kautschukkohlenwasserstoff) aufweisen. Außerdem findet man in diesem Gewebeteil häufig Leitbündel in Form von Spiralgefäßen, seltener Netzgefäßen (Abb. 187).

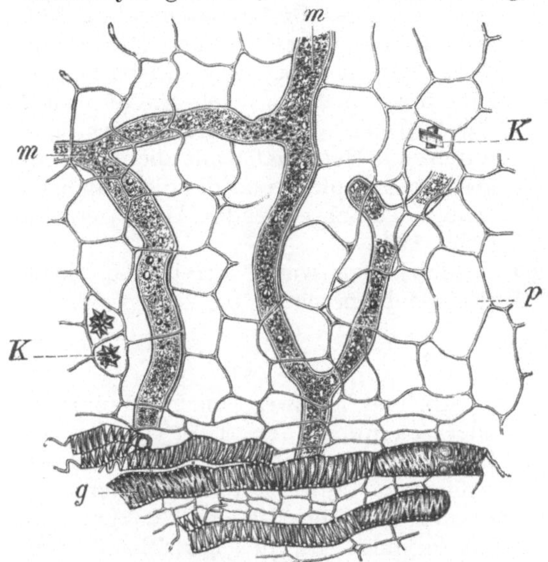

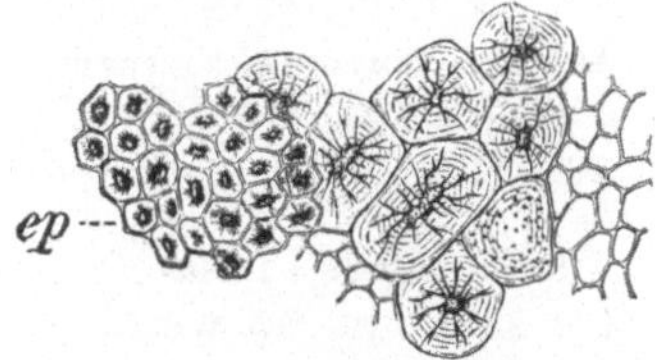

Abb. 187. Fruchtfleisch der Feige (J. Möller). *p* Parenchym, *m* Milchsaftschläuche, *g* Gefäße, *K* Oxalatdrüsen.

Abb. 188. Steinzellengruppen der Feigenfrüchtchen (J. Möller).

Schließlich wird man im Präparat noch Bruchstücke der Früchtchen finden, die aus kleinen, reich betüpfelten Steinzellen (*ep*) (Sklereiden) bestehen (Abb. 188). Feigenkaffee ist immer stärkefrei.

2. Zichorienkaffee.

Er wird aus den Wurzeln der kultivierten Arten der gemeinen Wegwarte gewonnen und ist als das älteste im großen dargestellte Kaffeesurrogat anzusprechen.

Ein Präparat, das in der bei Feigenkaffee erläuterten Weise vorbereitet wird, zeigt Bruchstücke von den drei Schichten der Wurzel: der braunen Korkschichte, der weißen Rinde und dem zitronengelben Holzkörper. Die Korkschichte besteht aus in Reihen angeordneten, dünnwandigen Zellen.

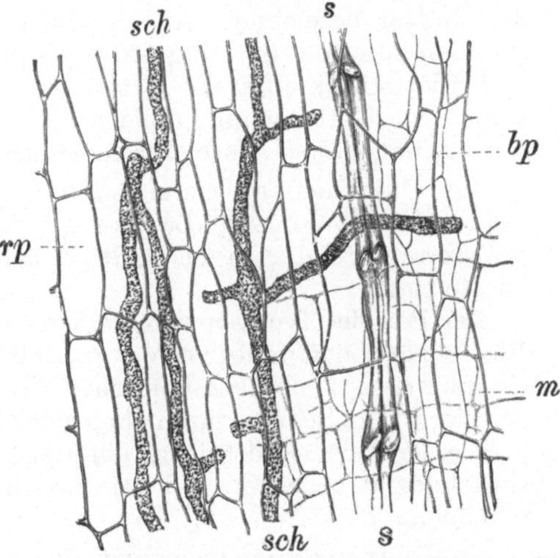

Abb. 189. Rinde der Zichorienwurzel im Radialschnitt (J. Möller).

rp Rindenparenchym, *sch* Milchschläuche, *s* Siebröhrenbündel, *bp* Bastparenchym, *m* Markstrahl.

Die Rinde ist vielfach von 6—15 μ breiten Milchröhren durchzogen, die gegenseitig durch viele Abzweigungen in Verbindung stehen, so daß ein netzartiges Bild entsteht (Abb. 189). (Unterschied gegenüber den Milchröhren beim Feigenkaffee.) Die Milchschläuche sind mit einem körnigen Inhalt erfüllt. Die Teilchen aus dem Holzkörper fallen durch die Netzgefäße mit dichten quergestellten Tüpfeln und die dickwandigen, wenige Tüpfel zeigenden Holzfasern auf (Abb. 190).

Malzkaffee wurde bereits bei Gerste (S. 165) besprochen.

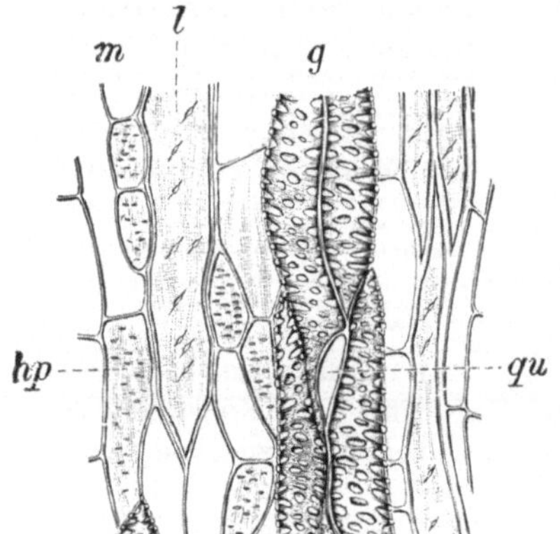

Abb. 190. Holz der Zichorienwurzel im Tangentialschnitt (J. Möller).
g Gefäße mit Perforation, *qu, hp* Holzparenchym, *l* Holzfaser, *m* Markstrahlen.

H. Tee.

Mit Tee kurzweg, auch russischer oder chinesischer Tee, werden die jungen durch Fermentation und Rollen eigenartig zubereiteten Blätter des Teestrauches (*Thea chinensis*) benannt. Je jünger die gepflückten Blätter sind, um so wertvoller ist das Produkt. Die jüngsten Blattknospen werden „Blüten" genannt und liefern das feinste Produkt, den Flowery pecco, dem sich dann nach dem Alter der Blätter orange pecco, pecco, souchong, congo u. a. anschließen. Es sind demnach diese Namen keine Sortenbezeichnungen, sondern Qualitätsbezeichnungen, die nach dem Alter der geernteten Blätter gewählt werden, zum Teil auch die Sortierung der Blätter bezeichnen. Die Prüfung von Tee hat makro- und mikroskopisch zu erfolgen. Makroskopisch prüft man auf den Anteil von Grus und Blattstielen und die Größe der aufgerollten Blätter. Der mikroskopischen Untersuchung obliegt die Feststellung fremder Blätter, welche Verfälschung aber heute nur mehr sehr selten vorkommt.

Zur Untersuchung erweicht man die Teeblätter durch Kochen in Wasser, dem man etwas Lauge zugesetzt hat; die Schnitte und Quetschpräparate werden nach der in der Einleitung (S. 91) gegebenen Anweisung angefertigt.

Der Bau des Teeblattes entspricht im allgemeinen dem eines normalen Blattes; es sollen daher vor der speziellen Besprechung die für die Blätter charakteristischen mikroskopischen Merkmale studiert werden. Zu diesem Zwecke ist ein Schnitt durch ein grünes Blatt anzufertigen. Abb. 191 zeigt z. B. einen Querschnitt durch ein junges Rübenblatt. Die meisten Blätter sind bifazial gestaltet, d. h. sie lassen eine Ober- und eine Unterseite erkennen.

Ein Blatt zeigt im Querschnitt deutlich 3 Schichten. Eine breite grüne Mittelschichte (Mesophyll) ist an der Ober- und Unterseite von einer aus einer Reihe einfacher Zellen bestehenden Oberhaut — der Epidermis — eingeschlossen. Bei stärkerer Vergrößerung erkennt man, daß die Mittel-

schichte ebenfalls verschieden zusammengesetzt ist. Unter der oberen
Epidermis liegt eine ein- oder mehrfache Lage dicht aneinandergereihter,
länglicher Zellen, die mit dem bezeichnenden Namen Palisadenschicht
benannt werden. Diese Zellen sind an der Wand reich mit Chlorophyll-
körnern gefüllt, weshalb diese Schichte stark grün erscheint. An sie
schließen sich kleinere, mehr rundlich, im allgemeinen aber unregelmäßig
geformte Zellen, die nicht so dicht aneinanderschließen, sondern häufig
Interzellularräume freilassen, weshalb der Name „Schwammparenchym"
(Merenchym) gewählt wurde.

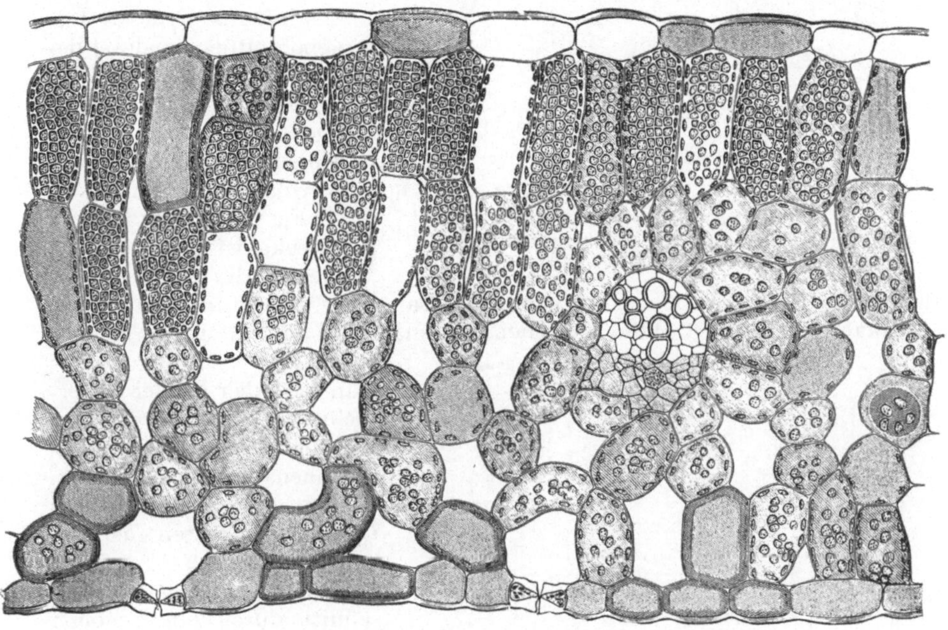

Abb. 191. Querschnitt durch ein Rübenblatt (Tschirch).

Mit den Interzellularräumen dürfen nicht leere Zellen der Palisadenschicht verwechselt werden, aus welchen — bei der Anfertigung des
Querschnittes angeschnitten — der Zellsaft ausgeronnen ist.

In der Mittelschichte sieht man bei schwacher Vergrößerung auch
dichte farblose Zellgruppen, die von der oberen zur unteren Epidermis
reichen. Es sind dies die durchschnittenen Blattnerven.

Von Interesse ist noch der feinere Bau der beiden Epidermisschichten.
Die obere Epidermis wird aus einer Lage länglicher, prismatischer Zellen
gebildet, die lückenlos aneinanderschließen. Die äußere Wand ist meistens verdickt. Bei bifazialen Blättern findet man an der unteren Epidermis neben den gleichen Zellen wie an der Oberhaut noch sogenannte
Spaltöffnungen (Stomata), durch welche die Blattunterseite leicht von
der Oberhaut zu unterscheiden ist (Abb. 193).

Diese Stomata sind die Atmungsorgane und kommen an der Oberseite nur ganz vereinzelt vor; sie stehen mit den Interzellularräumen in Verbindung. Ein Flächenpräparat von der Blattunterseite zeigt, daß jede Öffnung (Porus) von zwei halbmondförmig geformten Zellen — den Schließzellen — umsäumt ist; diese Schließzellen sind so gebaut, daß sie den Porus, den Schwankungen des inneren Druckes folgend, öffnen und schließen können.

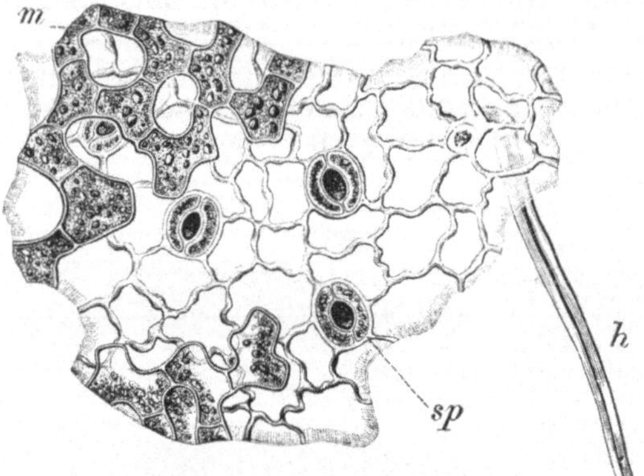

Abb. 192. Epidermis der Unterseite des Teeblattes (J. Möller).
sp Spaltöffnungen, *h* Haar, *m* Chlorophyllzellen aus dem Mesophyll.

Die Epidermis trägt auch oft Haare, die verschiedensten Bau und Zweck haben können.

Für diagnostische Zwecke ist meistens das Mesophyll weniger wichtig als die Form der Oberhautzellen, der Bau der Spaltöffnungen und der Haare (Trichome). Diese typischen Merkmale sind am besten an Flächenpräparaten zu erkennen; man wird aber bei der Untersuchung der Blätter für gewöhnlich die schwierigen Flächenschnitte umgehen können und mit einfachen Quetschpräparaten das Auslangen finden.

Wenn man den Querschnitt durch ein Teeblatt betrachtet (Abb. 193), so wird man die nunmehr bekannten Details wiederfinden. Als neue, unbekannte Elemente werden große, derbwandige Zellen von eigentümlich ausgebuchteter Form auffallen, die trägerartig von einer Epidermis durch den ganzen Querschnitt bis zur anderen reichen. Es sind dies Skle-

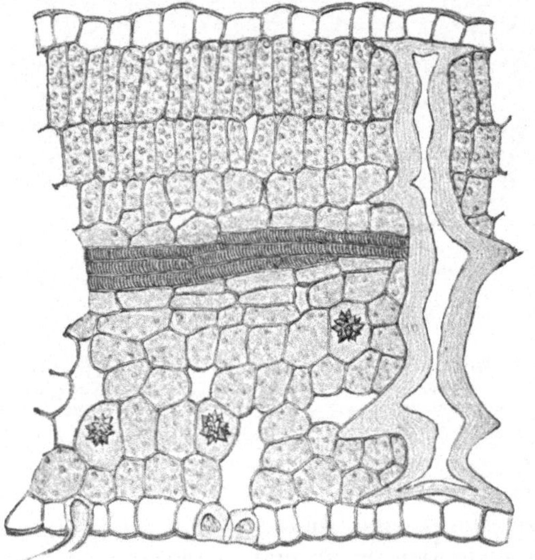

Abb. 193. Querschnitt durch ein Teeblatt (C. Mez).

reiden, die für Tee ganz besonders charakteristisch sind und „Idioblasten" genannt werden; sie sind bei alten Blättern größer als bei jungen.

Die Palisadenschicht ist meistens zweireihig und das Schwammparenchym 5—6 reihig. In manchen Zellen des letzteren sind Oxalat-Kristall-drusen eingelagert.

Alle die beschriebenen Merkmale sind auch an Quetschpräparaten zu beobachten, die auch die Gefäßbündel der Blattnerven deutlich zeigen.

An der unteren Epidermis sind — bei jungen Blättern häufiger als bei alten — einzellige, dickwandige Haare zu beobachten. (Abb. 194).

Der Nachweis, ob Tee verfälscht ist, kann unter Berücksichtigung der charakteristischen Merkmale (einzellige Haare an der unteren Epidermis, Idioblasten) leicht erbracht werden, schwieriger gestaltet sich der Nachweis der Art der

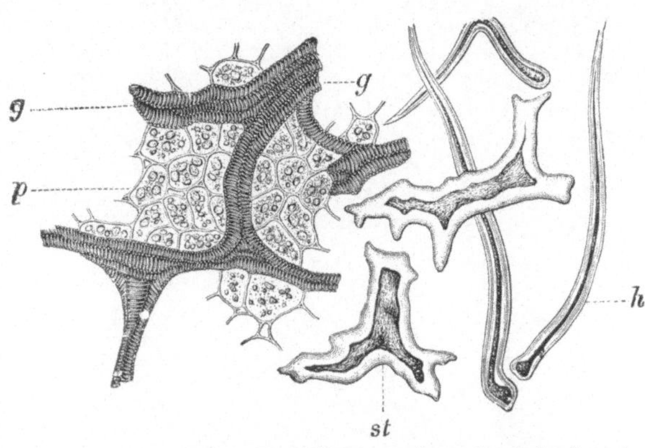

Abb. 194. Gewebe des Teeblattes aus einem Quetschpräparat (J. Möller). *g* Endigungen der Blattnerven, *p* Chlorophyll-parenchym, *st* Steinzellen (Idioblasten), *h* Haare.

zur Verfälschung verwendeten Blätter, von welchen u. a. folgende in Betracht kommen: Weiden-, Nuß-, Birken-, Himbeer-, Brombeer-, Erd-beer-, Rosen-, Preiselbeer-, Waldmeisterblätter. Ihr näheres Studium muß Spezialwerken[1] überlassen bleiben.

J. Gewürze.

Die Gewürze sind ausgesprochene Genußmittel, d. h. im Prinzipe sind sie nicht lebensnotwendig. Nichtsdestoweniger kann man sie bei dem heutigen Stand unserer Kultur aus den Rezepten unserer Speisen nicht mehr hinwegdenken. Sie werden aus den verschiedensten Pflanzen und Pflanzenteilen gewonnen; neben Früchten und Samen werden Wurzeln, Rinden, Blüten, Kräuter und Blätter verwendet. Der Genußwert ist durch den Gehalt an ätherischen Ölen und anderen, Geschmack und Geruch anregenden Stoffen bedingt.

Der hohe Marktwert der Gewürze bringt eine häufige Verfälschung besonders der gepulverten Waren mit sich.

1. Pfeffer.

Im Handel sind zwei Sorten, schwarzer und weißer Pfeffer, anzu-treffen. Beide sind die Früchte des in Indien gedeihenden Kletterstrauches *Piper nigrum*. Der schwarze Pfeffer wird vor der Reife geerntet, weshalb die Früchte durch Eintrocknen gerunzelt erscheinen. Der weiße Pfeffer wird meistens im reifen Zustande geerntet und die nunmehr spröde

---

[1] Z. B. das schon genannte Werk von Möller-Griebel.

Samenschale abgerieben. Manchmal wird er auch durch Schälen von schwarzem Pfeffer gewonnen. Um die in Pfefferpulver enthaltenen Teile

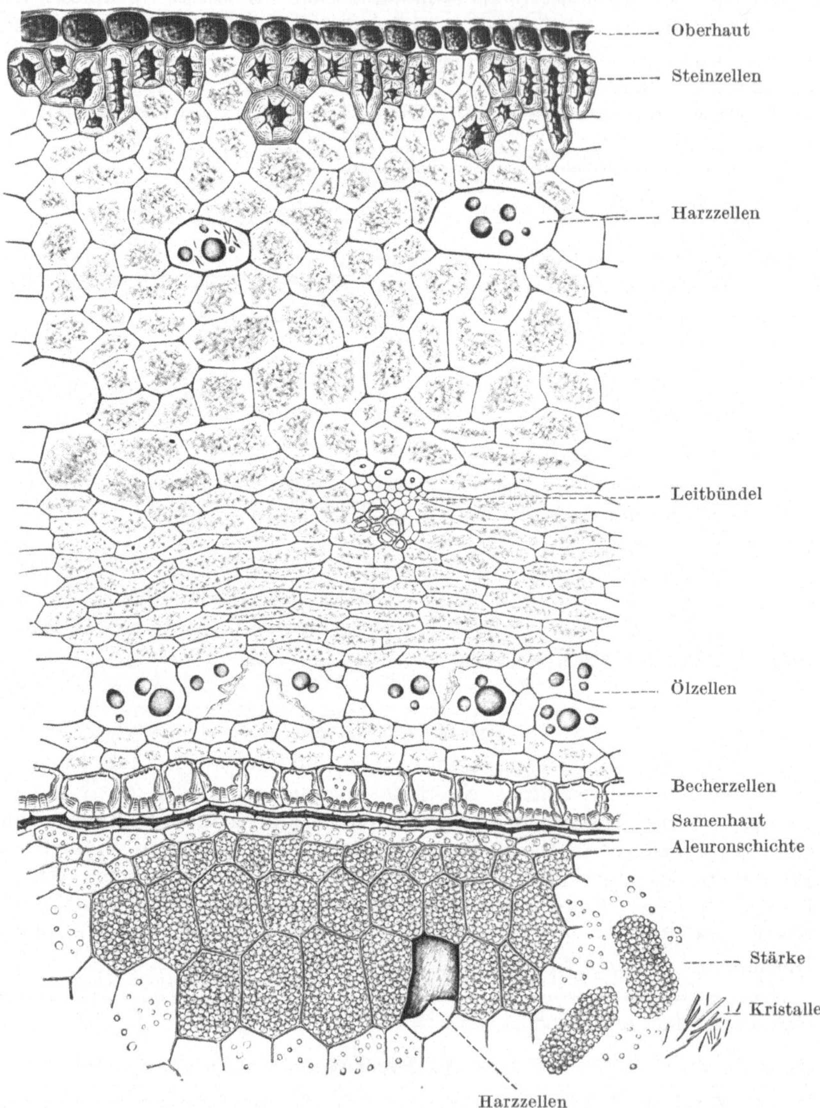

Abb. 195. Querschnitt durch schwarzen Pfeffer (J. Möller).

kennenzulernen, muß man den Querschnitt durch ein Pfefferkorn beobachten. Die Querschnitte sind leicht anzufertigen, besonders dann, wenn man das Korn vorerst in Wasser erweichen läßt. Den Schnitt hellt man mit Kalilauge auf.

Der Querschnitt von schwarzem Pfeffer zerfällt deutlich in zwei Teile: die äußere Frucht- und Samenschale und das von dieser umschlossene Perisperm (Abb. 195).

Die Schale besteht aus einer einfachen Lage kleiner Epidermiszellen, die einen braunen Inhalt führen; an sie schließen sich ein oder mehrere Reihen Steinzellen, die stark getüpfelt sind und nicht lückenlos aneinanderschließen. In der nun folgenden Parenchymschicht sind weite Öl- und Harzzellen zu beobachten, daneben auch Gefäßbündel. Den Abschluß der Schale gegen das Nährgewebe (Perisperm) bildet eine innere

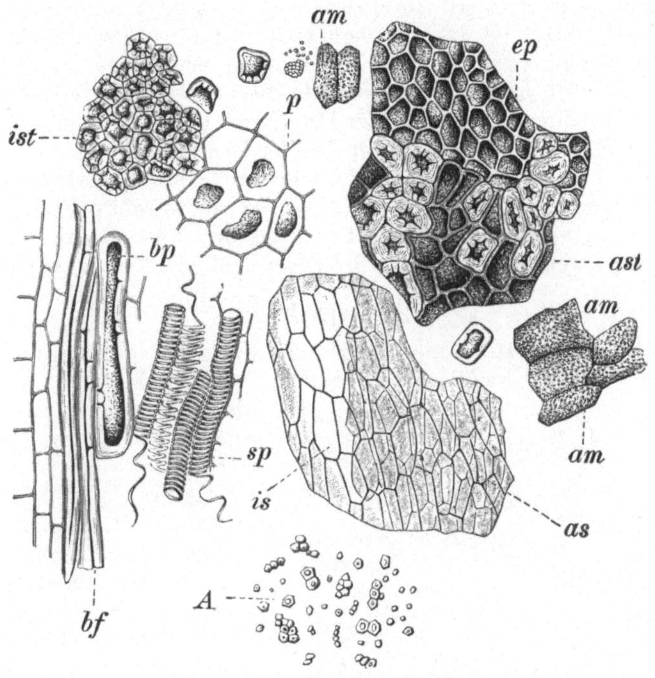

Abb. 196. Pfefferpulver (J. Möller).

ep Oberhaut, *ast* Steinzellenhypoderm, *ist* Becherzellen, *p* Ölzellen, *bp*, *bf*, *sp* Leitbündelelemente, *is*, *as* Samenhaut, *am* Stärke, *A* Stärkekörner bei 600facher Vergrößerung.

Sklereidenschichte; ihre Zellen sind nur an den Innen- und Seitenwänden stark verdickt und werden wegen der dadurch entstehenden becherartigen Form „Becherzellen" genannt.

Durch eine braune Samenhaut und eine zarte hyaline Schichte getrennt, folgt das Nährgewebe, dessen Randzellen klein und langgestreckt sind; sie enthalten Aleuronkörner, die durch Jod gelb gefärbt werden. Die Hauptmasse des Parenchyms wird von vieleckigen, mit überaus kleinen Stärkekörnern gefüllten Zellen gebildet. Manche, ganz gleich geformte Zellen enthalten statt Stärke gelbe Öltropfen oder Harz, welch letzteres dem Pfeffer den charakteristisch scharfen Geschmack gibt. Manchmal kann man auch feine Kristallnadeln von Piperin beobachten.

Mikrochemische Reaktionen. Mit Jod färbt sich die Aleuronschichte gelb, die Stärke in bekannter Weise blau.

Das Piperin färbt sich mit Schwefelsäure rot.

Pulver von schwarzem Pfeffer ist durch die vom Querschnitt her bekannten Gewebeteile charakterisiert (Abb. 196). Man wird dunkelbraune Bruchstücke der Oberhaut mit anhaftenden Steinzellen finden, welch letztere für Pfefferpulver sehr bezeichnend sind. Gelbbraune Bruchstücke stammen aus dem Parenchym, das Ölzellen und Gefäßbündel zeigt. Lichte Stücke bestehen aus Stärkezellen, aus welchen der Inhalt auch herausgefallen sein kann, weshalb im Präparat keulen- und eiförmige Stärkeklumpen und einzelne Stärkekörner beobachtet werden können.

Zur Pfefferpulververfälschung werden die verschiedensten Produkte herangezogen. Am häufigsten werden in dieser Absicht Pfefferschalen — die bei der Gewinnung des weißen Pfeffers abfallen — zugesetzt. Ihr Nachweis im Pulver von schwarzem Pfeffer kann auf die größten Schwierigkeiten stoßen, da derartige Schalenteile auch im unverfälschten Pulver vorkommen und eine quantitative Erfassung des Anteiles schwer möglich ist. Ansonsten kann man als Verfälschung mindere Mehle, Kleien, gepulverte Buchweizenschalen, Nußschalen, Ölkuchen u. v. a. antreffen.

2. Paprika.

Unter Paprika versteht man im Handel die gepulverten roten Früchte verschiedener Arten der Beißbeere (Capsicum). Die Frucht wird auch als spanischer, türkischer und ungarischer Pfeffer bezeichnet.

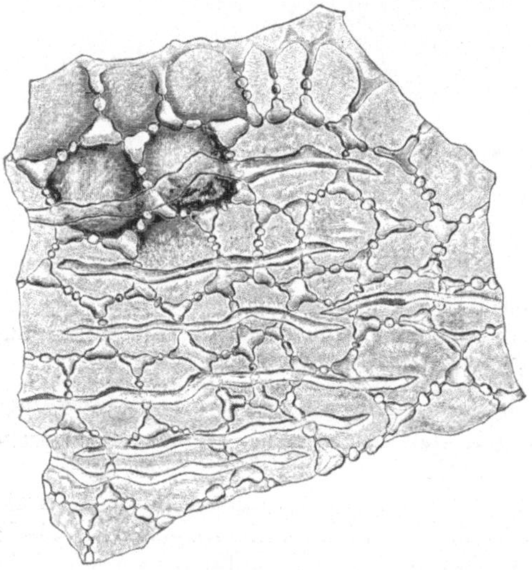

Als Vorstudium für die Mikroskopie des Paprikapulvers fertige man sich Flächenschnitte von Ober- und Unterseite der Fruchtschale einer reifen Paprikaschote an. Ein Oberflächenschnitt (Abb. 197) der Fruchtschale läßt dickwandige, reich getüpfelte Zellen erkennen. Darunter kann man größere, starkwandige Zellen mit verdickten Wänden sehen. Sie führen mitunter gelbrote Farbstoffkörner (Chromoplasten) und rote Öltropfen. Der rote Farbstoff wird auf Zusatz von Schwefelsäure indigoblau gefärbt.

Abb. 197. Paprikaoberhaut in der Flächenansicht (J. Möller).

Ein Flächenschnitt von der inneren Seite zeigt dünnwandige Tafelzellen und dazwischen charakteristisch verlaufende dickwandige Zellen, deren Wände stark getüpfelt sind (Abb. 198).

Ein Querschnitt durch einen Samen läßt die ungewöhnlich groß geformten, an der Innenseite wulstig ausgefalteten Epidermiszellen erkennen und zeigt, daß die Samenschale mit dem Nährgewebe verwachsen ist.

In der Flächenansicht erscheinen diese Zellen ungleichmäßig wellig und gefaltet oder mit schlitzförmigen Tüpfeln und Verdickungen, die von breiten Tüpfeln unterbrochen sind. Das gekröseartige Aussehen dieser Zellen hat ihnen den Namen „Gekrösezellen" gegeben, die für Paprika typisch sind (Abb. 199).

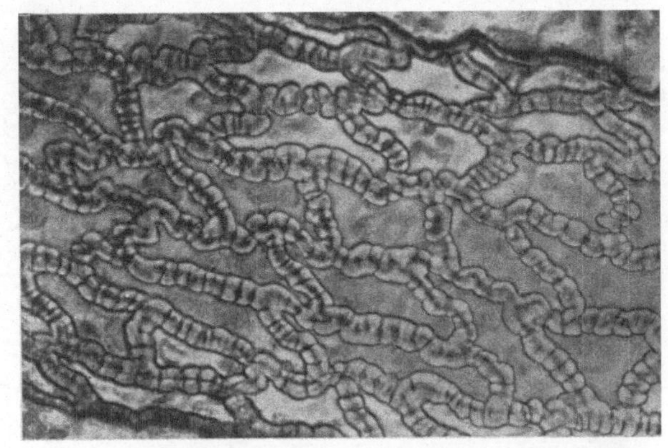
Abb. 198. Endokarp der Paprikafrucht (C. Griebel).

Für Paprikapulver sind die gelbroten Öltropfen, dann die geschilderten Formen der Fruchtschale und ganz besonders die Gekrösezellen charakteristisch.

Die Handelsware wird häufig verfälscht; Maismehl, Sandelholz, Ziegelmehl, Minium u. a. wurde in dieser Hinsicht beobachtet.

Mineralische Zusätze wird man am besten durch eine Aschenbestimmung (wie bei Mehl, I. Teil, S. 69) nachweisen können. Paprikafarbstoff wird — wie erwähnt — mit Schwefelsäure indigoblau, während z. B. der Farbstoff des Sandelholzes eine rotbraune Färbung annimmt.

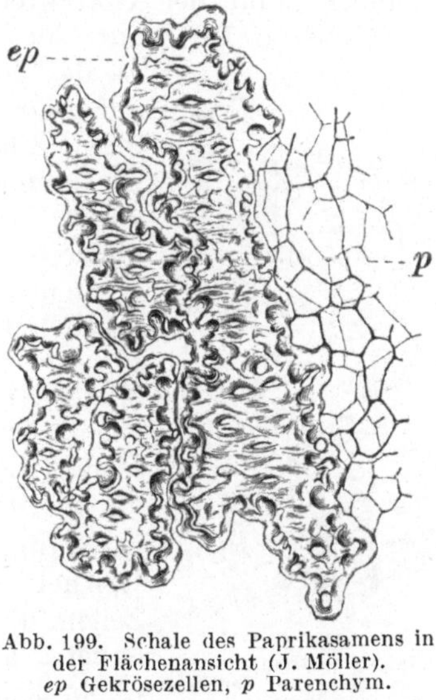

3. Fenchel.

Als Beispiel für die wichtige Gewürzgruppe der Umbelliferen-Spaltfrüchte, zu welchen z. B. Kümmel, Anis, Koriander und Dill gehören, sei der Fenchel angeführt.

Abb. 199. Schale des Paprikasamens in der Flächenansicht (J. Möller).
ep Gekrösezellen, *p* Parenchym.

Die Früchte dieser Pflanzen bestehen immer aus zwei Schalfrüchten, die mit einer flachen Seite zusammenliegen. Im reifen Zustande fallen sie meistens leicht auseinander, weshalb man im Handel immer nur Einzelkörner antrifft.

Die flache Seite wird die Fugenseite oder Kommissur genannt. Wie Abb. 200 zeigt, besitzt jede Teilfrucht fünf Rippen, von welchen zwei die

Fugenseite einsäumen und drei auf der bauchigen Seite liegen. In den
dazwischen befindlichen Furchen sind deutlich die Ölstriemen zu erkennen; zwei davon liegen auf der Fu-
genseite.

Betrachten wir den Querschnitt in
der Zone zwischen einem Leitbündel und
einem Ölgang, so fallen die netzförmig

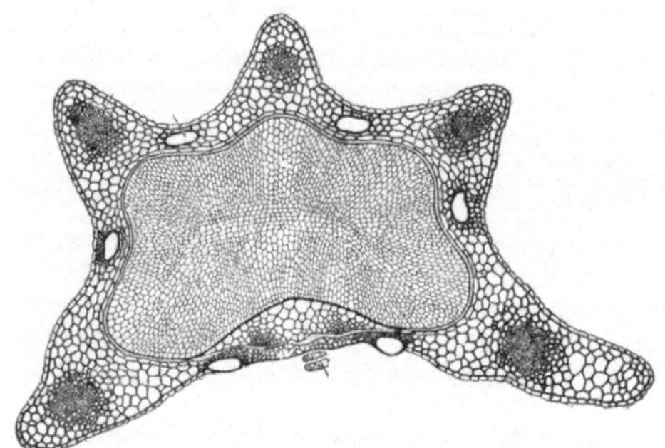

Abb. 200. Fenchel im Querschnitt.
Lupenbild (Tschirch).

verdickten Zellen in der Nähe der Leit-
bündeln und der charakteristische Bau
der inneren Oberhaut der Fruchtschale
— des Endokarps —
auf. Deutlicher werden
diese Charakteristika
in einem Flächenprä-
parat, das man auf
folgende Art leicht
herstellen kann:

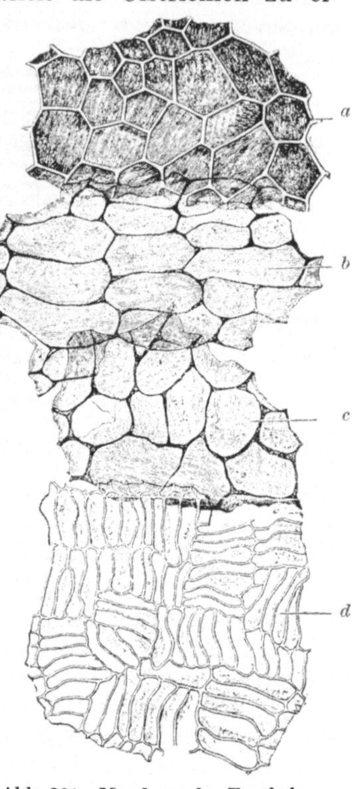

Abb. 201. Mesokarp des Fenchels
(J. Möller).
a Tapete des Ölganges, b, c, braunes
Parenchym, d Endokarp.

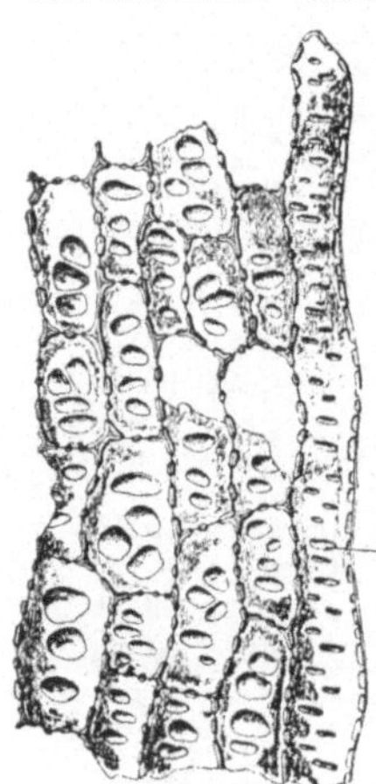

Abb. 202.
Netzparenchym aus dem
Mesokarp des Fenchels
(J. Möller).

Man kocht einige
Früchte in Lauge und schneidet eine davon in der
Mitte der Länge nach auseinander, worauf der Kern
leicht herausgenommen werden kann. Man schabt
hierauf die Innenseite schichtenweise ab und präpariert
die so gewonnenen Teilchen in Glyzerin.

Braune, vieleckige Zellen (Abb. 201) stammen vom
Epithelbelag der Ölgänge, während stärker verdickte
Zellen, die durch breite Tüpfel ein genetztes Aussehen
haben, aus der Umgebung der Leitbündel sind
(Abb. 202). Sehr schön ist der parkettartige Bau der
inneren Oberhaut zu sehen (Abb. 201). Deren Zell-
gruppen sind nach verschiedenen Seiten gerichtet. Jede Zellgruppe ist
durch Teilung einer Oberhautzelle in mehrere parallel gelagerte Tochter-
zellen entstanden. Fenchelpulver ist durch die geschilderten Gewebeteile charakterisiert. Von dem sehr ähnlichen Kümmelpulver unter-

scheidet es sich durch den Gehalt der genetzten Zellen des Mesokarps und der parkettierten Zellen des Endokarps; außerdem sind die die Leitbündel umgebenden Zellen bei Kümmel schwach sklerosiert, was bei Fenchel nicht der Fall ist.

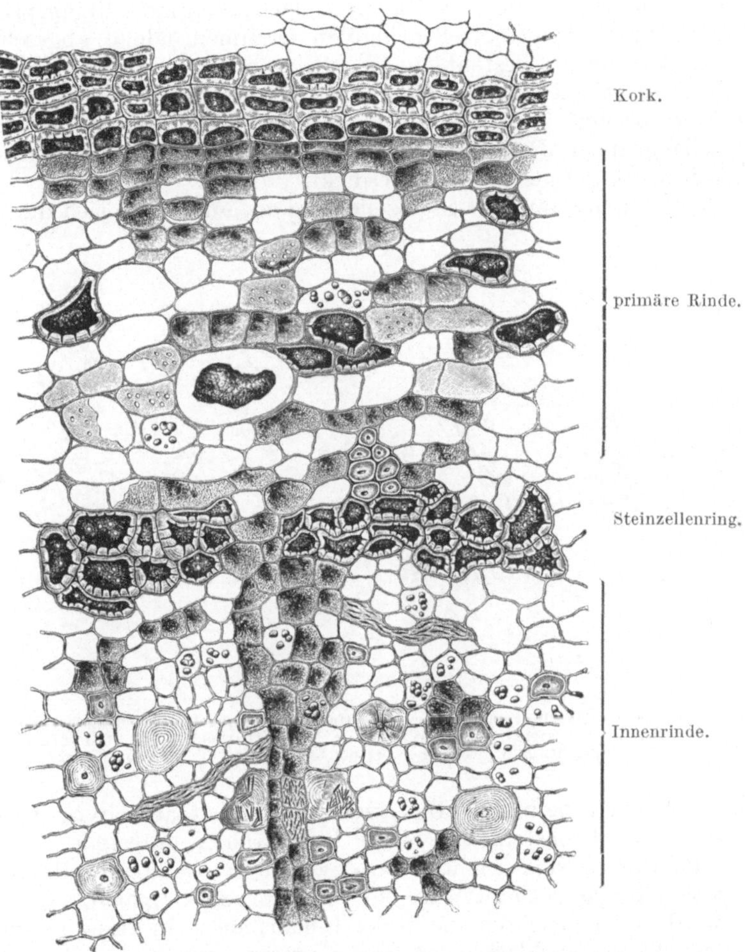

Abb. 203.   Querschnitt durch chinesischen Zimt (J. Möller).

4. Zimt.

Mit Zimt bezeichnet man die Rinden verschiedener Cinnamomumarten, von welchen für den europäischen Handel bloß der chinesische und der Ceylonzimt Bedeutung haben. Da das Zimtpulver des Handels nur aus chinesischem Zimt (*Cassia vera*) hergestellt wird, soll die Besprechung auf diese Droge allein beschränkt bleiben.

Man beginnt das Studium an einem Querschnittpräparat, zu dessen

Anfertigung man eine Zimtröhre aussucht, die noch die graue Außenrinde erkennen läßt. Man bereitet mit dem Skalpell eine ebene Fläche vor, benetzt diese mit Wasser und führt dann den Schnitt möglichst durch die ganze Rindendicke.

Die Rinde besteht aus drei Teilen: a) der Außenrinde, b) der primären Rinde, die durch den Steinzellenring von der Innenrinde (c) abgeschlossen ist. Die Außenrinde besteht aus abgeflachten, sklerosierten Korkzellen, die einen rotbraunen Inhalt haben.

Das großzellige Parenchym der primären Rinde ist vielfach von Steinzellengruppen durchsetzt. Die Steinzellen sind meistens nur an der rindeneinwärts gelegenen Seite verdickt.

Es schließt sich nun der Steinzellenring an, unter dem sich die Innen-

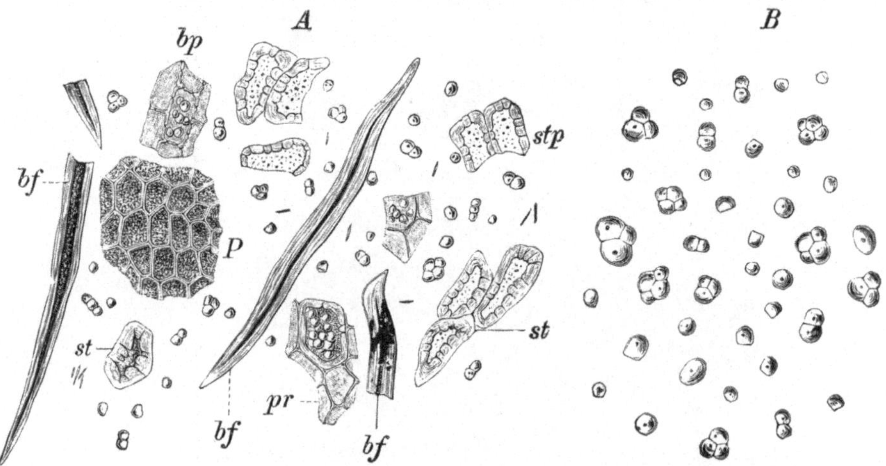

Abb. 204. *A* Bestandteile des Zimtpulvers. *bf* Bastfasern, *st* Steinzellen des Ringes, *stp* Steinzellen der Außenrinde, *pr* Parenchym der Mittelrinde, *bp* Bastparenchym, *P* Steinkork in der Flächenansicht, *B* Stärkekörner bei 600 facher Vergrößerung (J. Möller).

rinde, der Bast, befindet. Das kleinzellige Bastparenchym ist durch radiale ein- bis höchstens dreireihige Markstrahlen unterteilt. Die spärlichen Bastfasern sind leicht zu übersehen. Sie sind sehr dickwandig und zeigen im Querschnitt nur ein punktförmiges Lumen.

Sowohl in der primären wie in der Innenrinde — in dieser häufiger — kommen Öl- und Schleimzellen vor. Letztere zeigen eine deutlich geschichtete Wand. Die Parenchym- und Markstrahlenzellen führen Stärkekörner, die Kern und Kernhöhle gut erkennen lassen. Entfernt man die Stärke durch Lauge, so kann man besonders in den Markstrahlen Oxalatkristalle finden. Stellenweise ist in vielen Zellen eine braune, ungeformte Masse zu beobachten, die sich mit Eisenchlorid schwarzgrün färbt und aus Gerbstoff besteht.

Zur Verfälschung von Zimtpulver werden verschiedene Mehlsorten, Chips (Abfälle beim Schälen des Ceylonzimtes), vermahlene Kakaoschalen, Mandelkleie, Ölkuchen u. a. verwendet.

K. Hefe.

Die mikroskopische Warenprüfung hat sich — speziell bei der Lebensmittelkontrolle — häufig mit Mikroorganismen, wie Bakterien, Sproßpilzen und Schimmelpilzen, zu beschäftigen. Einerseits bedingt ihre Anwesenheit bestimmte Qualitätseigenschaften (z. B. bei Käsen), andererseits können derartige Kleinlebewesen eine Ware bis zur Gesundheitsschädlichkeit verderben.

Es hat sich über dieses Gebiet eine eigene Teilwissenschaft — die technische Mykologie — entwickelt, aus dem beispielshalber die Hefe und eine gemeine Schimmelart einer kurzen Besprechung unterzogen werden sollen.

Es gibt eine große Anzahl verschiedener Hefearten, die teilweise künstlich gezüchtet werden (Kulturhefen), teilweise wild leben (wilde Hefen). Die

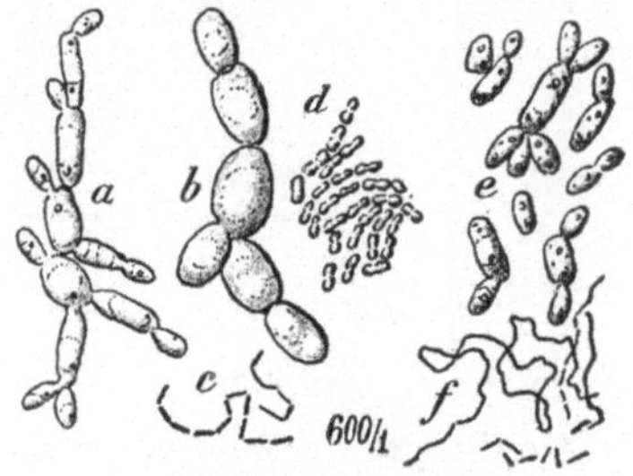

Abb. 205. Hefepilze (P. Lindner).
a u. *e* Kahmhefe (wilde Hefe).
d Essigsäurebakterien, *b* Preßhefe,
c und *f* Milchsäurebakterien.

reine Hefe des Handels, die meistens in Form der Preßhefe anzutreffen ist, besteht nur aus der Art *Saccharomyces cerevisiae.* Man bereitet sich von letzterer ein Präparat, indem man mit der Präpariernadel ganz wenig in einem Tropfen Wasser am Objektträger verrührt. Zur Beobachtung muß man die stärkste Vergrößerung anwenden.

Man erkennt dann kleine, eiförmige Zellen, die Protoplasma in Form einer feinkörnigen Masse und Zellsaft von dieser in einer „Vakuole" eingeschlossen enthalten. In Abb. 205 sind die Vakuolen im Teilbild *b* punktiert angedeutet. Man wird auch Sproßverbände finden, die durch Zellteilung entstanden sind. Abb. 205 zeigt auch Formen von wilden Hefen (Kahmhefen), die zu den unliebsamsten Schädlingen im Gärungsgewerbe zu zählen sind.

Die Handelsware soll möglichst wenig abgestorbene Zellen enthalten, die man durch Färbung mit Methylenblau nachweisen kann, das nur die toten Zellen anfärbt. Der sonst unsichtbare Kern wird mit Hämalaun gefärbt sichtbar.

Preßhefe wird manchmal mit Stärke verfälscht, die man durch Färbung mit Jod, aber auch schon durch den Größenunterschied der Körner nachweisen kann.

L. Schimmelpilze.

Auf ungeeignet gelagerten Lebensmitteln siedeln sich sehr häufig Schimmelpilze an, die verschieden gefärbte Rasen bilden. So kann man auf Brot oft blaugrüne Überzüge finden. Ein Präparat von diesen Stellen zeigt ein verschlungenes Myzel, von dem keulenförmige Konidienträger aufrecht abstehen. In diesen entwickeln sich die zur Vermehrung dienenden Sporen. Der geschilderte Schimmelpilz heißt *Aspergillus glaucus* (Abb. 206) und gehört in die Gruppe der Gießkannenschimmel.

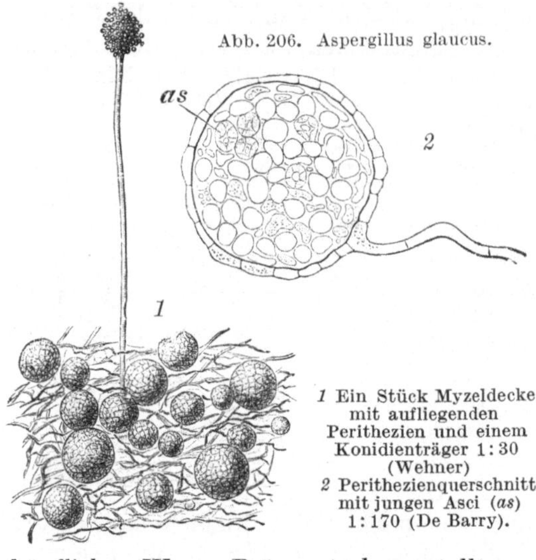

Abb. 206. Aspergillus glaucus.

1 Ein Stück Myzeldecke mit aufliegenden Perithezien und einem Konidienträger 1:30 (Wehner)
2 Perithezienquerschnitt mit jungen Asci (*as*) 1:170 (De Barry).

Eine andere, häufig vorkommende Schimmelart ist der Pinselschimmel (*Penicillium* - Arten), der sich durch die pinselartig endigenden Konidienträger von den erstgenannten Schimmelarten unterscheidet.

In diese Gruppe gehören auch verschiedene, für die Käsereien wichtige Edelschimmel, wie z. B. die grünen Schimmel des Roqueforte und Gorgonzola und der weißgraue Schimmel des Camembert und des Briekäses, von welchen Arten aus den im Handel käuflichen Waren Präparate hergestellt werden können.

Anhang.

A. Das Polarisationsmikroskop.

Das Wesen der Polarisation und der darauf aufbauenden Untersuchungsmethoden wurde bereits im I. Teil, S. 73, besprochen. Es bereitet keinerlei Schwierigkeit, die Methode auf die Mikroskopie zu übertragen. Zu diesem Zwecke braucht nur zwischen Spiegel und Objekt ein Nicolsches Prisma eingeschaltet werden, wodurch das zur Beobachtung dienende Licht polarisiert wird. Diese „Polarisatoren" sind in einer Metallhülse gefaßt und können in den Tubus der Blende eingesetzt werden.

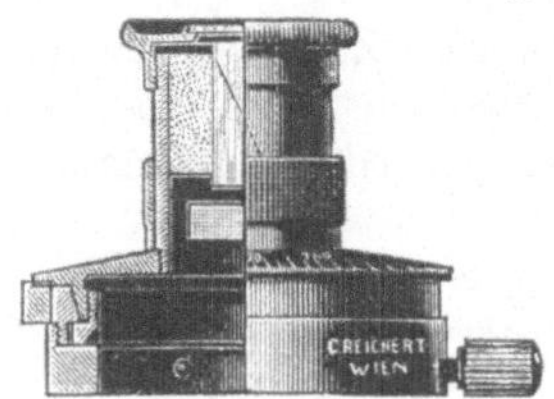

Abb. 207. Analysator (C. Reichert, Wien).

Abb. 208. Polarisator

Um die Polarisationserscheinungen zur Wahrnehmung bringen zu können, wird über dem Okular ein zweites Nicolsches Prisma drehbar aufgesetzt (Abb. 207 u. 208). Es ist bereits von der Beschreibung des Polarisationsapparates her bekannt, daß das Gesichtsfeld bei paralleler Lage der Nicolschen Prismen hell und bei „gekreuzter" Lage mehr oder weniger dunkel erscheint.

Die Untersuchung im polarisierten Lichte wird immer bei mittlerer Vergrößerung vorgenommen, worin einer der Vorteile dieser Methode liegt, da oft einzelne Charakteristika der Objekte (z. B. Unterschiede in den Verschiebungsstellen von Fasern), die sonst nur bei starken Ver-

größerungen erkannt werden könnten, schon bei schwacher oder mittlerer Vergrößerung deutlich hervortreten.

Betrachtet man z. B. Kartoffelstärke bei gekreuzten Nicols, so sieht man das in Abb. 209 wiedergegebene charakteristische Bild. Vom Kern des Stärkekornes geht ein Strahlenkreuz aus, das auf hell leuchtendem Grunde dunkel erscheint. Abb. 210 zeigt ein Baumwollpräparat, das viele tote Fasern enthält, die deutlich von den guten Fasern zu unterscheiden sind.

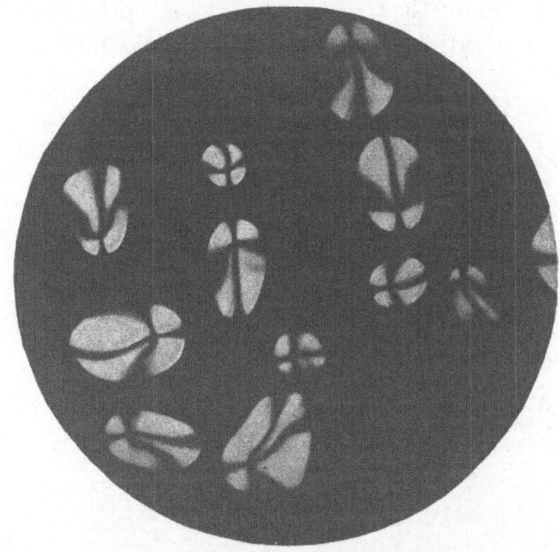

Abb. 209. Kartoffelstärke im polarisierten Licht (Herzog).

Sehr interessante farbenprächtige Bilder geben die verschiedenen wilden Seiden zwischen gekreuzten Nicols. Man untersucht bei schwacher Vergrößerung einzelliegende

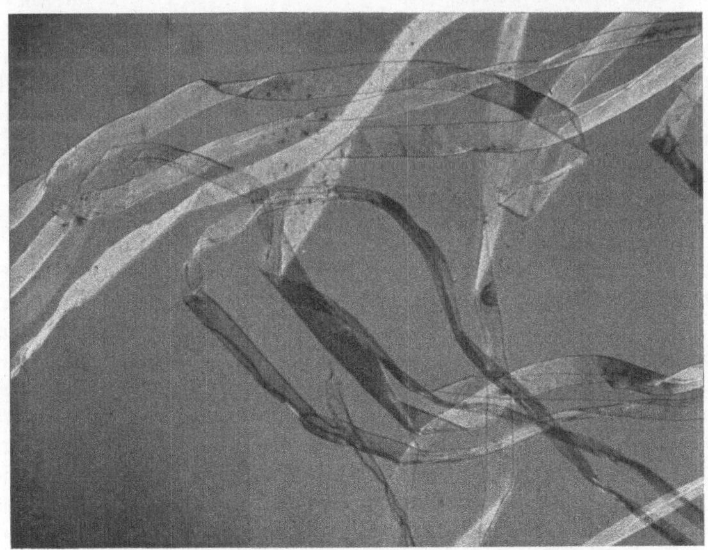

Abb. 210. Tote Baumwollfasern im polarisierten Licht (Herzog).

Fasern und wird charakteristische Farbenerscheinungen (hellgrün, hellrosa, dunkelblau bis rotviolett) bei den verschiedenen Seiden erkennen,

Merkmale, die sie leicht von Maulbeerseide unterscheiden lassen, welche nur bläulich oder gelblich-milchweiß erscheint[1].

Auch zur Untersuchung von pflanzlichen Präparaten zieht man das Polarisationsmikroskop mit Erfolg heran. In Abb. 211 und 212 ist ein

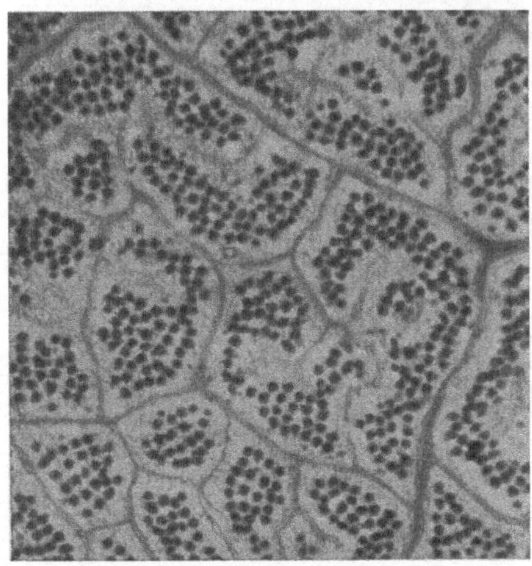

Abb. 211. Stechapfelblatt gebleicht, im Mesophyll zahlreiche Oxalatdrusen in den durch das Nervennetz gebildeten Maschen. 1:60 (Photo C. Griebel).

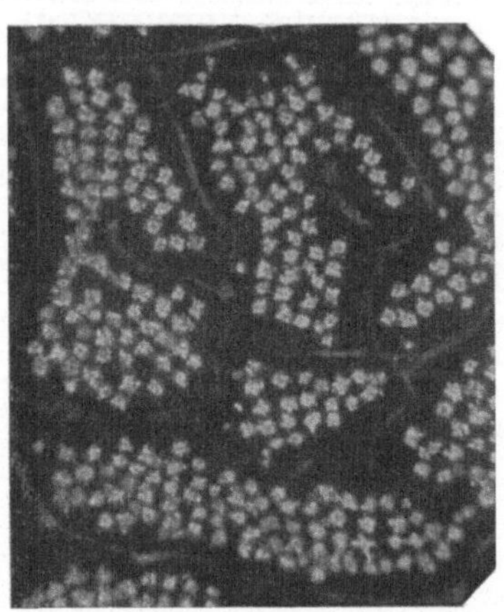

Abb. 212. Stechapfelblatt gebleicht im polarisierten Licht 1:80. (Photo C. Griebel).

Flächenpräparat von einem Stechapfelblatt, einerseits im gewöhnlichen, andererseits im polarisierten Lichte dargestellt. Man sieht, daß die das Licht stark beeinflussenden Oxalatkristalle im polarisierten Lichte hell und ganz besonders deutlich hervortreten.

B. Die Lumineszenzmikroskopie.

Lumineszenzerscheinungen sind schon im I. Teil gelegentlich der physikalisch-chemischen Warenprüfung zu verschiedenen Malen erwähnt worden. Die makroskopische Betrachtung ist aber ziemlich roh und gestattet nur den allgemeinen Farbton der sekundären Lichtstrahlung — als welche die Lumineszenz aufzufassen ist — festzustellen. Bei vermischten und verfälschten Waren ist es aber mitunter sehr schwierig, den unreinen Farbton der Verfälschung vom reinen Ton der guten Probe zu unterscheiden. So leuchtet z. B. ein Bleiweiß, dem 0,1% Zinkweiß zugemischt ist, unter der Quarzlampe noch intensiv gelb, und nur der besonders Geübte wird den stumpfen Ton der Verfälschung gegenüber dem reinen Gelb des Zinkweißes erkennen. Betrachtet man aber z. B. diese lumineszierende Probe mit dem Mikroskop, so wird man genau die hellen Zinkweiß- zwischen den dunklen Bleiweißteilchen

---

[1] Näheres findet man in v. Höhnels Werk: Die Mikroskopie der technisch verwendeten Faserstoffe.

erkennen. Aber nicht nur solche anorganische Pulverproben können mitunter günstig beobachtet werden, sondern auch organische Waren der verschiedensten Art, Schnitt- und Quetschpräparate eignen sich sehr gut für diese Art der Betrachtung.

Da die ultravioletten Strahlen von gewöhnlichem Glas nur sehr unvollkommen durchgelassen werden, glaubte man früher Quarzoptik verwenden zu müssen, wodurch die Apparatur derart verteuert wurde, daß an eine allgemeine Anwendung nicht zu denken war.

Durch die Arbeiten Danckwortts[1] ist eine Anordnung bekannt geworden, durch welche die Lumineszenzmikroskopie mit einfachen Mitteln ermöglicht wurde. Sie hat nur den Nachteil, daß die Anwendung einer mehr als 160fachen Vergrößerung nicht möglich ist. Es sei daher eine einfache Anordnung mitgeteilt, die der Verfasser seit langem mit Erfolg benutzt.

Abb. 213. Analysen-Quarzlampe Original „Hanau".

Als Lichtquelle dient die Hanauer Analysenquarzlampe, in die man den von der Hanauer Quarzlampengesellschaft gelieferten Zylinderhohlspiegel so einbaut, daß er das Licht durch das rückwärtige Fenster reflektiert. In dieses wird ein Lamellenschwarzglasfilter eingesetzt. Man stellt die Lampe so vor dem Mikroskopiertisch auf, daß das rückwärtige Fenster in der Höhe des Mikroskopspiegels liegt. Um die durch das Filter gehenden Strahlen zu konzentrieren, stellt man nach dem Vorschlag von M. Haitinger[2] einen mit Wasser gefüllten

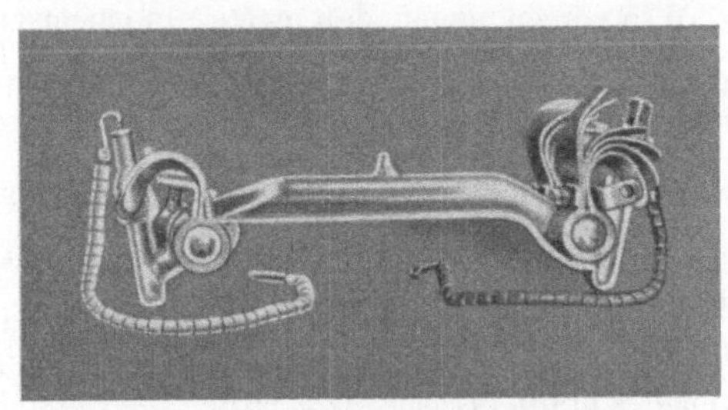

Abb. 214. Brenner der Analysen-Quarzlampe (Hanau).

Kochkolben in den Strahlengang. Der Mikroskopspiegel soll gerade im Punkte der stärksten Strahlenkonzentration liegen. Im übrigen braucht am Mikroskop gar keine Veränderung vorgenommen zu werden. Man

---

[1] Danckwortt, P. W.: Lumineszenz-Analyse, S. 107ff. 2. Auflage. Leipzig: Akademische Verlagsgesellschaft 1929.

[2] Haitinger, M.: Ein Fluoreszenzmikroskop mit einfachen Mitteln. Z. Mikrochemie **1930**, Bd 2.

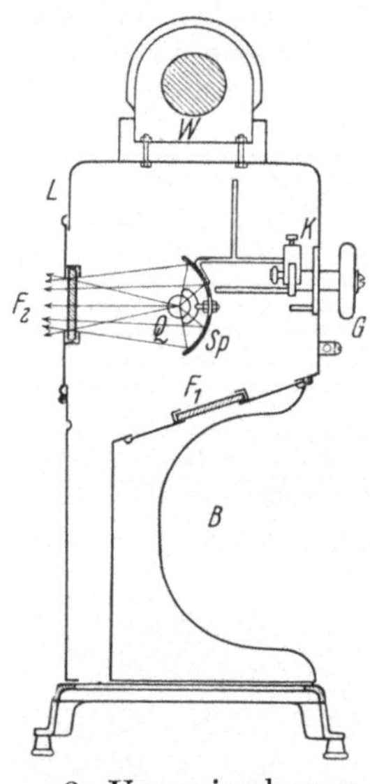

B Beobachtungsraum für makroskopische Arbeiten,

F₁, *F₂* Fenster mit Schwarzglasfilter.

G Griff zum Zünden der Lampe.

Q Quarzbrenner.

Sp Spiegel.

K Klammer zur Befestigung des Spiegels.

W Widerstand.

L Lampengehäuse.

Abb. 215. Schnitt durch die Analysen-Quarzlampe „Hanau", mit vertikal eingesetztem Spiegel für die Lumineszenzmikroskopie.

(Quarzlampengesellschaft Hanau).

kann ruhig den gewöhnlichen Abbéschen Glaskondensor, Glasobjektive und Glasokulare verwenden. Für die okulare Betrachtung sind die Bilder immer lichtstark genug. Vorteilhaft ist es natürlich, die Beobachtung im verfinsterten Raume vorzunehmen. Als Übungsbeispiele bereite man sich folgende Präparate:

1. **Reines Zinkweiß:** Gelbe, leuchtende Punkte.

2. **Unreines Zinkweiß** (Zinkgrau): Gelb leuchtende Punkte, zwischen welchen besonders hell leuchtende Stellen sind.

3. **Vermischung von Bleiweiß** (1000 Teile) mit Zinkweiß (1 Teil).

4. **Ein Schnitt durch ein grünes Blatt:** Die chlorophyllhaltigen Zellen leuchten intensiv rot, in der Lumineszenzfarbe des Chlorophylls (besonders schönes Bild).

Alphabetische Übersicht über die wichtigsten mikrochemischen Reagentien[1].

Äther (Schwefeläther). Lösungsmittel für Fette. Die Entfettung von Präparaten wird so vorgenommen, daß man sie in einem verstöpselten Probegläschen mit Äther schüttelt, wobei man den Stoppel zeitweise lüften muß, um die angesammelten Dämpfe der leicht verdampfbaren Flüssigkeit entweichen zu lassen. (Achtung, feuergefährlich.)

Alkohol. Lösungsmittel für Fette, Harze, Farbstoffe u. ä. Außerdem dient er zur Entfernung von Luftblasen aus den Präparaten, die kein Erhitzen vertragen.

Ammoniak. Dient zum Abziehen verschiedener Farbstoffe von gefärbten Fasern.

Anilinsulfat. Wertvolles Holzstoffreagens (Gelbfärbung). Darstellung siehe 1. Teil, S. 60.

Bleizuckerlösung. Zur Unterscheidung tierischer Haare von Seiden und pflanzlichen Fasern; erstere werden beim Erhitzen mit dem Reagens infolge ihres Schwefelgehaltes braun bis schwarz gefärbt. Die Darstellung erfolgt durch Auflösen von Bleizucker in warmer, reiner Natronlauge.

Chloralhydrat. Aufhellungsmittel für die verschiedensten Objekte (z. B. Schnitte von Samen, Gewürzpulver). Es wirkt mehr durch Lösung der Inhaltsstoffe der Zellen und weniger durch Quellung. Die Aufhellung geht ziemlich langsam vor sich, weshalb die Präparate auf einige Stunden in das Reagens eingelegt werden müssen. Der Vorgang kann durch gelindes Erhitzen beschleunigt werden, doch muß man dabei achtgeben, daß kein Chloralhydrat auskristallisiert. Bereitung: 5 g Chloralhydrat löst man in 2 ccm Wasser.

---

[1] In diesem Verzeichnis sind auch einige Reagentien aufgenommen, die im Text des 2. Teiles nicht genannt sind, da sie, in sinngemäßer Weise angewendet, für bereits genannte, gleichartige Nachweise dienen.

Chlorzinkjod. Reagens auf Zellulose (Violettfärbung). Bereitung nach Herzberg: 1. 20 g trockenes Chlorzink werden in 10 g Wasser und 2. 2,1 g Jodkalium und 0,1 g Jod in 5 g Wasser gelöst. Lösung 1 und 2 werden miteinander vermengt, der entstandene Niederschlag absitzen gelassen, die überstehende Flüssigkeit abgezogen und mit einem Blättchen Jod versetzt. Die fertige Lösung muß im Dunkeln aufbewahrt werden.

Chromsäure. Mazerationsmittel für Bastfasern und andere Stoffe mit faseriger Struktur (z. B. Holz), um die Elementarfasern zu isolieren. Übt seine Wirkung bereits in kaltem Zustande aus. Zur Darstellung bereitet man eine in der Kälte gesättigte Lösung von Kaliumbichromat in konzentrierter Schwefelsäure. Man gießt die gebildete dunkelbraune Flüssigkeit von dem Bodensatz ab und verdünnt mit dem gleichen Volumen Wasser. Dies muß so vorgenommen werden, daß die Chromsäure unter ständigem Umrühren langsam in das Wasser gegossen wird und ja nicht umgekehrt.

Cuoxamlösung (Schweizers Reagens). Reagens zur Erkennung von Baumwolle und verschiedener anderer Fasern, die damit charakteristische Quellungserscheinungen geben. Lösungsmittel für Zellulose. Man fällt aus einer Kupfervitriollösung mit Soda Kupferkarbonat, filtriert und wäscht dieses gut aus. Hernach versetzt man das getrocknete Karbonat solange mit konzentriertem Ammoniak, bis vollständige Lösung eingetreten ist. Das Reagens ist leicht verderblich und wird am besten in einem Stiftfläschchen aufbewahrt.

Destilliertes Wasser. Für die Bereitung der Reagenslösungen. Leitungswasser ist in vielen Fällen ungeeignet.

Eisenchlorid. Wird in 8—12%iger Lösung zum Nachweis von Gerbstoffen verwendet, die damit eine blau- bis grünschwarze Färbung geben.

Essigsäure (konzentriert). Zum Ansäuern von Farbstofflösungen verwendet.

Glyzerin. Einbettungsmittel für Präparate, die längere Zeit nicht eintrocknen sollen. Hellt die Objekte auf, wobei aber zarte Strukturverhältnisse, wie z. B. die Schichtung von Stärkekörnern und Fasern verschwinden. Zur Anwendung wird konzentriertes Glyzerin mit der ein- bis zweifachen Menge Wassers verdünnt.

Glyzeringelatine. Einschlußmittel zur Anfertigung von Dauerpräparaten. Herstellung siehe S. 96.

Gummilösung. Einbettungsmittel für Fasern, zur Anfertigung von Querschnitten. Nach A. Mayer werden 16 g arabisches Gummi in 32 g Wasser gelöst, durch ein Leinenläppchen filtriert und nachher mit 2 g Glyzerin versetzt.

Hämalaun. Farbstofflösung zur Sichtbarmachung von Zellkernen. Herstellung siehe S. 96.

Javellsche Lauge. Ein vorzügliches Bleichmittel für dunkelgefärbte Objekte. Die Bleichung nimmt man nicht auf dem Objektträger, sondern in einer kleinen, bedeckten Glasschale vor, wobei man die Bleichflüssigkeit nach mehrstündigem Einwirken immer erneuert, bis sie nicht mehr gelb gefärbt wird. 20 g Chlorkalk werden mit 100 ccm Wasser übergossen und einen Tag stehen gelassen. Dann mischt man die Flüssigkeit mit einer Lösung von 25 g Soda oder Pottasche in 25 ccm Wasser und läßt das Gemisch einige Tage in verschlossener Flasche stehen. Hat sich der Niederschlag vollständig abgesetzt, so zieht man die überstehende klare Flüssigkeit vorsichtig ab und bewahrt die Lauge vor Licht geschützt auf.

Jodlösung. Dient als Reagens auf Stärke (Blaufärbung), Eiweiß (Gelbfärbung) und mit Schwefelsäure kombiniert zum Nachweis von Zellulose (Blau-Violettfärbung). 2 g Jodkalium werden mit 1 g zerriebenem Jod in wenig Wasser gelöst; die gebildete Lösung wird auf 100 ccm aufgefüllt. Das Reagens soll in der richtigen Verdünnung eine dunkelrotgelbe Farbe haben. Für fettreiche Objekte wendet man besser eine alkoholische Jodlösung (Jodtinktur) an.

Jodschwefelsäure. Siehe unter Jodlösung.

Kalilauge (und Natronlauge). Hat gute aufhellende Wirkung. Zellmembranen quellen stark auf, verholzte Zellmembranen (Steinzellen) färben sich gelb; Stärke wird überaus rasch und vollständig verkleistert, Fette werden verseift, Eiweißkörper gelöst. Die anzuwendende Konzentration richtet sich vornehmlich nach der Art des Objektes. Meistens wird eine 10—20%ige Lösung am Platze sein. Ätzlaugen müssen in Fläschchen mit Gummistöpsel aufbewahrt werden, da Glasstöpsel im

Schliff leicht festkleben und Korke stark angegriffen werden. Eine 1—2%ige Lauge dient zur Vorbehandlung von Papieren für die mikroskopische Untersuchung, indem man die Probe darin etwa 15 Minuten kocht.

Kanadabalsam. Einschlußmittel für Dauerpräparate. Die Objekte müssen vorher entwässert werden.

Mazerationsmittel. S. Chromsäure, Kalilauge, Schultzesches Mazerationsgemisch.

Methylenblau. Zur Färbung von Wolle und Seide und zum Nachweis toter Hefezellen, die damit im Gegensatz zu lebenden Zellen stark gefärbt werden. Wird in wässeriger Lösung, die mit 1% Kalilauge versetzt ist, verwendet.

Millonsches Reagens. Für die Erkennung von Eiweiß, das ziegelrot gefärbt wird. Das Reagens wird auf folgende Art hergestellt: 12,5 g reines Quecksilber werden mit 12 ccm konzentrierter Salpetersäure ($s = 1,41$) geschüttelt und dann unter schwachem Erwärmen gelöst. Man kocht dann einmal auf, setzt 30 ccm Wasser zu und filtriert nach dem Erkalten.

Naphtylenblaulösung nach A. E. Vogl. 0,1 g Naphtylenblau werden in 100 ccm Alkohol gelöst und dann 400 ccm destilliertes Wasser zugesetzt. Dient zum Nachweis von Schalenteilen in Mehlen. Ausführung der Färbung: Etwa 2 g der Probe werden in einem kleinen Schälchen mit der alkoholischen Naphtylenblaulösung innig vermischt und einige Zeit sich selbst überlassen. Nachher wird von der Flüssigkeit ein wenig, möglichst gleichmäßig — am besten mit einem Haarpinsel — auf den Objektträger aufgetragen und eintrocknen gelassen. Man mikropskopiert dann in einem Tropfen Sassafrasöl, Kreosot oder Guajakol. Oberhaut, Mittelschicht, Querzellen, Haare, der Inhalt der Aleuron- und Keimzellen werden blau bis blauviolett gefärbt, die Stärkezellen- und Stärkekörner bleiben ungefärbt und werden durch das Einbettungsmittel ganz durchsichtig.

Zu bemerken ist, daß der Farbstoff Naphtylenblau von der I. G. Farbenindustrie unter der Bezeichnung Baumwollblau „R" Extra geführt wird.

Papierschwefelsäure nach v. Höhnel. Eine Schwefelsäure von ganz bestimmter Konzentration, die in Verbindung mit Jodlösung zum Zellulosenachweis und als wichtiges Gruppenreagens in der mikroskopischen Papierprüfung dient. Nach v. Höhnels Angaben ist die Konzentration der Schwefelsäure durch praktische Versuche zu ermitteln. Nach Klemm erhält man die richtige Konzentration durch Mischung von 100 ccm Wasser und 125 ccm Schwefelsäure ($s = 1,85$). Bei richtiger Stärke der Säure färben sich Hadernfasern rotviolett, Holzzellulose, Strohstoff rein blau oder graublau; rohe Jute, Holzschliff dunkelgelb; Mais, Espartostoff teils rotviolett, teils rein blau.

Paraffin. Einbettungsmittel zur Herstellung von Schnitten. Der Schmelzpunkt soll bei etwa 60° liegen.

Pholroglucin. In Verbindung mit Salzsäure ein vorzügliches Reagens auf Holzstoff und verholzte Membranen. Herstellung siehe 1. Teil, S. 60.

Pikrinsäure. Wird zur Unterscheidung von tierischen und pflanzlichen Fasern verwendet, indem erstere durch sie dauernd gelb gefärbt werden. Die gelbe Substanz ist in heißem Wasser zu lösen.

Salpetersäure. Tierische Fasern und verschiedene andere Eiweißstoffe färben sich mit der verdünnten Säure deutlich gelb, welche Färbung nach dem Versetzen mit Lauge in orange übergeht. Rauchende Salpetersäure färbt neuseeländischen Flachs rot, Hanf und Flachs gelb bis rötlich.

Salzsäure. Dient in verdünntem Zustande (1 : 5 und 1 : 10) zum Lösen von Kristallen in den Zellen. (Kohlensaures Kalzium löst sich unter Gasentwicklung, oxalsaures Kalzium ohne Gasentwicklung.) Mit Phloroglucin für Holznachweis. Konzentrierte Salzsäure löst echte Seide in einer halben Minute.

Schultzesches Mazerationsgemisch. Zur Isolierung von Holz- und Bastfasern. Man löst Kaliumchlorat in der drei- bis vierfachen Menge von Salpetersäure.

Schwefelsäure. In konzentriertem Zustande zum Nachweis verkorkter Membranen (darin unlöslich), verdünnt (1 : 1, Achtung beim Verdünnen, Schwefelsäure in Wasser gießen!) in Verbindung mit Jod zum Zellulosenachweis.

Schweizers Reagens. Siehe Cuoxamlösung.

Sudan. Zum Nachweis von Fett und fetten Ölen in den Zellen. 0,01 g Sudan III in 5 g 96%igem Alkohol gelöst. Zweckmäßig setzt man noch 5 g Glyzerin zu.

Xylol. Zum Entwässern von Schnitten, die für Dauerpräparate bestimmt sind.

Namen- und Sachverzeichnis.

Einführung in die Mikroskopie. Von Prof. Dr. **P. Mayer**, Jena. Z w e i t e, verbesserte Auflage. Mit 30 Textabbildungen. IV, 210 Seiten. 1922. RM 4.—

Die Strichprobe der Edelmetalle. Von Dr.-Ing. **Karl Hradecky**, Oberbergrat. Mit 12 Abbildungen. V, 83 Seiten. 1930. RM 7.50

Edelmetall-Probierkunde nebst einigen Unedelmetallbestimmungen. Von Dipl.-Ing. **F. Michel**, Direktor der Staatl. Probieranstalt in Pforzheim. Z w e i t e, verbesserte und erweiterte Auflage. IV, 67 Seiten. 1927. RM 3.50

Tabelle spezifischer Gewichte der gebräuchlichsten Gold-Silber-Kupfer-Legierungen, Silber-Kupfer-Legierungen und Weiß-goldlegierungen. Durch Untersuchung festgestellt von Dipl.-Ing. **F. Michel**, Direktor der Staatl. Probieranstalt in Pforzheim. Z w e i t e, erweiterte Auflage. 10 Seiten. 1927. RM 3.—

Werkstoffprüfung (M e t a l l e). Von Prof. Dr.-Ing. **P. Riebensahm** und Dr.-Ing. **L. Traeger**. (Werkstattbücher, Heft 34.) Mit 92 Figuren im Text. 68 Seiten. 1928. RM 2.—

Materialprüfung mit Röntgenstrahlen unter besonderer Berücksichtigung der Röntgenmetallographie. Von Prof. Dr. **Richard Glocker**, Stuttgart. Mit 256 Textabbildungen. VI, 377 Seiten. 1927. Gebunden RM 31.50

Die Brennstoffe. Ihre Einteilung, Eigenschaften, Verwendung und Untersuchung. Von Prof. Dr. techn. **Erdmann Kothny**. (Werkstattbücher, Heft 32.) Mit 11 Figuren im Text und 33 Zahlentafeln. 73 Seiten. 1927. RM 2.—

Die flüssigen Brennstoffe, ihre Gewinnung, Eigenschaften und Untersuchung. Von **L. Schmitz**. D r i t t e, neubearbeitete und erweiterte Auflage von Dipl.-Ing. Dr. **J. Follmann**. Mit 59 Abbildungen im Text. VII, 208 Seiten. 1923. Gebunden RM 7.50

Untersuchungsmethoden der Erdölindustrie (E r d ö l, B e n z i n, P a r a f f i n, S c h m i e r ö l, A s p h a l t u s w.) Von Dr. **Hugo Burstin**. Mit 86 Textabbildungen. XII, 300 Seiten. 1930. Gebunden RM 22.—

Taschenbuch für die Färberei mit Berücksichtigung der Druckerei. Von **R. Gnehm.** Z w e i t e Auflage, vollständig umgearbeitet und herausgegeben von Dr. **R. v. Muralt,** dipl. Ing.-Chemiker, Zürich. Mit 50 Abbildungen im Text und auf 16 Tafeln. VII, 220 Seiten. 1924. Gebunden RM 13.50

Praktikum der Färberei und Farbstoffanalyse für Studierende. Von Prof. Dr. **Paul Ruggli,** Basel. Mit 16 Abbildungen im Text und 18 Tabellen. IX, 197 Seiten. 1925. Gebunden RM 12.—

Färberei- und textilchemische Untersuchungen. Anleitung zur chemischen und koloristischen Untersuchung und Bewertung der Rohstoffe, Hilfsmittel und Erzeugnisse der Textilveredelungsindustrie. Von Professor Dr. **Paul Heermann,** Berlin. F ü n f t e , ergänzte und erweiterte Auflage der „Färbereichemischen Untersuchungen" und der „Koloristischen und textilchemischen Untersuchungen". Mit 14 Textabbildungen. VIII, 435 Seiten. 1929.
Gebunden RM 25.50

Mikroskopische und mechanisch - technische Textiluntersuchungen. Von Professor Dr. **Paul Heermann,** Berlin, und Professor Dr. **Alois Herzog,** Dresden. D r i t t e , vollständig neubearbeitete und erweiterte Auflage von „Mechanisch- und physikalisch-technische Textiluntersuchungen" von Dr. P a u l H e e r m a n n. Mit 314 Textabbildungen. VIII, 451 Seiten. 1931.
Gebunden RM 32.—

Die Textilfasern. Ihre physikalischen, chemischen und mikroskopischen Eigenschaften. Von **J. Merritt Matthews**, Philadelphia. Nach der vierten amerikanischen Auflage ins Deutsche übertragen von Dr. **Walter Anderau,** Basel. Mit einer Einführung von Professor Dr. H. E. F i e r z - D a v i d. Mit 387 Textabbildungen. XII, 847 Seiten. 1928. Gebunden RM 56.—

Die Unterscheidung der Flachs- und Hanffaser. Von Professor Dr. **Alois Herzog,** Dresden. Mit 106 Abbildungen im Text und auf 1 farbigen Tafel. VII, 109 Seiten. 1926. RM 12.—; gebunden RM 13.20

Die mikroskopische Untersuchung der Seide mit besonderer Berücksichtigung der Erzeugnisse der Kunstseidenindustrie. Von Professor Dr. **Alois Herzog,** Dresden. Mit 102 Abbildungen im Text und auf 4 farbigen Tafeln. VII, 197 Seiten. 1924. Gebunden RM 15.—

Ein Beitrag zur Seidenbaufrage mit Untersuchungen über Zerreißfestigkeit sowie Unterscheidung von Seide und Kunstseide. (Die Seidenraupe als landwirtschaftliches Haustier.) Von Dr. **Walter Rudolf de Greiff,** Dipl.-Landwirt. Mit 43 Textabbildungen. V, 107 Seiten. 1929. RM 7.—

Die Zellulose. Die Zelluloseverbindungen und ihre technische Anwendung. Plastische Massen. Von **L. Clément,** und Ing.-Chem. **C. Rivière.** Deutsche Bearbeitung von Dr. **Kurt Bratring.** Mit 65 Textabbildungen. XVI, 275 Seiten. 1923. Gebunden RM 13.50

Über die Herstellung und physikalischen Eigenschaften der Celluloseacetate. Von Dr. **Viktor E. Yarsley.** Mit 4 Textabbildungen. IV, 47 Seiten. 1927. RM 3.—

Celluloseesterlacke. Die Rohstoffe, ihre Eigenschaften und lacktechnischen Aufgaben; Prinzipien des Lackaufbaues und Beispiele für die Zusammensetzung; technische Hilfsmittel der Fabrikation. Von Dr. **Calisto Bianchi.** Deutsche, völlig neubearbeitete Ausgabe von Dr. phil. **Adolf Weihe.** Mit 71 Textabbildungen. XII, 329 Seiten. 1931. Gebunden RM 22.50

Anleitung zur Untersuchung der Lebensmittel. Von Dr. **J. Großfeld,** Nahrungsmittelchemiker am Untersuchungsamt Recklinghausen. Mit 26 Abbildungen. XII, 409 Seiten. 1927. RM 22.50; gebunden RM 24.—

Bujard - Baiers Hilfsbuch für Nahrungsmittelchemiker zum **Gebrauch im Laboratorium** für die Arbeiten der Nahrungsmittelkontrolle, gerichtlichen Chemie und anderen Zweige der öffentlichen Chemie. Von Professor Dr. **E. Baier,** Direktor des Nahrungsmittel-Untersuchungsamts der Landwirtschaftskammer für die Provinz Brandenburg zu Berlin. Vierte, umgearbeitete Auflage. Mit 9 Textabbildungen. XX, 884 Seiten. 1920. Gebunden RM 21.—

Lehrbuch der Lebensmittel-Chemie. Von Dr. **J. Tillmanns,** o. ö. Professor an der Universität, Direktor des Universitätsinstituts für Nahrungsmittel-Chemie und des Städtischen Nahrungsmittel-Untersuchungsamtes in Frankfurt a. M. Mit 67 Abbildungen im Text. XVI, 387 Seiten. 1927. RM 24.—; gebunden RM 26.—

Tabelle und Anleitung zur Ermittelung des Fettgehaltes nach vereinfachtem Verfahren in Nahrungsmitteln, Futtermitteln und Gebrauchsgegenständen. Von Dr. **J. Großfeld,** Nahrungsmittelchemiker am Untersuchungsamt Recklinghausen. 12 Seiten. 1923. RM 1.20

Die mikroskopische Untersuchung der Tee- und Tabakersatzstoffe. Von Dr. **C. Griebel,** Wissenschaftliches Mitglied der Staatlichen Nahrungsmittel-Untersuchungsanstalt in Berlin. (Sonderdruck aus „Zeitschrift für Untersuchung der Nahrungs- und Genußmittel" 1920, Band 39, Heft 9/10.) Mit 111 Abbildungen. VII, 73 Seiten. 1920. RM 4.50